KRISTINA ZIEMER-FALKE | JÖRG ZIEMER

WIE ICH MEINEN HUND ENDLICH VERSTEHE

Von Bellen bis Schwanzwedeln: Hundeverhalten entschlüsseln

KRISTINA ZIEMER-FALKE | JÖRG ZIEMER

WIE ICH MEINEN HUND ENDLICH VERSTEHE

Von Bellen bis Schwanzwedeln: Hundeverhalten entschlüsseln

INHALT

Videos und Vorlagen zum Download

Zu verschiedenen Themen gibt es zusätzlich hilfreiche Videos. Navigieren Sie zu der Website www.gu.de/ziemer-falke-hund-download oder scannen Sie den QR-Code, um sich in den exklusiven Videobereich einzuloggen. Dort finden Sie außerdem die unterschiedlichen Vorlagen für unsere Tests zum Herunterladen.

Herzlich willkommen!

Liebe Leserinnen und Leser,

wie schön, dass Sie da sind und uns durch dieses Buch begleiten. Darüber freuen wir uns sehr, da wir wieder über ein Thema schreiben dürfen, das Sie und uns miteinander verbindet – es geht natürlich um Hunde! Unser gemeinsames und wahrscheinlich absolutes Lieblingsthema. Wie groß ist Ihr Wunsch, Ihrem eigenen Vierbeiner ganz nah zu sein und sein Verhalten zu verstehen? Wahrscheinlich sehr groß.

Im Laufe unseres Lebens wachsen wir auf wunderbare Weise mit unseren geliebten Hunden zusammen, eine Verbindung entsteht, die wohl jeden Hundehalter tief berührt. Jeder Vierbeiner bringt seine eigene Geschichte mit, an der wir lernen dürfen. Gleichzeitig möchten wir ihm viel zurückgeben und bieten. Heutzutage sprechen zahlreiche Hundehalter voller Begeisterung von wahrer Seelenverwandtschaft zwischen ihnen und ihren Hunden. Sie spüren eine innige Verbundenheit zu ihrem treuen Gefährten. Dies ist nicht bloß ein flüchtiges Gefühl – es geht weit darüber hinaus.

Das Streben danach, den Hund zu verstehen, ist von einer solch signifikanten Bedeutung, da es uns nicht nur eine emotionale Nähe zu unserem treuen Freund ermöglicht, sondern dazu beiträgt, Stressoren im Alltag für ihn – und uns selbst – zu reduzieren. Vielleicht wünscht sich der eine oder andere über die emotionale Nähe die Balance für sich selbst zu finden.

Folglich ist verständlich, warum die Themen Persönlichkeit, Kommunikation und Ausdrucksverhalten bei vielen Hundehaltern auf Interesse stoßen, da sie eine völlig neue Dimension in der Beziehung zwischen Mensch und Vierbeiner eröffnen. Selbst die kleinsten Erkenntnisse können zu bedeutenden Veränderungen und weiteren Lernerfahrungen führen, die den Alltag bereichern. Und genau deshalb haben wir dieses Buch geschrieben, um Ihnen als Hundehalterin und Hundehalter einen wertvollen Begleiter für den Alltag zu schenken. Wir möchten Ihnen helfen, alltägliche Situationen zu erkennen, sie zu interpretieren und ein noch tieferes Verständnis für Ihre vierbeinigen Lieblinge zu entwickeln.

Nehmen Sie dieses Buch, um es zu einem vertrauensvollen Begleiter für Sie und Ihren Hund zu machen. Sie können es von Anfang bis Ende durchstöbern und in die vielfältigen Thematiken eintauchen, die das Leben der Hunde so reichhaltig gestalten. Oder Sie nutzen es als liebevolles Nachschlagewerk, um genau die Informationen zu finden, die Ihnen in bestimmten Situationen weiterhelfen und die Bindung zu Ihrem Vierbeiner vertiefen werden.

Bevor wir starten, möchten wir an dieser Stelle eine wichtige Anmerkung machen: Sie werden feststellen, dass wir uns in diesem Buch für die Verwendung einer geschlechtsspezifischen

Sprache entschieden haben, mal nutzen wir die weibliche Form, mal die männliche. Doch trotz dieser Entscheidung ist es uns ein tiefes Anliegen, Ihnen zu versichern, dass unser Respekt und unsere Wertschätzung allen Geschlechtern gegenüber gleichermaßen gelten. Wir möchten niemanden ausgrenzen oder vernachlässigen. Vielmehr liegt uns daran, eine direkte und persönliche Ansprache zu ermöglichen, um eine innige Verbindung zwischen Ihnen als Leserinnen und Lesern und den Inhalten herzustellen.

Wir wünschen Ihnen von Herzen, dass Sie nicht nur eine Fülle an Spaß und Freude beim Lesen dieses Buches erleben, sondern bei der Umsetzung jede Menge Erfolg haben.

Herzliche Grüße und alles Liebe für Sie und Ihren besten Freund

Ihre Tina und Ihr Jörg

1

Er ist halt so! ... Aber warum eigentlich? Die Persönlichkeit des Hundes

---

Sie wollen es, wir wollen es – alle wollen es: Hunde verstehen!

DER HUND UND SEIN **EINZIGARTIGES WESEN**

Hunde zu verstehen, gelingt am besten, wenn wir uns ansehen, warum sie so (einzigartig) sind, wie sie sind. Nehmen wir uns also ein wenig Zeit und schauen uns an, woraus und wie sich die Persönlichkeit des Hundes zusammensetzt.

Neulich in der Hundeschule …

»Ja, was soll ich sagen … er ist halt'n Terrier! Er macht halt einfach … Lieber tot als Zweiter!« Unsere Kundin steht mit ihrem auf zwei Beinen pöbelnden eineinhalbjährigen, halbstarken Jack Russell Terrier Jack auf unserem Hundeplatz und versucht, ihn mit aller Kraft davon abzuhalten, sich auf den weitaus größeren Hovawart

Gonzo zu stürzen, der gut vier Meter neben ihr mit einem großen Fragezeichen über der Stirn das Spektakel stillschweigend beobachtet.

Ein kurzes, zustimmendes »Ja, stimmt, du hast Recht ... kannste vergessen, ist'n Terrier« werden Sie in diesem Fall wohl von keinem guten Hundetrainer hören. Stattdessen wünschen wir Hundetrainer uns, dass wir die Zeit kurz anhalten könnten, da wir nun lieber erklären wollen, warum sich der Hund in diesem Moment so verhält. Wir möchten aufzeigen, dass das Verhalten auf genetische, epigenetische und erlernte Ursachen zurückgeht und dass die Kom-munikation in diesem Augenblick mit dem anderen Hund, der Halterin und dem Trainer eine Rolle spielte. Nicht zu vergessen der Gesamtkontext, der hormonelle Status, die Tagesform, die Vorhersagbarkeit im Ausdrucksverhalten, die Führungsqualität der Halterin ... und vieles mehr. Gleichzeitig möchten wir unsere Hundehalterin aber noch trösten, sie gleichzeitig animieren, weiterzumachen, und ihr zusichern, dass wir dabeibleiben und jeden Schritt begleiten werden. Sie ist nicht allein!

Das Schlimmste verhindern

In der Realität bleibt uns Trainern in einer solchen Situation oft nur Zeit, das Troubleshooting einzuläuten, um die Stressoren schnellstmöglich für den Hund (... und Frauchen) zu reduzieren und Schlimmeres zu verhindern. Statt dass wir Trainer als solide Anwälte des Hundes auftreten können, springen wir in das Super-Woman-Troubleshooter-Kostüm – Sie wissen schon, das mit den mindestens acht Armen, die alles gleichzeitig managen, um zu verhindern, dass der Terrier doch noch den Hovawart frisst. Erst danach, wenn die Stresspegel von Hund und Halterin wieder auf Normalnull angekommen zu sein scheinen, kann die Situation in Ruhe analysiert werden. Dann kann sich aus dem Troubleshooting heraus ein Verständnis entwickeln, das in eine erfolgreiche Strategie mündet. Im besten Fall wird sich daraufhin ein neues Alltagsverhalten etablieren, das künftig einen souveränen Umgang mit dem Hund ermöglicht. Somit geht jedem guten Verhalten und Training voraus, dass Sie Ihren Hund verstehen und erkennen, warum er sich so verhält. Denn: Hinter jedem Verhalten stehen ein Bedürfnis und eine Emotion.

Treffen Sie auf ein Hund-Mensch-Team, so zeigen die meisten Hunde Interesse an dem neuen Reiz.

Übrigens: Der ausgewählte Terrier steht natürlich stellvertretend für jede andere Hunderasse oder jeden Mischling. Sicherlich sind einige Hundehalter schon selbst in den »Genuss« ähnlicher Situationen gekommen, wie es unsere Kundin erlebt hat. Scheinbar ganz plötzlich legt der Hund den Schalter um und reagiert mit einem Verhalten, das oft nicht vorhergesehen wurde.

Drei wichtige Fragen

Um das Verhalten des Hundes zu verstehen, müssen wir die richtigen Fragen stellen. Beginnen wir mit den wichtigsten:

- Warum verhielt sich der Terrier so, wie er es tat? Spoileralarm: Die Antwort ist nicht, weil er ein Terrier ist. Das wäre eine viel zu einfache Ausrede, die ihm in seiner Persönlichkeit nicht gerecht würde. Terrier sind wunderbare Hunde.
- Warum verhält sich der Hovawart so, wie er es tat? Ganz klar – auch er verhält sich seiner Persönlichkeit entsprechend.
- Warum verhalten sich Halter und Trainer so? Sie ahnen es – es hängt wiederum mit der jeweiligen Persönlichkeit in bestimmten Kontexten zusammen.

Damit Sie nun ein tiefes Verständnis für Ihren treuen Begleiter entwickeln können, ist es unumgänglich, dass wir uns intensiv mit der Persönlichkeit der Vierbeiner beschäftigen. Doch das Konzept von »Persönlichkeit« ist von beeindruckender Vielfalt und reich an Facetten sowie vielschichtigen Definitionen. Daher gehen wir das Thema zunächst ganz systematisch an und werfen auch einen Blick auf diverse wissenschaftliche Studien.

Was ist Persönlichkeit?

Genau wie Menschen hat jeder Hund seine ganz eigene Persönlichkeit, die ihn von anderen Hunden unterscheidet. Persönlichkeit macht einzigartig. Doch woraus setzt sie sich zusammen? In der Humanpsychologie beinhaltet die Persönlichkeit Temperament, Charakter, Lebensvorstellungen und Zielplanungen, Einstellungen und Ansichten sowie Stimmungen, Lebensgeschichten usw.

All diese Eigenschaften beeinflussen die Persönlichkeit und lassen sich selbst durch viele Adjektive beschreiben. Es ist vorstellbar, dass für unsere Hunde dasselbe gilt. Jeder Hundehalter findet sicherlich zahlreiche Adjektive, durch die sich die Persönlichkeit seines Vierbeiners beschreiben lässt. Das können Sie gern

Gut zu wissen

Bitte Quellen immer kritisch prüfen!

Nur zu gern übertragen wir die Ergebnisse der Forschung aus der Humanpsychologie auf unseren vierbeinigen Freund. Das funktioniert oft sogar ganz gut. Einige Modelle werden modifiziert und an den Hund angepasst, einige lassen sich 1:1 übertragen, während sich andere gar nicht dazu eignen. Hinterfragen Sie bitte immer die Quellen und welche Fakten wirklich auf Hunde zutreffen können.

mal im Kleinen für sich zu Hause umsetzen, um Ihren Hund zu beschreiben. In der Wissenschaft wurden die vielen Tausende Adjektive Oberkategorien zugeordnet, die wiederum die Persönlichkeit definieren.

Persönlichkeit ist wirklich etwas sehr Persönliches

Die Persönlichkeit eines Hundes geht weit über sein äußeres Erscheinungsbild hinaus, ob er nun ein stolzer Bernhardiner oder ein schöner Schäferhund ist. Selbst innerhalb derselben Rasse und unter Wurfgeschwistern entwickeln sich kleine und große Individualisten mit ganz eigenen »Special effects«. Einige dieser Verhaltensweisen erfreuen uns zutiefst, etwa wenn unser treuer Gefährte uns liebevoll umschmust. Andere hingegen entlocken uns vielleicht eine mittelschwere Nervenkrise, wenn der Hund beschließt, unser erst gestern so liebevoll neu angelegtes Blumenbeet umzugraben.

Aber egal, ob Sie vor Jahren den Buddelkönig erworben haben oder Ihr Hund sich eher als treuherziger, anhänglicher Schmusekater erweist: Der Vierbeiner ist, wie er ist, und dafür sollten Sie dankbar sein und ihn genauso akzeptieren – mit all seinen Stärken und ausbaufähigen Optionen, die er mitbringt.

Die meisten Hundehalter sind stolz auf die Persönlichkeit und Einzigartigkeit ihres Hundes, und dies völlig zu Recht. Dass man seinen Vierbeiner »von der Stange« gekauft hat, will niemand von uns hören, sonst hätten wir uns wohl einen Computer angeschafft und nicht ein lebendiges Fellbündel. Und genau deshalb dürfen wir unsere ganz persönlichen Geschichten, die wir mit unserem Hund erleben, nicht einfach auf andere übertragen.

Akzeptieren Sie Ihren Hund so wie er ist – er macht das umgekehrt auch.

Hundehalter und Wissenschaftler arbeiten Hand in Hand

In den letzten Jahren wurde im Bereich der Persönlichkeit von Hunden sehr viel geforscht und untersucht. Es gibt zahlreiche interessante, wissenschaftlich validierte Ergebnisse. Für viele Hundehalter scheint die Wissenschaft oft ein Buch mit sieben Siegeln zu sein, die eher verunsichert, statt Sicherheit zu vermitteln. Das hat in erster Linie damit zu tun, dass es eine ganze Reihe von Untersuchungen mit den unterschiedlichsten Fragestellungen gibt. Um die gestellten Fragen und Hypothesen so beantworten zu können, dass sie eine Allgemeingültigkeit erlangen und übertragbar auf alle Hunde sind, bedarf es aber Untersuchungen, die einem strengeren Reglement folgen, als wir dies im Alltag leisten könnten.

Trotz vieler Ähnlichkeiten mit uns Menschen finden Sie viele Unterschiede beim Hund.

Ein Beispiel: Steht Ihr Hund immer fünf Minuten nach dem Abendessen auf, um Krümel unter dem Tisch ausfindig zu machen, gilt dies zunächst einmal nur für Ihren Vierbeiner und nicht zwangsläufig für andere Hunde. Eine Verallgemeinerung sollte ohne entsprechende Tests und Versuche daher nicht vorgenommen werden, selbst wenn Ihre persönlichen Erfahrungen mit Ihrem vierbeinigen Liebling durchaus richtig sein können. Jedoch gilt: Es ist eben nur ein einzelner Hund!

Zu Recht kann skeptisch hinterfragt werden, ob wissenschaftliche Erkenntnisse vom Menschen auf den Hund übertragen werden können. Wie können Nachweise geliefert werden, wenn wir nicht in der Lage sind, mit Hunden zu sprechen, und somit nie genau wissen, was sie denken oder fühlen?

Erstaunliche Gemeinsamkeiten

Die Erklärung ergibt sich aus der Zusammenlegung verschiedener Wissensgebiete. So hat man in Hundegehirnen die gleichen Rezeptoren für Hormone und Botenstoffe gefunden wie beim Menschen. Ähnlich identisch ist der Aufbau des neuronalen Netzwerks. Die Teile des Gehirns sind beim Hund zwar in anderen Mengenverteilungen vorhanden, dennoch aber genauso auch beim Menschen zu finden. Die Verhaltenskunde bescheinigt die gleichen Reaktionen auf Reize und all die Hormone, die bei uns Verhalten und Stimmungen auslösen, auch seitens des Hundes. Ebenso sind Ausschüttungen von Stresshormonen in bestimmten Situationen mess- und nachweisbar.

Hinzukommt, dass das Zusammenspiel von Genetik, Organen, Hormonen, Nerven und Botenstoffen die Gefühlslage und das Verhalten von Menschen bestimmt. Wenn Hunde ähnliche Hormone wie Menschen haben, ihre Gehirne und neuronalen Netzwerke ähnlich entwickelt und ihre Gehirnbotenstoffe und deren Rezeptoren ebenfalls ähnlich sind, können wir daraus schließen, dass ihre Erfahrungen, ihr Verhalten, ihre Gefühle und manchmal sogar ihre Gedanken vergleichbar sind.

Die Gruppenstrukturen von Hunden und Menschen ähneln sich

Sie haben bestimmt schon festgestellt, dass sich Hunde und Menschen in ihrer Gruppenstruktur sehr ähnlich sind. Andernfalls würde das enge Zusammenleben nicht so gut funktionieren. Aus diesem Grund lassen sich viele Verhaltensweisen intuitiv erklären. Wir hören und sehen immer wieder, dass sich Hundehalter ihrem Vierbeiner gegenüber richtig verhalten, dennoch können sie nicht belegen, warum es richtig ist. Dies hat zur Folge, dass nicht vorhergesehen werden kann, ob Hundehalter sich in einem ähnlichen Kontext genauso oder anders verhalten würden. Es lässt sich schwer für den Halter ableiten, welches Verhalten richtig wäre. Darum gilt es, erklären zu können, warum Sie etwas tun und was Sie damit bewirken.

Bitte beachten Sie: Viele Entscheidungen, die Sie im Umgang mit Ihrem Hund fällen, sind möglicherweiser intuitiver Natur. Das muss nicht falsch sein. Doch sichern Sie sich lieber ab, sodass Sie gewiss sein können, dass Ihr Verhalten dem Hund gegenüber modernen Trainings- und Lernstandards entspricht und Sie und Ihr Hund nicht Opfer alter Trainingsmuster werden. Die sollten der Vergangenheit angehören!

Tierschutzkonform mit dem Hund umzugehen fördert Vertrauen, Bindung und das Meistern des Alltags, ...

... doch dabei gibt es kein Patentrezept: Für Hund und Halter gilt es, den richtigen Weg zu finden.

Finden Sie also den gesunden Mittelweg: Hören Sie auf Ihr Bauchgefühl bzw. Ihre Intuition und unterfüttern Sie diese gleichzeitig mit Wissen aus Studien und modernem Hundetraining. Ihr Hundetrainer hilft Ihnen sicherlich gern dabei.

Trotz vieler Ähnlichkeiten in der Wahrnehmung und im Verhalten sind Menschen Primaten und Hunde Caniden. Das führt zu Missverständnissen. Beispiele wären etwa die Bewertung von Urinierverhalten oder der Aufnahme von Sinnesreizen. So können Hunde Dinge riechen, die wir Menschen nicht nachvollziehen und damit nicht bewerten können. Folglich darf gern die Wissenschaft herangezogen werden, um zu beweisen, wo sich unsere Intuition bewahrheitet oder wir uns irren.

Wertvolle Erkenntnisse

Aus den Ergebnissen der Wissenschaft können wir ableiten, welche Verhaltensweisen, die wir unseren Hunden gegenüber zeigen, richtig und zielführend sind und welche wir ändern und anpassen müssen. Ganzheitlich betrachtet handelt es sich um einen sehr großen und langfristigen Entwicklungsschritt für alle.

Doch wer sich nun eingehend mit diversen Untersuchungen auseinandersetzt, wird mitunter das Gefühl bekommen, dass sich die Ergebnisse unterschiedlicher Studien widersprechen. Richtig, das kann sein. Das bedeutet aber nicht, dass Sie einen Knoten im Gehirn bekommen müssen, sondern diesen Knoten bitte dadurch lösen, indem Sie sich vor Augen führen, dass jede Untersuchung ihrer eigenen Fragestellung folgt. Da diese sowie die Bedingungen bei der Umsetzung niemals gleich sind, können wir mit unterschiedlichen Ergebnissen rechnen.

Wir Hundetrainer wissen natürlich um den Wunsch, dass sich viele Hundehalter einen übersichtlichen Leitfaden wünschen, in dem sie die zehn goldenen Regeln im Umgang mit Ihrem vierbeinigen Liebling finden. Doch diesen gibt es leider nicht – eben weil wir es mit Lebewesen zu tun haben, nämlich immer mit einem Menschen und mindestens einem Hund!

Gut zu wissen

Unser »n« ist zu klein

Neben den vielen Dingen, die bei einer Studie zu beachten sind, muss ein wichtiger Punkt berücksichtigt werden: Gemäß der Aussage, dass eine Schwalbe noch keinen Sommer macht, gilt dies ebenso für unsere persönlichen Beobachtungen. Die Menge »n« (in der Wissenschaft und der Mathematik wird die Menge gern mit »n« = natürliche Zahl abgekürzt; das kennen Sie bestimmt noch aus dem Schulunterricht) ist einfach zu klein, wenn wir nur einen einzelnen Hund – unseren eigenen – beobachten. Daher kann dieser nicht für eine Norm stehen.

Es gibt viele interessante Studien zur Persönlichkeitsforschung. Eine der bekanntesten und groß angelegten Untersuchungen war der DMA-Test (Dog mentality assessment) von Kent Svartberg. In seine Untersuchungen flossen Daten von über 15 000 Hunden ein. Spätestens bei dieser Menge wird klar, warum unser „n" einfach zu klein ist.

Ein Hund steckt voller Überraschungen und Geheimnisse. Aber diese können Sie lüften, wenn Sie seine Persönlichkeit verstehen, seine Bedürfnisse kennen und seine Körpersprache richtig lesen können.

Special

Die wissenschaftliche Herangehensweise

Was machen Forschende im Zuge einer wissenschaftlichen Studie anders als die Hundehalter, die allein durch ihre Beobachtungsgabe das Verhalten ihres Vierbeiners beobachten und bewerten? Ganz einfach: Die Durchführung einer wissenschaftlichen Studie erfordert verschiedene Kriterien und gewisse Schritte in einer bestimmten Reihenfolge, um die Aussagekraft und Glaubwürdigkeit der Ergebnisse sicherzustellen. Lassen Sie uns dies an einem konkreten Beispiel veranschaulichen. Es ist stark vereinfacht formuliert und dient lediglich der leichteren Verständlichkeit.

Bei wissenschaftlichen Untersuchungen kann die Teilnahme des Hundehalters das Ergebnis beeinflussen.

1. Forschungsfrage

Möchte ein Wissenschaftler etwas erforschen, so wird er über die Forschungsfrage zunächst klar definieren, was er exakt herauszufinden beabsichtigt. Dies erfolgt mithilfe einer Fragestellung. Die Frage bildet somit den Ausgangspunkt jeder wissenschaftlichen Studie. Dabei muss diese Frage nicht nur klar und präzise gestellt, sondern auch so formuliert sein, dass sie objektiv beantwortet werden kann. Ein Beispiel für eine Forschungsfrage wäre: »Inwiefern beeinflusst regelmäßiges Spielen mit Spielzeug das Aktivitätslevel von Hunden?«

2. Hypothese

Eine Hypothese ist eine vorläufige Annahme oder Vermutung, die auf der Forschungsfrage basiert. Sie liefert eine mögliche Antwort oder Erklärung, die überprüft werden soll. In unserem Beispiel könnte die Hypothese lauten: »Hunde, die regelmäßig mit Spielzeug spielen, sind deutlich aktiver als Hunde, die kein Spielzeug zur Verfügung haben.«

3. Methodik

Die Methodik beschreibt den Plan oder die Vorgehensweise, wie die Studie durchgeführt wird, um die Forschungsfrage zu beantworten. Zum Beispiel könnte die Methodik vorsehen, dass die Aktivität von Hunden mit und ohne Spielzeug über einen Zeitraum von zwei Wochen beobachtet und gemessen wird.

In der Wissenschaft wird jedes Verhalten genau beobachtet und dokumentiert.

4. Stichprobe

Die Stichprobe bezeichnet die Gruppe von Hunden, die an der Studie teilnehmen. Sie sollte eine repräsentative Auswahl sein, um verallgemeinernde Ergebnisse zu erhalten. Im genannten Beispiel könnte die Stichprobe insgesamt 50 Hunde umfassen, die verschiedenen Rassen angehören oder Mischlinge sind und die auch ein ganz unterschiedliches Alter haben.

5. Datenerhebung

Die Datenerhebung bezieht sich darauf, wie Informationen über die Hunde gesammelt werden, um die Hypothese zu überprüfen. Zum Beispiel könnten die Forschenden die Aktivität der Hunde mithilfe von Aktivitätsmessern erfassen und gleichzeitig das Spielverhalten der Vierbeiner beobachten.

6. Datenanalyse

Die Datenanalyse umfasst die statistische Auswertung der gesammelten Informationen. In unserem Beispiel könnten die Forscher eine Untersuchung durchführen, um festzustellen, ob eine längere Spielzeit mit einer höheren Aktivität einhergeht.

7. Interpretation und Ergebnisse

Die Ergebnisse der Datenanalyse werden interpretiert und in Bezug zur ursprünglichen Hypothese gesetzt. Zum Beispiel könnten die Forscher feststellen, dass es tatsächlich eine positive Verbindung zwischen Spielzeit und Aktivität gibt. Diese Erkenntnis könnte aufzeigen, dass Spielzeug die Aktivität von Hunden fördert.

8. Peer-Review

Der Fachbegriff »Peer-Review« (engl. *peers* = Ebenbürtige) bedeutet, dass die Studie von unabhängigen Experten kritisch begutachtet wird, um sicherzustellen, dass die Forschungsmethoden und Ergebnisse solide und zuverlässig sind. Erst danach wird die Studie in einem Fachjournal veröffentlicht. Dies ermöglicht eine Qualitätskontrolle und trägt zur Glaubwürdigkeit der Studie bei.

WIE **PERSÖNLICHKEIT** BEIM HUND ENTSTEHT

Schauen wir uns nun die drei großen Säulen an, aus denen sich Persönlichkeit zusammensetzt.

Erste Säule: Die Genetik spricht ein Wörtchen mit …

Ohne Gene geht es nicht. Die Genetik stellt den Bauplan bereit, aus dem sich die Persönlichkeit entwickeln kann. Sie können sich das als eine Art Fundament vorstellen, auf dem die Persönlichkeit aufbaut. In der Wissenschaft erforscht man, wie die Gene zu den einzelnen Persönlichkeitsmerkmalen und Eigenschaften führen, die der Hund letztlich zeigt. Dazu zählt beispielsweise, wie groß der Vierbeiner wird. Eigenschaften, Verhalten und das äußere Erscheinungsbild werden nicht nur von einem Gen beeinflusst, sondern oft von mehreren Genkombinationen, also polygenen Merkmalen. Gene werden von Generation zu Generation weitergegeben. Sie sind ein fester und wichtiger Bestandteil von Persönlichkeit und bilden sozusagen den Rahmenvertrag, innerhalb dem sich die Persönlichkeit entfalten kann.

Untersuchungen beruhen oft auf dem Gedanken, dass man über mehrere Generationen züchtet und dabei erforscht, inwiefern sich bestimmte Verhaltensmerkmale verändern. Der US-amerikanische Psychologe Edward Tolman hatte in den 1920er-Jahren einen Versuch mit Ratten durchgeführt. Er unterschied in einer Gruppe »kluge« Ratten von »weniger klugen« Ratten. Die Tiere durften sich nur innerhalb ihrer Gruppe – klug oder weniger klug – fortpflanzen. Bereits nach wenigen Generationen stellte er fest, dass sich die beiden Rattentypen so deutlich voneinander unterschieden, dass es keine Überschneidungen im Bereich der Leistung zwischen beiden Züchtungen gab.

Achtung! Dies ist jedoch keine ausreichende Einschätzung oder gar ein wissenschaftlicher Beleg, um das Ergebnis zu verallgemeinern. Jedoch wurde durch das Experiment gezeigt, dass die genetische Komponente Einfluss auf das Verhalten und auf die Persönlichkeit hat.

Die Genetik spielt auch eine Rolle, wenn es um die Prognose geht, um wie viel sich ein ungewünschtes Verhalten des Hundes umlenken lässt. Ein Jagdhund bleibt ein Jagdhund, egal, wie erfolgreich Ihr Training ist. Es ist genetisch verankert – und er kann jederzeit, wenn er will!

Zweite Säule: »Newcomer«-Epigenetik

Heute weiß man, dass die genetische Information in den Genen zwar relativ stabil ist, dass aber Mutationen und epigenetische Veränderungen eine Rolle spielen können, um genetische Variationen und Anpassungen in Lebewesen zu ermöglichen.

Früher hieß es noch: »Der Apfel fällt nicht weit vom Stamm.« Wie ärgerlich, je nach Familienkonstellation! Heute können wir jedoch mit Stolz ergänzen: »... aber dieser Apfel kann

Wir wollen oft den Hund in seinem Verhalten umlenken, doch das gelingt nur gemeinsam mit ihm.

Viele angespannte Hunde können trotz gewisser genetischer Grundlagen Entspannung lernen.

verdammt weit rollen«. Schöner und treffender lässt sich nicht ausdrücken, was die Epigenetik für uns bedeutet, nämlich die Veränderung und die damit verbundene Weiterentwicklung des eigenen Genpools.

Stellen Sie sich die Epigenetik als Verbindungsglied zwischen den Genen und den Umwelteinflüssen, die auf den Hund einwirken, vor. Mittlerweile weiß man, dass Gene nicht nur steuern, sondern auch gesteuert werden. Bestimmte Stoffe können die Gene des Hundes wie einen Lichtschalter an- oder ausschalten. Durch diese Stoffe werden die Gene beeinflusst und bleiben nicht mehr »starr«, wie man vor ein paar Jahrzehnten noch annahm. Epigenetische Einflüsse betreffen die Gene beider Eltern und Ahnen des Hundes, der sich entwickelt und den wir letztlich vor uns haben. Sie sehen: Nichts bleibt stehen, alles ist im Fluss und in Bewegung …

In den nächsten Jahren werden sicherlich noch weitere spannende Erkenntnisse der Epigenetik enthüllt werden, die sich wiederum auf unseren Alltag mit unseren vierbeinigen Familienmitgliedern auswirken werden. Was wir bereits festhalten können, ist: Alle Ereignisse innerhalb der Zeugung, Befruchtung, Trächtigkeit und der Geburt fallen schon in den Bereich der Epigentik, da sich Umwelteinflüsse auf die Gene auswirken. Somit sollten wir bereits diese Ereignisse als Züchter, Hundetrainer und Hundehalter sorgfältig und entspannt planen, sodass wir schon zu diesem frühen Zeitpunkt einen guten und positiven Einfluss auf unsere Hunde haben können.

Kurz zusammengefasst: Die Epigenetik wirkt sich auf Gesundheit, Emotionen, Gedanken und Lebensweise aus.

Dritte Säule: Erlerntes

Alles Gene oder was? Natürlich nicht! Gene spielen zwar eine wichtige Rolle, jedoch nicht die Hauptrolle allein. Wie in jedem guten Film benötigen wir im richtigen Leben immer einen Partner. In diesem Fall ist es das »erlernte Verhalten«. Verhalten basiert einerseits auf einer genetisch festgelegten Grundlage und findet andererseits durch Interaktion zwischen der Umwelt und dem Hund statt. Ein Welpe zeigt also spezifische Verhaltensweisen als Reaktion auf Umweltreize. Er kann zum Beispiel von Haus aus knurren, doch er weiß noch nicht,

wie deutlich er es einsetzen soll, damit er sein gewünschtes Ziel erreicht und sein Gegenüber auf Abstand halten kann. Durch das Einsetzen seines genetisch mitgegebenen Knurrens kann er anhand der Reaktion, die er durch seine Umwelt erfährt – wie etwa positive oder negative Konsequenzen – lernen, wie sein Knurren auf jemand anderen wirkt. So entwickelt er ein eigenes Repertoire an Verhaltensweisen in Bezug auf einen jeweiligen Kontext.
Einfach formuliert: Den Startschuss zur Kommunikation bringt die Genetik mit, die Feinheiten und den sensiblen Einsatz lernt der Welpe im Laufe der Zeit – durch Versuch und Irrtum, Nachahmung usw. Orientieren wird er sich daran, was ihm den meisten Erfolg bringt.

Somit lernt ein Hund von und mit jeder neuen Situation. Das Gehirn macht es sich recht einfach und speichert die einzelnen Themen in Kategorien – das hilft ungemein, um in ähnlichen Situationen ähnlich und noch schneller oder besser reagieren zu können. Wie viel Modifikation von Verhalten ein Hund zeigt, ist davon abhängig, wie viele Lernerfahrungen er bereits machen durfte.

Fazit aus den drei Säulen

All die Erfahrungen eines Hundes machen ihn zu der Persönlichkeit, die gerade in Ihrem Wohnzimmer vor Ihnen sitzt. Der Vierbeiner ist das, was er erlebt und mitbekommen hat – immer und in jeder Sekunde. Das macht ihn einzigartig. Zudem verdeutlicht es, dass sich einige Verhaltensweisen mal schneller und mal langsamer und andere wiederum kaum verändern lassen. Dies hat meist nichts mit Sturheit oder »er will nicht« zu tun, sondern eher mit »er kann (noch) nicht« – eben weil er so ist, wie er ist.

In jeder Situation steckt eine Chance, es besser zu machen. Nutzen Sie diese, …

… Ihr Hund freut sich darauf – vor allem, wenn Sie die Chancen gemeinsam ergreifen.

PERSÖNLICHKEITSTESTS BEIM HUND

Werfen wir nun einen genaueren Blick auf Persönlichkeitstests. Der Trend im »Bereich Hund« geht dahin, dass sich die Forschenden viele unterschiedliche Tests angesehen und diese auf den Hund übertragen und angepasst haben.

Das Schöne: Man hat in allen Tests Gemeinsamkeiten gefunden, aus denen die Merkmale abgeleitet wurden, die die Persönlichkeit des Hundes beschreiben können. Somit lässt sich die Persönlichkeit gut und für den Hundehalter nachvollziehbar beschreiben – einfach auch deshalb, weil nicht jeder Test andere Parameter nutzt, sondern diese inhaltlich ähnlich sind.

Die Vorteile von Persönlichkeitstests

Einige Gründe sprechen dafür, dass es nicht nur Spaß macht, Persönlichkeitstests bei unseren Hunden durchzuführen, sondern diese obendrein auch noch sinnvoll sind. Die Ergebnisse werden Ihr Verständnis für Ihren Vierbeiner fördern und den Umgang mit ihm erleichtern. Allerdings möchten wir Ihnen nicht vorenthalten, dass die Auswirkungen dieser Tests auch Nachteile mit sich bringen, doch dazu später.

1. **Besseres Verständnis für den Hund:**
   Persönlichkeitstests helfen uns, die einzigartige Persönlichkeit und die individuellen Verhaltensweisen unseres Vierbeiners besser zu verstehen. Dadurch können wir seine Bedürfnisse und Vorlieben gezielter berücksichtigen.
2. **Beziehungsaufbau:**
   Indem wir die Persönlichkeit unseres treuen Freundes kennenlernen, gelingt es uns, eine stärkere und vertrauensvollere Beziehung und Bindung zu ihm zu fördern.
3. **Trainings- und Alltagsoptimierung:**
   Das Wissen um die Persönlichkeit eines Hundes ermöglicht uns, das Training und den Umgang individuell anzupassen. Wir können die Stärken und Schwächen unseres vierbeinigen Freunds berücksichtigen und effektiver und erfolgreicher trainieren.
4. **Optimierung der Hund-Mensch-Interaktion:**
   Persönlichkeitstests können uns helfen, die Art und Weise zu verbessern, wie wir mit unserem Hund interagieren. Idealerweise wählen wir die Aktivitäten aus, die ihm am meisten Freude bereiten und die am besten zu seiner Persönlichkeit passen.
5. **Deeskalation in Stresssituationen:**
   Persönlichkeitstests geben Hinweise darauf, wie unser Hund in stressigen Situationen reagieren könnte. Dadurch können wir frühzeitig deeskalierend einwirken und ihm helfen, sich zu entspannen.
6. **Vorhersagbarkeit von Verhalten:**
   Wir können vorhersagen, wie sich unser Hund sehr wahrscheinlich in verschiedenen Situationen verhalten wird und vorausschauend unseren Alltag planen. In akuten Situationen wissen wir, was unser Vierbeiner

Ein Blick, und Sie wissen Bescheid. Sind Halter und Hund gut eingespielt, läuft es wie am Schnürchen.

braucht. Dies versetzt uns in die Lage, eine für ihn geeignete Lösung einzuleiten.

7. **Auswahl des richtigen Hundes:** Wenn wir vor der Entscheidung stehen, einen neuen Hund in unsere Familie aufzunehmen, kann ein Persönlichkeitstest uns dabei unterstützen, den Vierbeiner zu finden, der am besten zu unserem Lebensstil und unseren Vorlieben passt.
8. **Gesundheitsfürsorge:** Die Persönlichkeit unseres Hundes kann Einfluss auf seine Gesundheit haben. Je besser er gestellt ist und wir auf seine Gesundheit achten, umso besser für ihn.
9. **Spaß und Abenteuer:** Persönlichkeitstests können einfach eine unterhaltsame und spannende Möglichkeit sein, unseren Hund besser kennenzulernen und uns gemeinsam auf neue Abenteuer einzulassen.

Die Nachteile von Persönlichkeitstests

Neben den Vorteilen sollte man natürlich auch die Nachteile solcher Persönlichkeitstests kennen. Wir listen sie hier auf.

1. **Einschränkungen bei der Genauigkeit:** Persönlichkeitstests können eine wertvolle Informationsquelle sein, jedoch ist es wichtig zu beachten, dass sie gewisse Einschränkungen aufweisen. Tests sollen für eine breite Masse zur Verfügung gestellt werden, somit kann die individuelle Genauigkeit nicht zu 100 Prozent gewährleistet werden.
2. **Vereinfachung und Generalisierung:** Persönlichkeitstests sollen leicht durchführbar sein, um diese möglichst verallgemeinern zu können und viele Menschen zu motivieren, mitzumachen. Allerdings könnten durch das Vereinfachen, etwa aufgrund des Versuchsaufbaus, Informationen auch verloren gehen.
3. **Subjektivität und Selbsttäuschung:** Persönlichkeitstests basieren oft auf Selbsteinschätzungen, bei denen Hundehalter ihre eigenen Merkmale und Verhaltensweisen beurteilen. Es besteht die Möglichkeit von Verzerrungen, Selbsttäuschung oder dem Wunsch, sich oder den Hund in einem bestimmten Licht darzustellen. Dies kann nicht nur zu ungenauen, sondern auch zu völlig verzerrten Ergebnissen führen.
4. **Begrenzte Vorhersagekraft:** Persönlichkeitstests können Hinweise auf bestimmte Verhaltensmuster oder Präferenzen geben, aber sie sind nicht immer zuverlässige Vorhersagen zukünftigen Verhaltens. Verhalten kann situativ von weiteren verschiedenen Faktoren beeinflusst werden.
5. **Etikettierung und Stigmatisierung:** Die Verwendung von Persönlichkeitstests kann dazu führen, dass Menschen und Hunde in bestimmte Kategorien oder Etiketten eingeordnet werden. Dies kann zu Stigmatisierung oder Vorurteilen führen. Die Persönlichkeit ist zwar stabil, verändert sich aber innerhalb ihres Rahmens durch Einflüsse. So wird man bei einem einjährigen Herdenschutzhund vielleicht noch nichts Auffälliges bemerken, doch wenn er dann drei Jahre alt ist, wird er automatisch wachsam in Bezug auf sein Territorium sein. Frühzeitiges Training und positive soziale Erfahrungen in jungen Jahren sind entscheidend. Selbst wenn das (ungewünschte) Verhalten noch nicht gezeigt wird, bringen Sie Verständnis dafür mit, dass die Persönlichkeit des Hun-

des zu solchem Verhalten neigen kann. Durch das regelmäßige Gewöhnen und Erlernen, dass fremde Menschen in seinem Territorium nicht bedrohlich, sondern willkommen sind, kann der Hund in Zukunft sehr viel entspannter auf Besucher reagieren. Ein liebevoller und gut strukturierter Ansatz unterstützt das Hund-Mensch-Verhältnis und schafft ein harmonisches Miteinander, trotz aller vorhandener Eigenwilligkeiten der Persönlichkeit. Daher kann ein kleiner Ausschnitt eines Persönlichkeitstests die Vielfalt und Veränderungsfähigkeit des Hundes nicht im Ganzen darstellen.

Seinen eigenen Hund nicht erreichen zu können, ist für viele Hundehalter emotional sehr belastend.

6. **Datenschutz und Missbrauch:** Bei der Durchführung von Persönlichkeitstests werden oft persönliche Informationen über den Hundehalter gesammelt. Es besteht das Risiko des Missbrauchs oder der Weitergabe solcher Daten ohne Einwilligung der betroffenen Person. Der Schutz der Privatsphäre und der verantwortungsvolle Umgang mit den erhobenen Daten sind von entscheidender Bedeutung.

Der Stoff, aus dem Persönlichkeit besteht

Eine Persönlichkeit setzt sich aus verschiedenen Merkmalen zusammen. Sie spielen eine wichtige Rolle in der Art und Weise, wie Hunde mit ihrer Umwelt interagieren. Damit es ein wenig plastischer wird, schauen wir uns zwei typische Modelle an, die die Persönlichkeit des Hundes beschreiben lassen: erstens das Big-5-Modell und zweitens die Persönlichkeitstypen A und B.

Verständnis kommt durch Beobachtung, daher werden wir mit den folgenden Tests Ihren Blick auf Ihre Beobachtungsgabe und Wahrnehmung lenken. Sie werden genauer hinschauen, auch außerhalb von Testsituationen. Sie werden analysieren, messen, vergleichen und bewerten. In der Folge werden Sie detailverliebter auf Dinge schauen. Auf das Wahrnehmen und Bemerken folgt immer das Einordnen und Verstehen. Je mehr Sie Ihren kleinen Liebling beobachten, desto besser verstehen Sie ihn und können – gerade wenn es brenzlig wird – schneller reagieren. Und genau das ist unser Ziel!

Haben Sie mehrere Hunde, so erstellen Sie für jeden einen eigenen Test. Vergleichen Sie aber die Vierbeiner untereinander nicht, denn es gibt kein Besser oder Schlechter, sondern nur Persönlichkeit in unterschiedlichen Facetten.

Das Big-5-Modell

Ein häufig verwendetes Modell aus dem Humanbereich sind die »Big Five«, die in modifizierter Form auch bei Tieren angewendet werden. Das Prinzip des Tests beruht darauf, dass man viele charakterbeschreibende Wörter gesammelt und anschließend zu fünf Kategorien zusammengefasst hat. Diese fünf Verhaltenskategorien sind stabil und können nicht einfach durch ein Training verändert werden. Dabei besteht jede Kategorie aus einer Achse mit zwei Polen. Bei der Bewertung wird entweder der Gegenpol benannt (beispielsweise Extraversion – Introversion) oder der Hund wird bei dem jeweiligen Merkmal mit schwach oder stark ausgeprägt bewertet.

Gut zu wissen

Persönlichkeitsmerkmale

In unserem Buch sprechen wir von Persönlichkeitsmerkmalen, wenn wir Persönlichkeit beschreiben. Andere Autoren schreiben von Persönlichkeitskategorien, traits oder Persönlichkeitsdimensionen. Alle Begriffe sind richtig und sollten Sie nicht verwirren.

Um nicht durch Wechsel der Begrifflichkeiten, die synonym genutzt werden, zu springen, behalten wir in diesem Buch das Wort »Persönlichkeitsmerkmal« oder nur »Merkmal« bei.

Auch wenn es optisch gleich aussieht, können die Hunde denselben Kontext unterschiedlich bewerten.

Die beiden Pole bedeuten die Extreme, die die Persönlichkeit des Hundes deutlich beschreiben. Aber es gibt natürlich noch ganz vieles »dazwischen« – das sogenannte Kontinuum –, das wir durch unterschiedliche Intensitäten der Ausprägung des Verhaltens erkennen. Sprich: Ein Hund beißt nicht nur nach dem Motto »ganz oder gar nicht«, sondern er kann seine Beißintensität dynamisch der Notwendigkeit des Kontexts anpassen.

Das Big-5-Modell für Menschen

Das hündische wurde vom menschlichen Big-5-Modell abgeleitet. Somit lohnt sich ein Blick auf dieses, um zu verstehen, wie das des Hundes abgeleitet wurde und auf welcher Grundlage es entstanden ist.

Wie der Herr – so's Gescherr? Schauen Sie mal, welche Ähnlichkeiten Sie und Ihr Hund im Bereich der Persönlichkeit zeigen.

Unsere kurze Übersicht zum Big-5-Modell wird diesem natürlich nicht gerecht, schließlich liegen ihm jahrelange Forschung, Gedanken, Studien usw. zugrunde. Dennoch möchten wir das Big-5-Modell im Humanbereich nur kurz vorstellen, um Folgendes zu vermitteln:

- Sie lernen die fünf Merkmale kennen, nach denen die Persönlichkeit kategorisiert wird und auf die sich die meisten Wissenschaftler geeinigt haben.
- Sie lernen die Extreme kennen, also den höchsten und den niedrigsten Wert. Dazwischen liegt noch eine ganze Bandbreite mit Abstufungen, also stufenlosen Messwerten, die zwischen »hoch und niedrig« oder »stark und schwach ausgeprägt« angesiedelt sein können.
- Durch einen Fragebogen können Menschen eine Einschätzung zu ihrer Persönlichkeit geben und sich somit ein eigenes Persönlichkeitsprofil erstellen.
- Das Modell wird in verschiedenen Kontexten genutzt. Vielleicht ist es Ihnen schon im Bereich des Personalwesens in einer Firma untergekommen oder im pädagogischen Bereich und Stressmanagement.

1. **Offenheit:** Dies bezieht sich auf die Neugierde und die Bereitschaft, neue Erfahrungen zu machen.
   - Hohe Werte: neugierig, interessiert, wissbegierig
   - Niedrige Werte: zurückhaltend, konventionell
2. **Gewissenhaftigkeit:** Dies bezieht sich auf die Verlässlichkeit und Disziplin.
   - Hohe Werte: genau, zielstrebig, zuverlässig
   - Niedrige Werte: flexibel, sorglos, unbeschwert
3. **Extraversion:** Dies bezieht sich auf die Geselligkeit und den Aktivismus.
   - Hohe Werte: aktiv, optimistisch, gesellig
   - Niedrige Werte: introvertiert, zurückhaltend
4. **Verträglichkeit:** Dies bezieht sich auf die Freundlichkeit und Toleranz gegenüber anderen.
   - Hohe Werte: empathisch, freundlich, sozial
   - Niedrige Werte: misstrauisch, angriffslustig, provokant
5. **Neurotizismus:** Der Gegenpol dieser Achse ist die emotionale Stabilität.
   - Hohe Werte: angespannt, labil, traurig
   - Niedrige Werte: stabil, selbstsicher, gelassen

Ob Hunde miteinander spielen, hängt auch von der Sympathie zueinander ab.

Das Big-5-Modell für Hunde

Einige Überlegungen und zahlreiche Versuche und Studien weiter hat man das Modell auch an Hunde angepasst. Dabei gibt es für die Vierbeiner auch Untersuchungen mit nur drei oder vier Persönlichkeitsmerkmalen. So sicher, wie man mit dem Big-5-Modell im Humanbereich umgeht, ist man sich bei Hunden jedoch nicht. Es kann gut sein, dass Sie in einigen Büchern andere Zahlen und Merkmale zu lesen bekommen. Das bedeutet aber nicht, dass diese falsch oder richtig sind, sondern die Antwort liegt in der Argumentation der jeweiligen Autoren.

Die Big 5 beim Hund stellen sich wie folgt dar:

1. **Furchtsamkeit/Ängstlichkeit**
   - Hohe Werte: neue Reize werden vermieden, wenig Erkundungsverhalten
   - Niedrige Werte: mutig, neugierig, sicher
2. **Geselligkeit**
   - Hohe Werte: freundlich, sozial
   - Niedrige Werte: in sich gekehrt, gern allein
3. **Empfänglichkeit für Training** Bereitschaft an Kooperation und Aufnahmefähigkeit, neue Dinge zu erlernen
   - Hohe Werte: kooperativ, lösungsorientiert
   - Niedrige Werte: nicht handlungsbezogen
4. **Aggressivität gegenüber anderen Menschen oder Tieren**
   - Hohe Werte: aggressiv, angreifend, angriffslustig
   - Niedrige Werte: deeskalierend, fliehend
5. **Aktivitätslevel**
   - Hohe Werte: bewegungsaktiv, aktiv, schnell reagierend
   - Niedrige Werte: passiv, abwartend

Die hier genannten Merkmale dienen als allgemeine Richtlinien, und es gelten die gleichen Spielregeln wie für das Big-5-Modell des Menschen. Sie helfen, die Persönlichkeit von Hunden zu verstehen.

Je nach Persönlichkeit gehen Hunde mit unterschiedlichen Bewältigungsstrategien und Intensitäten ans Werk, um Probleme zu lösen. Ein praktischer Anwendungstipp: Schließen Sie nicht auf die Persönlichkeit Ihres Hundes, wenn er ein bestimmtes Verhalten einmalig gezeigt hat. Dieses sollte nicht verallgemeinert werden, denn einmal kann immer Zufall sein. Persönlichkeit ist aber mehr als Zufall. Langfristige und immer wiederkehrende Verhaltensweisen in ähnlichen Situationen lassen eher Rückschlüsse auf die Persönlichkeit zu.

Von der Theorie zurück in den Alltag ...

Welcher Hund ist der richtige Kontaktpartner für den eigenen? Leider gibt es kein Patentrezept, da das Ableiten anhand der Persönlichkeitsmerkmale des eigenen Hundes nicht ausreichend ist, um direkt auf einen Artgenossen zu schließen. Sie wissen, dieser hat ein eigenes Profil. Vielleicht helfen folgende Hinweise:

› Auch bei Hunden entscheidet das Thema Sympathie und Antipathie darüber, wie zukünftig kommuniziert wird. Des Weiteren steht die große Frage im Raum, ob durch das Gegenüber eine mögliche Gefahr besteht. Dies ist, biologisch betrachtet, oft der Fall, wenn sich die Hunde zu ähnlich sind und Konkurrenz das Leben erschweren könnte. Denn durch ähnliche Stärken von anderen schwinden die eigenen Chancen – etwa wenn ein dreijähriger stattlicher Rüde mit vier weiteren Rüden im ähnlichen Alter und mit ähnlichem Status um die Gunst der Hündin buhlen muss. Mit einem sehr jungen oder sehr alten Hund hätte er bessere Karten. Folglich hält man sich die Konkurrenz besser vom Leib.

› Achten Sie bei Ihrem eigenen Hund darauf, mit welchen Artgenossen er sich gut versteht und mit welchen nicht. Erkennen Sie einen ähnlichen Status und vergleichbare Vorlieben bei Ihrem und dem anderen Hund oder gibt es große Unterschiede? Kennen Sie die Vorlieben, so sehen Sie in bestimmten Situationen, ob die Tiere spielen oder lieber vorsichtig sind und Abstand halten. Sie werden erkennen können, bei welchem Besuchshund Sie zu Hause Spielzeug liegen lassen können und bei welchem nicht. Das macht es für Sie und Ihren Hund leichter.

Theorie ist toll, aber verlegen Sie Ihre Studien auch auf die Hundewiese – dort lernen Sie zu beobachten.

Üben Sie an einfachen Sequenzen und beschreiben Sie die Situation anhand der Big 5.

Test

Der Persönlichkeitstest für Ihren Hund

Stellen Sie sich Ihr eigenes kleines Schema zusammen, das Sie zu Hause umsetzen können, sodass Sie die Persönlichkeit Ihres Hundes im Blick haben. Dazu wandeln wir das Persönlichkeitsprofil ganz leicht ab, um es für Sie als Hundehalter noch ein wenig alltagsnäher zu gestalten. Bei der Geselligkeit des Vierbeiners sind nämlich zwei Dinge wichtig, die sehr unterschiedlich bewertet werden können. Ein Hund kann Menschen gegenüber etwa sehr gesellig sein, anderen Hunden gegenüber aber nicht – oder umgekehrt. Für den Aggressionsbereich gilt dies entsprechend. Persönlicher Freestyle, um es auf Ihren Alltag zuzuschneiden, ist an dieser Stelle also herzlich willkommen und erwünscht.

Damit verlassen wir natürlich den wissenschaftlichen Bereich, doch wir geben Ihnen die Option, Ihren Hund alltagsnah auf Papier leicht und übersichtlich einschätzen zu können. Schließlich geht es ja nur um Ihren eigenen vierbeinigen Freund, nicht um andere – Sie wissen ja, das „n" wäre zu klein ... Sind Sie stolze Hundehalterin mehrerer Hunde, so zeichnen Sie für jeden Hund bitte ein eigenes mehrachsiges Koordinatensystem.

Das benötigen Sie

- ein DIN-A4-Papier
- ein Lineal
- drei Stifte unterschiedlicher Farbe

Schritt-für-Schritt-Anleitung

1. Erstellen Sie mithilfe des Lineals ein Fadenkreuz mit acht Achsen (→ Musterzeichnung 1).
2. Beschriften Sie die Achsen von 0 bis 10. Die 0 liegt dabei im Zentrum des »Spinnennetzes«, die 10 am jeweils äußeren Ende. Wählen Sie den Abstand zwischen den Zahlen jeweils immer gleich groß.
3. Benennen Sie die acht Achsen mit jeweils einem Persönlichkeitsbereich:

   - Furchtsamkeit
   - Geselligkeit gegenüber Hunden
   - Geselligkeit gegenüber Menschen
   - Empfänglichkeit für Training
   - Aggressivität gegenüber Hunden
   - Aggressivität gegenüber Menschen
   - Aktivität
   - Impulskontrolle/Temperament

4. Wählen Sie nun eine andere Farbe Ihrer Stifte und gehen Sie die einzelnen Punkte durch. Finden Sie, dass Ihr Hund eine hohe emotionale Stabilität hat, setzen Sie ein Kreuz in der Nähe einer hohen Zahl, etwa 8 oder 9. Eine hohe Zahl bedeutet ein hoher Wert in diesem Persönlichkeitsbereich. Meinen Sie, dass Ihr Hund eine geringe emotionale Stabilität besitzt, so kreuzen Sie eher im Bereich um 2 oder 3 an.
5. Haben Sie alle Achsen beschriftet, verbinden Sie die einzelnen Kreuze von Achse zu

Wer die Persönlichkeit seines Hundes kennt, hat mehr Freude im Alltag mit ihm.

Achse, sodass eine Verbindung zwischen den Punkten erkennbar wird (→ Musterzeichnung 2).

6. Nun setzen Sie ein weiteres Highlight, indem Sie Ihren dritten Stift nutzen und in dasselbe Persönlichkeitsprofil Ihre Wunschvorstellung eintragen. Wünschen Sie sich einen Vierbeiner mit hohen Geselligkeitswerten gegenüber anderen Hunden, tragen Sie einen hohen Zahlenwert ein. Komplettieren Sie Ihre Wunschvorstellung an allen Achsen und verbinden Sie die Punkte von Achse zu Achse (→ Musterzeichnung 3).

Hinweis: Sie finden ein »leeres« Koordinatensystem als Download auf der Webseite www.gu.de/ziemer-falke-hund-download. Diese Vorlage können Sie herunterladen und ganz nach Belieben beschriften und nutzen.

Musterzeichnung 1

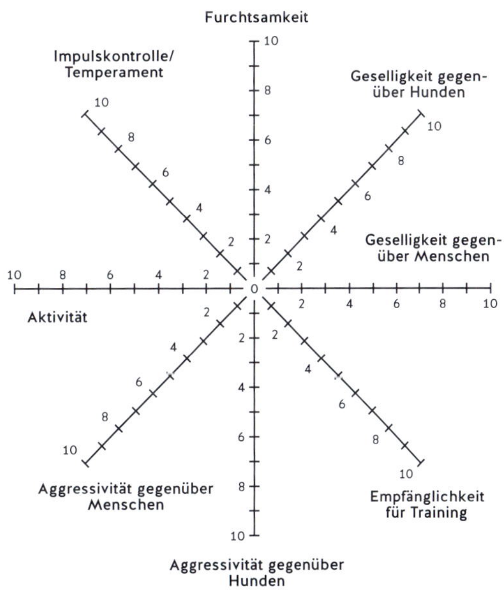

Musterzeichnung 2

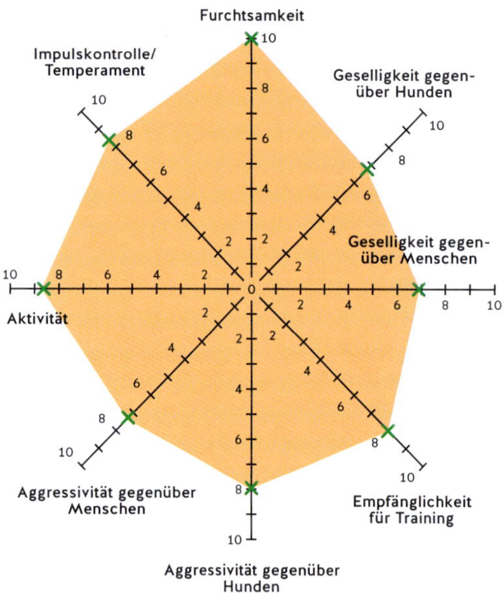

Musterzeichnung 3

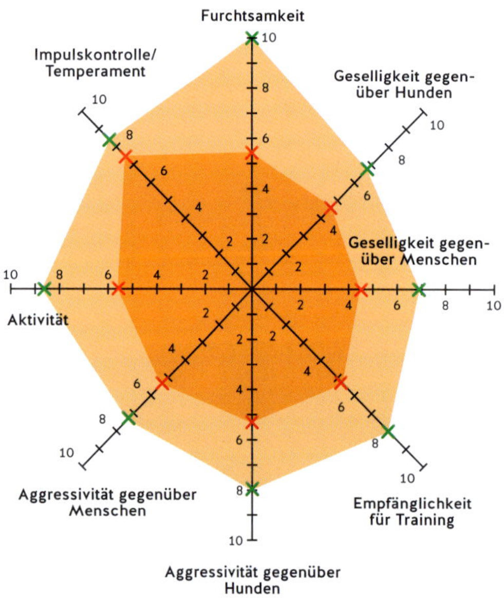

Unser Tipp: Sie können den Test natürlich auf verschiedene Bedürfnisse zuschneiden, indem Sie weitere Achsen ergänzen oder unpassende Begriffe löschen. Weitere Verhaltensschwerpunkte wären zum Beispiel: territoriales Verhalten und jagdliche Ambition.

Auswertung

Sie sehen auf einen Blick, wo sich die Persönlichkeit Ihres Hundes mit Ihrer Wunschvorstellung überschneidet und wo es im Alltag Handlungsbedarf geben könnte. Gleichen Sie die Ergebnisse mit Ihren bereits gemachten Alltagserfahrungen ab. Meist sind die »Ausreißer«, also die Persönlichkeitsbereiche, die von Ihren Wunschvorstellungen und der Realität der Persönlichkeit Ihres Hundes abweichen, die Baustellen, auf die Sie im Alltag immer wieder treffen.

Wünschen Sie sich einen Hund, der seinen Artgenossen gegenüber eine geringe Aggressionsbereitschaft zeigt, haben jedoch einen kleinen oder großen Leinenrambo auf dem Spaziergang dabei, der immer wieder aggressiv gegenüber seinen hündischen Kollegen reagiert, so sind das die Momente, in denen Sie einen hohen Puls und Stress bekommen. Sie werden wahrscheinlich in Ihrer Beziehung mit Ihrem vierbeinigen Freund in punkto »Aggressivität gegenüber Artgenossen« einige Kompromisse eingehen müssen, und es wäre sehr ratsam, dass Sie in das Training dieses Aspekts investieren.

Wann sollten Sie ein Persönlichkeitsprofil von Ihrem Hund erstellen?

- Immer wenn Sie das Gefühl haben, dass Sie ein Verhalten nicht genau beschreiben können. Durch die Differenzierung in die acht Achsen, werden einzelne Merkmale gesondert betrachtet. Das macht es einfacher, ein Gesamtbild zu erstellen.

- Nehmen Sie das Persönlichkeitsprofil mit zu Ihrem Hundetrainer, etwa wenn Sie Ihren Hund einem neuen Trainer vorstellen.
- Planen Sie gerade, einen (weiteren) neuen Hund bei sich aufzunehmen, so können Sie Ihre Wunschvorstellung mit seiner Persönlichkeit abwägen und schauen, wo es wahrscheinlich entspannt wird oder Sie mit mehr Trainingseinsatz rechnen müssen. Manchmal stellt man fest, dass eine andere Hunderasse der eigenen Wunschvorstellung gerechter wird als die, die man sich primär ausgesucht hat.
- Sind etwa unschöne oder selbst nicht einzuschätzende Situationen mit dem eigenen Hund geschehen, wie Beißereien, Drohgebärden usw., so können Sie einen Blick auf das Spinnennetz werfen, um sachlich zu erkennen, wie der Hund in seinem generellen Verhalten einzuschätzen ist. Das kann sehr hilfreich sein. Oft konsultieren Hundehalter eine Hundetrainerin und gehen mit der Sorge hin, dass ihr Vierbeiner möglicherweise gefährlich sein könnte. Zum Glück ist das meist nicht der Fall, aber für den besorgten Hundehalter oft nicht sofort erkennbar. Somit läuft man also lange mit einem unsicheren Gefühl durch den Tag. Um ein wenig Abhilfe zu schaffen, könnte das Ausfüllen eines Persönlichkeitsprofils unterstützen, weil er gewisse Dinge zu relativieren vermag. Vielleicht stellen Sie fest, dass Ihr Vierbeiner die Aggression nur gegenüber zwei oder drei Hunden zeigt und nicht gegenüber allen Artgenossen, die er sieht. Dadurch würde man den Hund (zu Recht) nicht mit einer 10 einschätzen.

Prüfen Sie, welcher Hund am besten in Ihr Leben passt. Der eine benötigt einen ruhigeren Typ, …

… während andere hingegen mit einem aktiven Vierbeiner glücklich werden.

Test

Wenn sich der Hund schwer einschätzen lässt ...

Sollten Sie Schwierigkeiten haben, Ihren Hund einzuschätzen, so helfen Ihnen folgende Aussagen zu den einzelnen Persönlichkeitsmerkmalen dabei, sich besser zurechtzufinden und eine Entscheidung zu treffen.

Geben Sie nach jeder folgenden Aussage eine Bewertung von 0 (das Verhalten kommt am wenigsten vor) bis 10 (kommt sehr häufig vor) ab. Zählen Sie pro Persönlichkeitsmerkmal die Ziffern zusammen und teilen Sie die Summe durch die Anzahl der Aussagen. So bekommen Sie den Durchschnittswert des jeweiligen Persönlichkeitsmerkmals. Diesen tragen Sie anschließend in das Persönlichkeitsprofil ein.

Schauen Sie, wie unsicher oder neugierig Ihr Hund auf neue Reize reagiert, um ihn einschätzen zu können.

1. **Furchtsamkeit** – Mein Hund ...
   - ... ist offen und neugierig gegenüber neuen, unbelebten Dingen (Staubsauger, Fernseher, Mülltonnen ...).
   - ... ist offen und neugierig gegenüber neuen Reizen aus seiner belebten Umwelt (Menschen, Artgenossen, andere Tiere ...).
   - ... verhält sich in neuen Situationen sicher und positiv gestimmt.
   - ... ist vorwiegend ausgeglichen und entspannt.

2. **Geselligkeit gegenüber Hunden** – Mein Hund ...
   - ... mag es, auf dem Spaziergang mit anderen Hunden freundlichen Kontakt aufzunehmen.
   - ... mag es, dass mindestens ein weiterer Hund im Haushalt lebt/leben könnte.
   - ... kann sich inmitten einer Hundegruppe entspannen.
   - ... geht einem Konflikt mit einem anderen Hund lieber aus dem Weg.

3. **Geselligkeit gegenüber Menschen** – Mein Hund ...
   - ... mag die Zweisamkeit mit mir.
   - ... mag es, wenn uns andere Menschen besuchen. Er sucht regelmäßig Kontakt zu meinen Besuchern.
   - ... zeigt oft Interaktionen, um Menschen zu etwas zu animieren.

Erreichen Sie mit Ihrem Vierbeiner eine gesunde Life-Dog-Balance, so ist die Hundewelt meistens in Ordnung.

- ... lässt sich von fremden Menschen sofort anfassen und streicheln.

4. **Empfänglichkeit für Training** – Mein Hund ...
   - ... probiert eigenständig neue Lösungswege aus.
   - ... hält das Training mit mir lange und mit Freude durch.
   - ... lernt schnell neue Dinge.
   - ... benötigt wenig Futterbelohnungen; ein freundliches Wort von mir genügt ihm oft als Belohnung.

5. **Aggressivität gegenüber Hunden** – Mein Hund ...
   - ... zeigt oft deutliches Aggressionsverhalten, wie Drohverhalten, Angriffe usw.
   - ... zeigt früh Aggressionsverhalten, um Hunde auf Abstand zu halten.
   - ... zeigt unverhältnismäßig starkes, einer Situation nicht angepasstes Aggressionsverhalten.
   - ... sucht Konflikte mit anderen Hunden.

6. **Aggressivität gegenüber Menschen** – Mein Hund ...
   - ... zeigt deutliches Aggressionsverhalten, wie Drohverhalten, Angriffe usw.
   - ... zeigt früh Aggressionsverhalten, um Menschen auf Abstand zu halten.
   - ... zeigt unverhältnismäßig starkes, einer Situation nicht angepasstes Aggressionsverhalten.
   - ... hat keine Hemmungen, mit einem Menschen in einen körperlichen Konflikt zu gehen.

7. **Aktivität** – Mein Hund ...
   - ... reagiert auf jeden Reiz, der ihm geboten wird.
   - ... beendet seine Aufgaben erst, wenn er sie erledigt hat. Ein Beispiel: Sie verstecken etwas für Ihren Hund, und er sucht das Leckerchen oder den Gegenstand so lange, bis er es gefunden hat.
   - ... möchte in das Leben und die Aktivitäten seines Halters integriert werden.
   - ... hat ein hohes Bewegungsbedürfnis.

Die Persönlichkeitstypen A und B

Bekanntlich führen mehrere Wege nach Rom, und das gilt auch in der Persönlichkeitsforschung. Daher stellen wir Ihnen noch eine weitere gängige Methode vor, mit der Sie relativ einfach die Persönlichkeit Ihres Hundes einschätzen können. Es ist die Einteilung nach A- und B-Typen.

Dieses System ist aus der Humanmedizin und der Humanpsychologie seit den 1950er-Jahren bekannt. Seit 2002 wird es auf Hunde übertragen. Hierbei hat der schwedische Wissenschaftler Kenth Svartberg gute Dienste geleistet. Der Einfachheit halber haben wir die Unterscheidung der beiden Typen in der Tabelle rechts für Sie gegenübergestellt.

Anhand zweier Grundsätze finden Sie leicht heraus, um welchen Persönlichkeitstyp es sich bei Ihrem Hund handelt:

- Entweder ist ein Hund ein A- oder ein B-Typ. Es gibt keine Mischformen. Das klingt vielleicht etwas merkwürdig, da wir im Hundetraining immer sehr dynamisch und flexibel im Bereich des Verhaltens sind und es oft fließende Übergänge gibt. Zum jetzigen Stand geht die Forschung davon aus, dass sich diese beiden Typen nicht mischen. Aber es existieren verschiedene Ausprägungen dieser Typen. Es ist also eine Veränderung innerhalb eines Typs möglich. A und B können jeweils Übergänge und Formen von sehr stabilen bis hin zu sehr instabilen Typen zeigen. Das erklärt wiederum die Vielfalt an Verhaltensmöglichkeiten von Hunden.
- Um einen A-Typ oder B-Typ zu erkennen, reicht es nicht, den Hund in seinem Alltag zu beobachten. Der Vierbeiner müsste dazu bewusst in stressigere Situationen gebracht

In jedem Hund steckt das große Potenzial eines ganz individuellen Charakters.

Die Grundtypen A und B im Überblick

A-Typ	B-Typ
Der Hund zeigt sich im Stress subdominant/wagemutig. Er ist bereit, für sich selbst einzustehen.	Der Hund ist eher zurückhaltend. Er meidet den Konflikt.
Er ist aktiv und zeigt eine Handlungsbereitschaft	Er wartet eher ab und beobachtet.
Er geht auf Neues aktiv zu.	Er ist scheu bei Neuem. Bitte beachten: Scheu ist nicht mit ängstlich gleichzusetzen, sondern eher mit »zurückhaltend-bedacht«.
Er ergreift die Initiative.	In einer neuen Situation wirkt er vorsichtig und distanziert.
Er handelt spontan und schnell.	Er hält sich eher am Rand des Geschehens auf.
Er ist bereit, die Führung zu übernehmen.	Er lässt sich gern führen und handelt bedacht sowie eher zögerlich.
Er widersetzt sich auch, wenn er meint, dass es sinnvoll ist.	Er fügt sich der Situation.
Einwirkende Hormone: Adrenalin und Noradrenalin aus dem Nebennierenmark	Einwirkendes Hormon: Cortisol aus der Nebennierenrinde

werden, und das wollen wir natürlich nicht. Je mehr Stress, desto deutlicher wird die Reaktion ausfallen. Warum? Die A- und B-Typen hängen sehr stark mit dem Stresssystem des Körpers zusammen. Wir beschreiben gleich noch, wie A- und B-Typen auseinandergehalten werden können und welche Hormone mit dem jeweiligen Typ besonders kooperieren.

Stabil oder instabil?

Nachdem Sie die beiden Typen kennengelernt haben, widmen wir uns noch kurz der Stabilität bzw. Instabilität beider Typen. Wie wir wissen, kann jeder Hund innerhalb seines Persönlichkeitstyps unterschiedlich stark in seiner Ausprägung reagieren. Das macht es im Alltag spannend und individuell. Doch was wünschen wir uns im Umgang mit unserem Vierbeiner?

- Unsere Aufgabe ist es nicht, aus einem A-Typ einen B-Typen zu machen (das geht nicht), sondern dafür Sorge zu tragen, dass wir stabile und entspannte A- oder B-Typen durch unser Wissen und Training erreichen. Innerhalb ihres Typs sollen sich die Hunde in Balance befinden, damit es ihnen gut geht.
- Es gibt kein »besser« oder »schlechter« in Bezug auf die Persönlichkeitstypen. Wir nehmen dadurch nur die Stärken und Schwächen des Hundes wahr und können ihn gezielt fördern.

Ein stabiler Typ, egal ob A oder B, bleibt in stressigen Situationen ruhig und souverän. Ein instabiler Typ hingegen zeigt sich nervös und gestresst. Hundehalter beschreiben dies gern damit, dass der Hund »drüber« ist und übertrieben in der jeweiligen Situation reagiert. Für Sie bedeutet die jeweils instabile Fassung des eigenen Hundes, dass es Probleme im Zusammenleben mit ihm geben kann und er unter Stress leidet. Es besteht also Handlungsbedarf.

Wir alle haben das Rüstzeug an der Hand, um glücklich sein zu können.

Zwei Wege der Stressreaktion

Oben in der Tabelle haben Sie bereits gelesen, dass die Stresshormone Adrenalin und Noradrenalin taktgebend das Verhalten des A-Typs beeinflussen, während sich Cortisol auf das Verhalten des B-Typs auswirkt. Schauen wir uns beide Reaktionen einzeln an, damit wir uns die Zusammenhänge beider Typen und Hormonen besser merken können.

Was macht der Körper bei Stress? Er will einfach nur weg – nach vorn (Angriff) oder nach hinten ab durch die Hecke (Flucht). Um eine Angriffs- oder Fluchtreaktion überhaupt in Gang zu setzen, nutzt die Amygdala zwei Wege. Die Amygdala wird umgangssprachlich gern als mandelförmiges »Angstzentrum« beschrieben, das im Gehirn sein Zuhause im limbischen System hat. Dieses limbische System umfasst den Bereich des Gehirns, der überwiegend für die Emotionen des Hundes verantwortlich ist.

Einer der beiden Wege, die die Amygdala wählt, ist schnell und verläuft über das sympathische Nervensystem. Hier kommen Adrenalin und Noradrenalin ins Spiel – sie führen zu einer schnellen Reaktionsmöglichkeit des Körpers. Das leuchtet ein, denn ist Gefahr in Verzug, können wir keine demokratische Abstimmung über Sinn oder Unsinn einer möglichen Reaktion abhalten oder verschiedene Pläne diskutieren. In diesem Fall muss es einfach zackig gehen.

Der andere Weg ist dagegen langsamer. Er führt über den Hypothalamus, der im Zwischenhirn sitzt und je nach Bedarf und Kontext die Ausschüttung von Hormonen schnell lostreten

Gut zu wissen

Die Amygdala – besser als ihr Ruf

Gern wird die Amygdala als »Angstzentrum« bezeichnet. Sie gilt als wichtige Hirnregion, die für das Erleben von Stress und Angst verantwortlich ist. Eigentlich ein Teil, den wir lieber aus unserem Leben verbannen wollten, wenn wir nur könnten. Aber wie so oft im Leben hat alles seinen Sinn. Durch das Erleben von Stress und Angst können wir unseren Körper auf zukünftige, ähnliche Situationen vorbereiten und uns etwa durch Training, Lernen usw. besser darauf einstellen. Das trainiert den Körper, unterstützt die Gesundheit und sorgt dafür, dass wir uns weiterentwickeln. Nach einem unschönen Erlebnis ergeben sich demzufolge die wichtigen Fragen: Was kann ich daraus lernen? Wo habe ich noch nicht so gut oder clever reagiert, dass ich die Situation nicht verhindern konnte? Was mache ich beim nächsten Mal besser?

Die Amygdala und einige andere Regionen im Gehirn steuern also körperliche und psychische Reaktionen auf Situationen, die für den Hund angst- und stressauslösend sind. Kommt die Information bei der Amygdala an, dass Gefahr in Verzug ist, feuern die Nervenzellen. Der Hund wird wachsamer und dem entsprechenden furchtauslösenden Reiz gegenüber aufmerksam. Das Ganze findet bereits unbewusst statt. Ein bestimmter »Alarmwert« löst die Angriffs- oder Fluchtreaktion aus, ohne dass wir uns dessen bewusst sind.

Doch die Amygdala übernimmt noch eine weitere Aufgabe. Sie veranlasst den Hippocampus, sich die Stresssituation gut zu merken. So kann der Organismus des Hundes sich sowohl die Gefahr und die genutzte Bewältigungsstrategie des Körpers merken als auch beim nächsten Mal schneller reagieren.

kann. Dadurch steuert der Hypothalamus grundlegende Funktionen im Körper – er ist also wichtig. Schauen wir uns beide Stressreaktionen einmal genauer an.

Die erste Stressreaktion (Adrenalin/ Noradrenalin) am Beispiel des A-Typs

Der A-Typ zeigt Stressreaktionen aufgrund der Vorherrschaft von Adrenalin und Noradrenalin. Adrenalin lässt den Körper reagieren. Die in der Tabelle auf S. 41 aufgelisteten Verhaltensweisen des A-Typs entsprechen den physiologischen Adrenalin-/Noradrenalin-Reaktionen. Passt also. Sicherlich kennen Sie das: Ein fremder freilaufender Hund läuft auf Ihren Liebling zu, und Sie reagieren reflexartig. Sie nehmen Ihren Hund vielleicht auf den Arm, um ihn vor dem anderen zu schützen. Sie denken in dem Moment nicht darüber nach, was Ihr Hundetrainer in einer solchen Situation empfehlen würde,

Sogar Hundebegegnungen mit größerem Abstand können bei Hund und Halter Stress auslösen.

welches Verhalten korrekt und ob Ihre Reaktion gesellschaftsfähig ist. Keine Zeit für Pläne! In diesem Fall hat Ihr Körper den allgemeinen Notstand ausgerufen. Troubleshooting steht an der Tagesordnung! Angriff oder Flucht – Attacke! Ihr Körper schwingt komplett mit und steht Ihnen im wahrsten Sinne des Wortes bei. Gemeinsam sind Sie stark. Kurzfristig ist der Körper zu Heldentaten imstande.

Der schnelle Weg verläuft über das sympathische Nervensystem. Über viele Nervenstränge im Rückenmark gelangt die Information »Achtung, Gefahr« zum Nebennierenmark. Dort werden Adrenalin und Noradrenalin gebildet und in kleinen Mengen ausgeschüttet. Diese Hormone nennt man Katecholamine, und sie geben nun Vollgas.

Geht es ums Ganze, rauscht Adrenalin durch den Körper und zieht alles in seinen Bann – Menschen und Hunde unterscheiden sich hierin nicht. Binnen Sekundenbruchteilen bindet sich Adrenalin an Rezeptoren und macht den Weg frei für blitzschnelle Anpassungen:

- Der Körper wird mit Adrenalin geflutet.
- Der Blutdruck steigt – was zur Flucht oder zum Angriff erforderlich ist, damit die dafür benötigten Organe stärker durchblutet werden, sodass der Hund seine »Superkräfte« aktivieren kann. Der Körper ist jedoch ein cleveres Gebilde – es werden energieschonend nur die Muskeln aktiviert, die das Ziel von Angriff oder Flucht verfolgen. Anders etwa die glatte Muskulatur im Darm, sie geht in den »Pausenmodus« und erschlafft in dieser Zeit – was logisch ist: Auf der Flucht soll ein Hund nicht fressen oder an Fressen denken, geschweige denn die Verdauung fokussieren.
- Die Milz schwemmt mehr rote Blutkörperchen aus, die Sauerstoff zu den Muskeln transportieren sollen.
- Das Herz pumpt und schlägt kräftiger unter einem Adrenalinausstoß. Adrenalin kann sich direkt an die Rezeptoren am Herzen binden, das »Zentrum der Macht« direkt beeinflussen und das Tempo erhöhen.
- Der Körper stellt Energie zur Verfügung. Der Blutzuckerspiegel steigt in die Höhe. Muskeln und Organe benötigen den Blutzucker zum Antrieb. Die Leber unterstützt auf allen Ebenen, um den Zucker so zu regulieren, dass dieser situationsadäquat verarbeitet wird und zur Verfügung steht.
- Nun wird Sauerstoff benötigt – viel Sauerstoff! Also bekommt die Lunge durch die Adrenalinausschüttung die Information, dass die Bronchien geweitet werden. So wird tieferes und schnelleres Atmen ermöglicht und das Blut mit mehr Sauerstoff angereichert.
- Die Pupillen werden vergrößert und ermöglichen ein größeres Sichtfeld. Somit bekommen wir in den Gefahrensituationen eher mit, wenn sich (weitere) Gefahren nähern.

- Das Blut gerinnt schneller und schützt so vor Blutverlust.
- Die Zellen produzieren Botenstoffe, die für die Immunabwehr wichtig sind.
- Die Sexualfunktionen gehen zurück. Das spart Energie, da Sex zur Flucht und zum Angriff nicht gebraucht wird.
- Und noch vieles mehr.

Die zweite Stressreaktion (Cortisol) am Beispiel des B-Typs

Der B-Typ hingegen zeichnet sich durch eine eher dominierende Cortisolausschüttung aus und reagiert entsprechend seiner physiologischen Standards. Der Stoffwechsel fährt hoch, und nun stehen dem Körper über einen längeren Zeitraum (also etwas länger als bei der ersten Stressreaktion) Reserven und Energie zur Verfügung. Das Ganze sollte allerdings kein Dauerzustand werden, ansonsten können sich gesundheitliche Probleme einstellen, weil z. B. die Immunabwehr gedrosselt wird.

Der »langsame« Weg verläuft über den Hypothalamus. Wenn wir uns mit Gefahren konfrontiert sehen, ist unser Körper erstaunlich gut darauf vorbereitet, uns zu schützen. Eine der Schlüsselkomponenten dieses Verteidigungssystems ist die Amygdala, die schnell erkennt, wenn Gefahr droht, und parallel zur ersten Stressreaktion den Hypothalamus alarmiert. Diese Kommunikation zwischen den beiden Hirnregionen ermöglicht es dem Körper, eine zweite Stressreaktion in Gang zu setzen, die für unsere Sicherheit von großer Bedeutung ist.

Der Hypothalamus, ein winziger, aber sehr mächtiger Bereich im Gehirn, nimmt die Botschaft der Amygdala ernst und schüttet daraufhin Botenstoffe aus, darunter das Corticotropin-releasing-Hormon. Dieses Hormon wirkt auf die Hypophyse, eine kleine Drüse im Gehirn, die daraufhin Adrenocorticotropin (ACTH) freisetzt. Das ACTH macht sich auf den Weg durch unser Blut bis zur Nebennierenrinde, wo es die Information überbringt, Cortisol freizusetzen.

Cortisol, oft als »chronisches Stresshormon« bezeichnet, hat in der Tat eine Vielzahl weiterer lebenswichtiger Funktionen im Körper. Es ist keineswegs nur der Buhmann, sondern spielt eine bedeutende Rolle bei der Regulierung verschiedener physiologischer Prozesse. Allerdings kann, wie so oft im Leben, zu viel von etwas Gutem zum Problem werden. Wenn unser Körper aus dem Gleichgewicht gerät und Cortisol in übermäßigen Mengen ausschüttet, kann es zu schädlichen Auswirkungen führen und unsere Gesundheit beeinträchtigen.

Gut zu wissen

Ende gut, alles gut – die »Stressbremse«

Zum Glück regen wir uns nach Stress meist wieder ab. Dabei hilft eine eingebaute »Stressbremse«. Ist nämlich das Stresshormon Cortisol in ausreichendem Maß im Blut vorhanden, merken dies bestimmte Rezeptoren im Drüsensystem und im Gehirn, die Glucocorticoidrezeptoren. Daraufhin stoppt die Nebennierenrinde die Cortisolproduktion, und das parasympathische Nervensystem – der Teil des Nervensystems, der unseren Körper zur Ruhe kommen lässt – wird aktiv.

Test

Einen Typ-A- oder Typ-B-Hund erkennen

Wie auf Seite 40f. bereits erwähnt, ist die Kategorisierung in A- und B-Typen nur möglich, wenn wir unseren Hund in Stresssituationen beobachten konnten. Ihn im Alltag bewusst solchen Situationen auszusetzen, sollten wir allerdings strikt vermeiden. Vielleicht lassen sich zu Hause Momente finden, in denen Ihr Hund stressige Situationen durchlebt – immerhin geht es ohne Stress im Leben nicht. Sie müssen also nichts absichtlich provozieren. Mögliche Beispiele wären etwa:

- Besuch beim Tierarzt
- Antreffen eines unbekannten Hundes
- Hundebegegnungen ganz allgemein
- Freilauf mit anderen Hunden
- Erleben von Frustration oder Belohnungsaufschub: Ihr Hund möchte an seinen Futternapf, muss aber erst etwas warten, bis Sie den Zugang zum Napf freigeben.
- unbekannte (Urlaubs-)Orte usw.

Schauen Sie, ob Sie rein durch Beobachtung folgende Fragen beantworten und daraufhin eine Zuordnung zum A- oder B-Typ vornehmen könnten:

- Wie verhält sich Ihr vierbeiniger Liebling, wenn er Stress hat?
- Was war seine erste Reaktion, als er mit einem stressigen Reiz konfrontiert wurde?
- Wie geht er dann mit seinem Umfeld um?

Typische Reaktionen für Typ A

- Der Hund zeigt ausführliches Erkundungsverhalten und ist sehr neugierig.
- Bei Begegnungen geht der Hund aktiv auf den Artgenossen zu.
- Der Hund ist proaktiv und versucht eine Lösung für eine stessige Situation zu finden (Angriff, Flucht usw.)

Typische Reaktionen für Typ B

- Der Hund verhält sich eher zurückhaltend, er erkundet vorsichtig und mit Bedacht.
- Bei Begegnungen verhält er sich abwartend und eher passiv.
- Er zeigt sich reaktiv und versucht die Situation zunächst auszusitzen.

Vorteile der Typisierung

Der Vorteil einer Einteilung in A- und B-Typen ist insofern sehr angenehm, weil es nur eine Entweder-oder-Entscheidung gibt. Sie werden den größten Nutzen davon haben, wenn Sie Ihren Vierbeiner in vielen verschiedenen Situationen beobachten und darüber langfristig eine Zuordnung treffen können.

Gesundheitliche Konsequenzen für A- und B-Typen

Wir wissen, dass langanhaltender Stress krank macht. Somit wird deutlich, dass weder A- noch B-Typen vor Überlastung und Krankheiten gefeit sind, einfach weil das Stresssystem an die Persönlichkeit gekoppelt ist. Doch aufgrund

Sport senkt den Cortisolspiegel und ist ein wunderbares Hobby. Finden Sie immer …

… den Ausgleich zwischen Anspannung und Entspannung in Ihrem Leben. Es lohnt sich!

der Zuordnung der A- und B-Typen zu den Stresssystemen, lassen sich Krankheitsbilder den jeweiligen Persönlichkeitstypen zuweisen.

Typische Krankheiten des A-Typs

- Herzerkrankungen
- Probleme mit dem Kreislauf und vieles mehr

Typische Krankheiten des B-Typs

- Diabetes
- Magengeschwür
- Stoffwechselerkrankungen
- Schilddrüsenerkrankung und vieles mehr

An dieser Stelle betonen wir nochmals die Wichtigkeit dieser Zusammenhänge und weisen darauf hin, dass die physiologischen A- und B-Typen angeboren sind. Ein Hund ist und bleibt demnach ein A- oder B-Typ – dies wurde ihm genetisch in die Wiege gelegt.

Was Sie zu Hause tun können:

Halten Sie in regelmäßigen Abständen einen Blick auf Ihren Hund, ob er sich in guter Balance befindet. Das erkennen Sie zum Beispiel daran, dass er in sich wiederholenden Kontexten ähnliche Reaktionen zeigt. Merken Sie aber, dass im Verlauf gewisser Situationen die »Hutschnur« bei Ihrem Hund hochgeht oder er immer heftiger und nicht mehr situationsadäquat reagiert, so können Sie direkt zwei Dinge angehen:

1. Konsultieren Sie einen Tierarzt, der Ihren Liebling im wahrsten Sinne des Wortes auf Herz und Nieren prüft sowie auch weitere Organe, den Bewegungsapparat usw. untersucht. Schmerzen können ein Indikator für steigende Stressreaktionen sein, obwohl die Reizintensität gleich bzw. ähnlich ist und sich nicht erhöht.

2. Machen Sie den Stressor ausfindig und überlegen Sie, warum Ihr Vierbeiner so intensiv darauf reagiert hat. Das kann mehrere Gründe haben: Ihr Hund könnte bereits eine schlechte Erfahrung mit diesem Reiz gemacht haben. Der Reiz könnte neu und so präsentiert worden sein, dass die Intensität zu viel/zu hoch gewesen ist und der Hund deshalb in Stress gerät.

Halten Sie die Intensitäten im Blick, denn oft sind diese dafür verantwortlich, wenn Hunde auf Reize mit einem unangenehmen Gefühl reagieren. Lassen Sie Ihren Vierbeiner Dinge langsam und in seinem Tempo erkunden.

WIE **STRESS** BEIM HUND ENTSTEHT

Stress bei unseren geliebten Vierbeinern – ein Thema, das oft im Schatten liegt, aber dennoch von entscheidender Bedeutung ist, um das Wohlbefinden unserer treuen Begleiter zu gewährleisten.

Verschiedene Strategien bei Stress

Als Hundehalter tragen Sie eine große Verantwortung, nicht nur für das körperliche, sondern auch für das emotionale Wohlbefinden Ihres vierbeinigen Familienmitglieds. Lassen Sie uns gemeinsam in das große Thema »Hundestress« eintauchen, sodass Sie in der Folge besser verstehen werden, wie er sich manifestiert. Außerdem wollen wir wichtige Wege erkunden, damit Sie Ihrem Hund helfen können, stressfreier zu leben, denn genau wie wir Menschen reagieren auch Hunde ganz unterschiedlich auf Stress.

Die vier Fs

Um das Verhalten unserer geliebten Fellnasen bei Stress besser zu verstehen, hilft es, die »vier Fs« zu betrachten. Hinter diesem Begriff verbergen sich vier Reaktionen des Hundes auf Stressoren, also Dinge, die ihm Stress bereiten: nämlich Flucht, Erstarrung, Kampf oder Übersprunghandlung. Dabei beziehen sich die »Fs« auf die englischen Begriffe dieser vier Konfliktstrategien: Flight (Flucht), Freeze (Erstarrung), Fight (Kampf) und Flirt oder Fiddle (Übersprunghandlung). Schauen wir uns diese Reaktionen einmal im Detail an.

Flucht

Manche Hunde neigen dazu, Stresssituationen zu meiden oder ihnen zu entkommen. Dies zeigt sich oft durch Rückzug, Verstecken oder Zuflucht an einem ruhigen Ort. Flucht ist aber nur möglich, wenn der Hund einen freien Bewegungsradius hat. Eine Leine engt diesen ein. Nehmen Sie wahr, dass eine Leine Ihrem Vierbeiner einen Raum zuteilt, den er nicht überschreiten kann. Je nach Typus Hund mag der eine einen kleinen Raum, der ihm zu Verfügung steht, lieber als einen großen Raum – oder umgekehrt. Folglich unterscheiden sich dann die gezeigten Reaktionen des Hundes.

Erstarren

In stressigen Momenten können Hunde erstarren und sich unbeweglich verhalten. Ihre Körpersprache wird steif, ihr Blick fokussiert sich auf die potenzielle »Gefahr«. Sie stellen sich gewissermaßen »tot« – in der Hoffnung, dass sie nicht bemerkt werden. Dieses Einfrieren zeigen sie im Stehen, im Sitzen oder auch im Liegen.

Kampf

Dies ist die Reaktion, die meist als Aggression wahrgenommen wird. Doch unter dieses Stressanzeichen fällt auch die Vokalisation, also Jaulen, Fiepen, Knurren oder Bellen. Viele Hunde zeigen oft erst eine der anderen drei Strategien, wechseln aber in den Angriff über, wenn sie

Wenn Ihr Hund zu buddeln beginnt, könnte dies ein Anzeichen von Stress sein.

Beißt Ihr Hund in die Leine, ist dies sehr häufig eine Übersprunghandlung.

Hecheln deutet, neben einem möglichen Wärmeaustausch, auf Stress hin.

mit diesen keinen Erfolg haben. Daher ist es unglaublich wichtig, dass Sie die Stressstrategien Ihres Hundes kennen, um bereits in den Ansätzen »Erste Hilfe« bieten und somit einen Wechsel in den Angriff verhindern zu können.

Übersprunghandlung

Einige Hunde lernen, sich an stressige Situationen anzupassen, indem sie Übersprunghandlungen zeigen. Dabei können sie stark hecheln, sich kratzen, aufreiten, schnüffeln usw. Übersprunghandlungen erkennen Sie relativ schnell, denn das gezeigte Verhalten passt nicht in den Kontext. Ein Hund, der ein Reh verfolgen möchte und zeitgleich von seinem Halter abgerufen wird, sollte im besten Fall zu seinem Menschen kommen. Allerdings riecht das Reh so verführerisch gut … Zumindest aus biologischer Sicht wäre die Verfolgung des Rehs logisch. Stattdessen setzt sich der Hund hin und kratzt sich. Das ergibt keinen Sinn in diesem Kontext, aber durch den ausgelösten Konflikt (A oder B zu zeigen) muss der Stress erst einmal durch Kratzen abgebaut werden.

Achtung, Strategiewechsel!

In bestimmten Situationen können Hunde ihre Strategie wechseln. Ein solcher Wechsel tritt vor allem beim »Flirt« auf. Wird das Problem damit nicht gelöst, geht der Hund oft in den Angriff über, seltener in die Flucht und so gut wie nie in das Erstarren. Oft gehen »Fluchthunde« in die Erstarrung, wenn sie bemerken, dass eine Flucht nicht möglich ist. Sie ergeben sich vermeintlich ihrem Schicksal.

Die meisten Hunde neigen verstärkt zu einer bestimmten Strategie und spielen diese »Verhaltenskarte« im Leben sehr häufig als »sichere Strategie«. Sind sie erfolgreich, können sie dieses Verhalten in einem stressigen Kontext sicher und unter Einsatz eines nur geringen Energieverbrauchs umsetzen. Der Körper fertigt immer eine Kosten-Nutzen-Analyse. Erst wenn diese Maßnahme keinen Sinn mehr macht – etwa, weil der andere Hund doch stärker als gedacht ist oder sich das Verhalten während der Kommunikation verändert –, passt der Vierbeiner seine Strategie an.

Interessant ist, dass nicht nur einzelne Hunde vermehrt zu einem der vier Fs neigen, sondern sogar ganze Rassen eine Tendenz zu einer bestimmten Strategie haben. So entscheiden sich Schäfer- und Hütehunde vermehrt zum Flirt, während Terrier eher in den Angriff übergehen oder erstarren. Wichtig: Natürlich lässt sich diese Aussage nicht verallgemeinern, daher sollte jeder Hundehalter seinen Vierbeiner stets genau beobachten und individuell hinschauen.

Ursachen von Stress

Was genau einen Hund stresst, kann vielfältige Gründe haben, und es ist wichtig zu verstehen, dass jeder Vierbeiner einzigartig ist. Was den einen Hund stresst, mag für einen anderen völlig unproblematisch sein. Stress wird also individuell und subjektiv verarbeitet.

Lautstärke und ungewohnte Geräusche zählen häufig zu den Stressauslösern, aber auch soziale Isolation, Schmerzen, Veränderungen in der Umgebung, gesundheitliche Probleme oder das Auftauchen fremder Menschen oder anderer Hunde. Die Liste ist bekanntlich lang. Ein aufmerksamer Hundehalter wird feststellen, dass der geliebte Vierbeiner plötzlich mehr bellt, sich ängstlicher verhält oder physische Symptome wie übermäßiges Hecheln zeigt. All diese Verhaltensweisen können Anzeichen für Stress sein, die nicht ignoriert werden sollten.

Hunde verweigern oft die besten Leckerchen, sobald sie sich in stressigen Situationen befinden.

Hunde zeigen sehr deutlich, wenn ihnen etwas zu viel wird.

Stress beim Hund erkennen

Ihr Hund »spricht« ganz viel mit Ihnen, oft über seine Körpersprache und sein Ausdrucksverhalten. Achten Sie auf folgende Zeichen, die Ihr Liebling in aufreibenden Situationen zeigt, wenn er Stress empfindet:

- hecheln
- kratzen
- schnüffeln
- über die Lefzen lecken
- Spontanschuppung oder Haarausfall
- in die Leine beißen oder daran zerren
- Anspannung bestimmter Muskelgruppen
- aufreiten
- bellen
- Durchfall
- gähnen usw.

Das richtige Stressmanagement

Die gute Nachricht ist, dass es zahlreiche Möglichkeiten gibt, wie Sie Ihrem Hund bei der Stressbewältigung helfen und sein Wohlbefinden verbessern können. Wir möchten Ihnen mit der folgenden kleinen Liste einige Anregungen an die Hand geben. Sicherlich existiert auch noch eine ganze Reihe anderer Möglichkeiten, die vielleicht noch besser zu Ihrem Vierbeiner passen, aber individuell abgestimmt werden müssen.

- Schaffen Sie eine sichere Umgebung: Bieten Sie Ihrem Hund einen ruhigen Rückzugsort, an dem er sich sicher fühlen kann.
- Bewegung und Spiel: Regelmäßige Bewegung ist eine hervorragende Methode zum Stressabbau für Hunde. Gehen Sie spazieren oder nutzen Sie andere Aktivitäten, die Ihrem Vierbeiner Freude bereiten. Auf diese Weise werden auch Bindungshormone gefördert, die gleichzeitig Antagonisten zu den Stresshormonen sind.
- Positive Verstärkung: Belohnen Sie gewünschtes Verhalten, um das Selbstvertrauen Ihres Hundes zu stärken. Die beste und nachhaltigste Art zu loben ist das soziale Lob. Leckerchen und Spielzeug folgen erst auf den hinteren Rängen.
- Training und Alltag leben: Ein gut in den Alltag integrierter Hund fühlt sich in seiner Umgebung sicherer, da er weiß, was von ihm erwartet wird.
- Tierarztbesuche: Regelmäßige Gesundheitschecks sind wichtig, um gesundheitliche Pro-

bleme rechtzeitig zu erkennen und frühzeitig zu behandeln.

- Entspannungstechniken: Probieren Sie Entspannungstechniken wie Massagen oder sanfte Berührungen, um Ihren Hund zu beruhigen.
- Professionelle Hilfe: Ist Ihr Hund schwer gestresst, kann die Unterstützung durch einen professionellen Hundetrainer notwendig sein und sehr gute Dienste leisten.

Geduld und Empathie – der Schlüssel zur Stressbewältigung

In der Welt des Hundestresses ist Geduld und Empathie unerlässlich. Ihre emotionalen Signale beeinflussen nämlich das Verhalten Ihres Vierbeiners. Sind Sie selbst gestresst oder ängstlich, wird Ihr Hund es unweigerlich spüren. Damit Ihr Liebling sein Umfeld als stressfrei und entspannt wahrnehmen kann, benötigt er Sie als Vorbild, das ihm authentisch vermitteln kann, wie er seinen Platz in der Welt, bei Ihnen usw. finden kann. Daher ist es wichtig, Ruhe und Geduld auszustrahlen und Ihrem vierbeinigen Freund die Zeit zu geben, die er braucht, um sich an neue Situationen zu gewöhnen.

Bedenken Sie dabei bitte auch immer, dass er Ihren inneren Wortlaut nicht versteht. Geben Sie ihm daher Zeit, sodass er sich an Ihrem richtig vorgelebten Verhalten orientieren kann. Er kann stets nur so gut sein wie sein Meister …

Ihr Hund vertraut Ihnen, und Ihre Liebe und Unterstützung werden ihm helfen, ein stressfreieres und glücklicheres Leben zu führen. So können Sie sein Wohl sehr aktiv gestalten. Die Entspannung Ihres Hundes fängt also bei Ihnen an. Somit ist es wichtig, dass Sie auf sich und Ihre Balance ebenso gut achten, wie auf die Ihres Hundes. Ihr treuer Freund wird und will Ihnen nachmachen, was Sie vorleben, einfach schon als Teil der Gemeinschaft.

Testen Sie einmal zehn Tage lang: Bevor Sie mit Ihrem Hund kommunizieren, sind Sie entspannt und atmen tief durch. Ihre Kommunikation ist jetzt fokussierter, entspannter und klarer, und Ihr Hund wird ebenso reagieren. Manchmal hilft es, wenn wir diese Zeit dazu nutzen, uns von eigenen, störenden Dingen zu trennen. Das verschafft uns im wahrsten Sinne des Wortes Luft und schärft den Blick für die wirklich wichtigen Dinge: nämlich Sie und Ihr Hund.

Selbst Schnee zu erleben – eine Selbstverständlichkeit für uns – kann beim Hund Stress auslösen.

Test

Stresstypentest I

In diesem Test wollen wir Ihre Wahrnehmung darauf lenken, in welchem Maße Ihr Hund auf welche Stressoren (und auf welche nicht), wie schnell und mit welchem individuellen Verhalten reagiert. Weiterhin wollen wir prüfen, wie schnell er sich wieder erholt und welche Hilfsmittel Sie anwenden können, damit er sich schneller entspannt oder wie Sie ihn in brenzligen Situationen ruhig halten können.

Die Bestimmung der Top-5-Stressoren

Auf welche Stressoren reagiert Ihr Hund? Erstellen Sie eine Liste und schreiben Sie untereinander auf, welche Situationen Ihren Vierbeiner stressen. Geben Sie für jeden Stressor eine Bewertung ab, wie sehr Ihren Hund dieser aufregt. Dabei verwenden Sie eine 1 für ganz gering und eine 10 für sehr stark. Damit Sie eine Vorstellung davon bekommen, was alles ein Stressor für Hunde sein kann, haben wir eine allgemeine Liste vorbereitet, die Sie beliebig abändern und anpassen können.

Um Dinge zu verändern, muss man meistens bei sich selbst anfangen. Nutzen Sie die Chance!

Auswertung des Tests

Tragen Sie in die Tabelle ein, welche Punktzahl der Stressor bekommt, und schraffieren Sie die Felder bis zur erreichten Punktzahl. Geben Sie Ihrem Hund beispielsweise für die Begegnung mit einem anderen Hund eine 7, so schraffieren Sie von eins bis sieben farblich die Kästen. Die farbige Markierung visualisiert Ihnen deutlich, wie stark der Stresspegel gezeigt wird.

Für Abhilfe sorgen

Mit diesem Test gewinnen Sie einen Überblick über die stärksten Stressoren und können einen Plan entwickeln, wie Sie entweder den Alltag anpassen oder in einem Training strukturiert darauf hinarbeiten können, dass Ihr vierbeiniger Liebling diese Stressoren nicht mehr in der hohen Intensität wahrnimmt.

Wir empfehlen Ihnen, mit den Top 5 der Stressoren zu beginnen. Es sind meist die größten Baustellen und damit für den Hund die wichtigsten Problembereiche. Wenn Sie diese zuerst angehen und trainieren, kehrt viel Entspannung ins Leben zurück – kleinere Probleme lösen sich meist wie von selbst gleich mit.

Testen Sie Ihren Vierbeiner: Auf welche Stressoren reagiert Ihr Hund am stärksten und welche lassen ihn eher »kalt«? (Vorlage zum Downloaden → Seite 7)

Stressor	1	2	3	4	5	6	7	8	9	10
Ein (bestimmter) Hund kommt Ihnen entgegen.										
Ihr Rüde nimmt eine läufige Hündin wahr.										
Gewitter										
Laute Umgebung										
Überfüllte Umgebung										
Besuch kommt zu Ihnen.										
Ihr Hund bleibt allein zu Hause.										
Neue, ungewohnte Situationen										
Ihr Hund nimmt jagdbares Wild oder eine Katze wahr.										
Ihr Hund hat Schmerzen.										
Besuch beim Tierarzt										
Der Hund wird geschimpft.										
Abgabe des Vierbeiners in einer Hundepension oder Hundetagesstätte										
Wenn seine Menschen Streit haben										
Hunger/Durst										
Beim Autofahren										
Ihr Hund ist krank.										

Test

Stresstypentest II

In diesem Test wollen wir Ihre Wahrnehmung darauf lenken, mit welchem individuellen Verhalten und in welcher Intensität Ihr Hund auf bestimmte Stressoren reagiert. Beachten Sie dabei aber bitte unbedingt Folgendes – und das ist uns wirklich sehr wichtig: Bringen Sie Ihren Vierbeiner nicht mit Absicht in starke Stressmomente! Machen Sie das also niemals mit Ihrem Hund einfach so, auch nicht zu Übungszwecken!

Wenn Sie Ihren Hund für unseren Test einordnen wollen, verwenden Sie dafür bitte ausschließlich zufällig auftretende Situationen. Provozieren Sie diese nicht und bringen Sie Ihren Vierbeiner nicht in Situationen, in denen er sich so intensiv verhalten muss. Sie könnten ihn damit traumatisieren, Ihr Verhältnis zu ihm nachhaltig schädigen oder ihn Verhaltensweisen lehren, die ein Zusammenleben mit ihm erschweren können.

Ist die Grenze irgendwann erreicht, antwortet der Hund mit einer Stressreaktion, den vier Fs.

Wir wollen in diesem Test zunächst einmal die Reaktionszeit des Hundes auf den Stressor bestimmen. Im Anschluss daran prüfen wir, mit welchem Verhalten und in welcher Intensität er bevorzugt auf den jeweiligen Stressor reagiert.

1. Bestimmung der Reaktionszeit

Sie können sich vorstellen, dass jeder Hund eine gewisse Stressschwelle besitzt. Unterhalb dieser Grenze kann der Körper gut und gesund mit Stress umgehen. Wird aber ein gewisses Maß erreicht, eben die Stressschwelle, oder gar überschritten, kommt es zu Stressreaktionen, die den Vierbeiner zu den vier Fs führen. Manche Hunde zeigen eine Reaktion eher früher, andere dagegen eher später.

Wie schnell reagiert Ihr vierbeiniger Liebling auf den stressigen Reiz? Reagiert er vielleicht verzögert? Dann kreuzen Sie die 1 an. Beginnt das Stressverhalten jedoch unmittelbar nach der Sichtung oder Wahrnehmung des Stressors – folgt die Reaktion also unmittelbar wie aus der Pistole geschossen –, dann kreuzen Sie die 3 an. Befindet sich die Reaktionszeit irgendwo dazwischen, vermerken Sie dies in der Spalte unter der 2.

Testen Sie Ihren Vierbeiner: In welcher Geschwindigkeit reagiert Ihr Hund auf die unterschiedlichen Stressoren? (Vorlage zum Downloaden → Seite 7)

Stressor	Reaktionszeit		
	1	2	3
Ein (bestimmter) Hund kommt Ihnen entgegen.			
Ihr Rüde nimmt eine läufige Hündin wahr.			
Gewitter			
Laute Umgebung			
Überfüllte Umgebung			
Besuch kommt zu Ihnen.			
Ihr Hund bleibt allein zu Hause.			
Neue, ungewohnte Situationen			
Ihr Hund nimmt jagdbares Wild oder eine Katze wahr.			
Ihr Hund hat Schmerzen.			
Besuch beim Tierarzt			
Der Hund wird geschimpft.			
Abgabe des Vierbeiners in einer Hundepension oder Hundetagesstätte			
Wenn seine Menschen Streit haben			
Hunger/Durst			
Beim Autofahren			
Ihr Hund ist krank.			

2. Die Wahl des Verhaltens

Verwenden Sie erneut die Stressorenliste. Mit welchem Verhalten reagiert Ihr Hund überwiegend auf den Stressor? Bitte nutzen Sie die Stressoren, in denen Ihr vierbeiniger Freund Verhalten aus den beschriebenen vier Fs zeigt. Markieren Sie farblich, welches Verhalten Sie beobachten. Zeigt der Hund nur eine Strategie? Dann markieren Sie nur ein Verhalten. Wechselt er die Strategie häufig, indem er zunächst mit einer Übersprunghandlung beginnt und anschließend beispielsweise in den Angriff wechselt, so markieren Sie bitte beide Verhaltensweisen.

3. Die Intensität des Verhaltens

Im dritten Schritt bestimmen Sie bitte noch die Intensität des gezeigten Verhaltens, indem Sie eine 1 für eine sehr leichte Intensität eintragen und eine 7 für ein eskalierendes Verhalten. Eine 5 beim Angriff wäre beispielsweise: Der Hund will beißen, zeigt offensive Aggression und geht dabei nach vorn. Eine 3 wäre etwa ein Fixieren des Stressors oder Gegners und ein wütendes Bellen. Eine 5 bei Flucht wären intensive, panische Fluchtversuche, auch an der Leine. Eine 1 bei Flucht wäre das Zeigen von Demutsverhalten wie Sich-klein-Machen. Eine 5 beim Erstarren wäre etwa dadurch zu erkennen, dass der Hund sich nicht mehr bewegt, auch beim Hochheben durch den Menschen in seiner krampfhaften Haltung verbleibt, und es lange dauert, bis er diese Position wieder auflöst.

Auswertung

Mithilfe dieser drei Tests erhalten Sie nicht nur eine Übersicht darüber, was Ihren Hund stresst und wie er damit umgeht, sondern Sie haben bei den Übungen Ihren vierbeinigen Freund ganz automatisch sehr genau beobachtet. Dadurch haben Sie gelernt, wann Sie worauf bei Ihrem Hund schauen müssen, um ihn lesen zu können. Indem Sie sich mit der Bewertung von Intensitäten beschäftigt haben, werden Sie für die Zukunft eine verbesserte Beobachtungsgabe entwickeln. Somit können Sie künftig stressigen Situationen, die Ihnen und Ihrem Hund begegnen werden, besser entgegentreten.

Die Erholungszeit

Wie viel Zeit braucht Ihr Hund, um wieder in einen entspannten, stabilen Zustand zu gelangen? Sind es nur einige Sekunden oder dauert es mehrere Minuten? Bei einem sehr stressigen Ereignis kann es durchaus passieren, dass Ihr Vierbeiner ein paar Minuten benötigt, um den Stress zu »verdauen«. Prüfen Sie, ob die Zeit des Stressverdauens mit dem Stressor vereinbar ist und in Relation steht.

Ein gravierendes Ereignis wie eine wilde Beißerei mit Verletzungen oder ein Verkehrsunfall, bei dem der Hund beteiligt war, kann sicherlich eine Verarbeitungszeit weit über eine Stunde nach sich ziehen. Die Aufregung nach einer alltäglichen Hundebegegnung auf dem Spaziergang sollte jedoch keine sieben Minuten anhalten, sondern nach fünf Minuten abgeklungen sein.

Wenn Sie sich nicht sicher sind, wie das Stressverhalten Ihres Hundes zu bewerten ist, empfehlen wir Ihnen, eine Fachtierärztin für Verhaltenskunde oder einen Hundetrainer zu Rate zu ziehen. Mitunter können ungewöhnlich lange Erholungszeiten von mehreren Minuten bei nicht so schwerwiegenden Ereignissen unter anderem Hinweise auf körperliche Erkrankungen sein.

Testen Sie Ihren Vierbeiner: Mit welchem Verhalten reagiert Ihr Hund auf welchen Stressor und in welcher Intensität zeigt er dieses Verhalten? (Vorlage zum Downloaden → Seite 7)

Stressor	Verhalten	Intensität des Verhaltens 1–5	
Ein (bestimmter) Hund kommt Ihnen entgegen.		Angriff Flucht	Erstarren Übersprung
Ihr Rüde nimmt eine läufige Hündin wahr.		Angriff Flucht	Erstarren Übersprung
Laute Umgebung		Angriff Flucht	Erstarren Übersprung
Überfüllte Umgebung		Angriff Flucht	Erstarren Übersprung
Besuch kommt zu Ihnen.		Angriff Flucht	Erstarren Übersprung
Ihr Hund bleibt allein zu Hause.		Angriff Flucht	Erstarren Übersprung
Neue, ungewohnte Situationen		Angriff Flucht	Erstarren Übersprung
Ihr Hund nimmt jagdbares Wild oder eine Katze wahr.		Angriff Flucht	Erstarren Übersprung
Ihr Hund hat Schmerzen.		Angriff Flucht	Erstarren Übersprung
Besuch beim Tierarzt		Angriff Flucht	Erstarren Übersprung
Der Hund wird geschimpft.		Angriff Flucht	Erstarren Übersprung
Abgabe des Vierbeiners in einer Hundepension oder Hundetagesstätte		Angriff Flucht	Erstarren Übersprung
Wenn seine Menschen Streit haben		Angriff Flucht	Erstarren Übersprung
Hunger/Durst		Angriff Flucht	Erstarren Übersprung
Beim Autofahren		Angriff Flucht	Erstarren Übersprung
Ihr Hund ist krank.		Angriff Flucht	Erstarren Übersprung

Test

Welcher Entspannungstyp ist Ihr Hund?

Stresshormone werden nach einiger Zeit im Organismus wieder abgebaut. Dieser Abbau wird durch Muskelkontraktion beschleunigt. Stresshormone haben sogenannte Gegenspieler im Organismus, wie etwa die Hormone oder Neurotransmitter Serotonin und Oxytocin. Sind diese Stoffe ausreichend im Organismus vorhanden, fällt, im Ganzen oder prozentual betrachtet, der Stresspegel niedriger aus. Außerdem wenden Hunde die unterschiedlichsten Maßnahmen an, die zur Stressreduzierung in angespannten Situationen beitragen. Dabei gibt es Vierbeiner mit nur einer Vorliebe für eine bestimmte Entspannungsart, während andere mehrere Varianten wählen.

Beobachten Sie Ihren vierbeinigen Liebling genau. Mit der Zeit werden Sie herausfinden, welches Beruhigungsverhalten für ihn am besten geeignet ist. Doch blicken wir zunächst im Detail auf die einzelnen Beruhigungstypen.

1. **Der Schlecker:** Viele Hunde bauen Spannungen durch Lecken ab. Oft belecken sie sich selbst, teils auch den Halter oder andere Hunde. Manche Halter lassen ihren Hund in schwierigen Situationen einfach an ihrer Hand lecken. Der Fachmarkt bietet Unterstützung in Form von Schleckrollern, Leberwursttuben oder Tuben zum Selbstbefüllen und vieles mehr.

Sollten Sie nicht wollen, dass Ihr Hund die Hand leckt, so können Schlecktuben eine gute Alternative sein.

Nehmen Sie etwas zum Kauen und Knabbern für Ihren Vierbeiner mit, wenn Sie gewohnte Gefilde verlassen.

Berührungen aktivieren verschiedene Areale im Gehirn positiv, sofern der Hund angefasst werden mag.

Ein schnüffelnder Hund scheint in (s)einer eigenen Welt zu sein und sich voll darauf einlassen zu können.

2. **Der Kauer:** In stressigen Situationen suchen sich Hunde oft Dinge zum Herumtragen oder um darauf herumzukauen, etwa Stöcke, Äste oder Tannenzapfen. Dies können teilweise ungeeignete Dinge sein, wie die Leine, der Jackenärmel oder das Geschirr eines anderen Hundes. Durch das Anbieten geeigneter Gegenstände kann der Vierbeiner kontrolliert seinen Stress über das Kauen abbauen. Hierfür eignen sich beispielsweise fressbare Kauartikel, Spielzeuge oder Beißwürste besonders gut.
3. **Der Berührungshund:** Berührungen schütten Endorphine und Oxytocin aus und führen zur Entspannung. Nutzen Sie Körperkontakt, den Ihr Liebling als angenehm und beruhigend empfindet. Bestimmte Berührungen nach dem Tellington-TTouch®-Prinzip bringen Hunde wieder ins Gleichgewicht. Dies sind spezielle kreisende Bewegungen mit den Fingern oder das Ausstreichen der Ohren oder des Körpers. Eine Besonderheit nimmt noch eine Halteposition des Hundes ein. Dabei tritt der Mensch in seiner Rolle als sozialer Unterstützer so auf, dass er seinen Vierbeiner hält. Dabei mögen einige Hunde sogar etwas Druck. Doch dies muss vor einer realen Anwendung unbedingt gründlich geübt werden, damit der Vierbeiner nichts missversteht und sich womöglich vehement gegen das Halten wehrt.
4. **Der Schnüffler:** Viele Hunde zeigen als Stressverhalten schon von allein ein intensives Schnüffeln, häufig am Boden. Nutzen Sie dies als Entspannungsmöglichkeit, etwa indem Sie Ihren Vierbeiner hingeworfenes oder verstecktes Futter oder aber auch bestimmte Gegenstände erschnüffeln lassen.
5. **Der Bewegungshund:** Bewegung baut Stresshormone ab und sorgt so wieder für Entspannung. Wenn möglich, kann der Hund nach einer stressigen Situation in den Freilauf entlassen werden. Geht das nicht, so gestatten Sie ihm ein kontrolliertes Rennen an der Leine oder Schleppleine. Kurze Spiele mit Futter oder Spielzeug erfüllen hier ebenfalls einen guten Zweck.
6. **Der Trickdog:** Beim Tricktraining werden höhere kognitive Funktionen angesprochen. Der Hund kommt in schwierigen Situationen, in denen er lediglich auf der Gefühlsebene reagiert, wieder »ins Denken«. So lässt sich die Erregung senken. Dies funktioniert nicht mit einem scharf gesprochenen

Laufspiele entspannen Hund und Halter gleichermaßen. Lächeln und genießen Sie!

Es gibt Vierbeiner, die durch Abwarten und Zusehen entspannen können.

Spaßige Auslastung lässt Sie und den Hund auf andere Gedanken kommen.

»Sitz!«. Vielmehr ist es sehr wichtig, dass die vorher antrainierten Bewegungsabläufe mit vielen positiven Emotionen verknüpft wurden. Das vorangegangene Training sollte also positiv und ohne Strafen erfolgt sein. Dies funktioniert generell mit jedem Verhalten und mit gängigen Signalen. Besser eignen sich jedoch Tricks wie »Dreh dich!«, »Spring über meinen Unterarm!« oder »Lauf Achter durch meine Beine!«.

7. **Der Wartehund:** Bei diesem Typus besteht die beruhigende Wirkung im Warten und Ruhen. Andere Aktionen würden den Hund nur noch mehr aufregen. Es hilft in diesem Fall also lediglich, abzuwarten und die Zeit verstreichen zu lassen. Geben Sie Ihrem Liebling die Gelegenheit, sich zurückzuziehen und zur Ruhe zu kommen.

Bestimmen Sie den Beruhigungstyp Ihres Hundes

Finden Sie anhand der folgenden Einordnung heraus, was für ein Beruhigungstyp Ihr Vierbeiner ist. Dies gelingt Ihnen am besten, indem Sie ausprobieren oder beobachten, was dazu beiträgt, dass sich Ihr Liebling entspannt. (Vorlage zum Downloaden → Seite 7)

- Bewegung oder eher Pausen einbauen und vielleicht setzen oder hinlegen?
- Streicheleinheiten und Körperkontakt oder lieber Abstand?
- Nähe oder Distanz?
- Dem Hund eine Aufgabe (Trainingssignale oder Tricks aus dem Freizeitbereich) geben oder ihn sich selbst überlassen?
- Einsatz der Sinnesorgane und auslasten oder eher Ruhe?

Bewertung

Tragen Sie in der folgenden Auflistung der unterschiedlichen Beruhigungstypen die für Ihren Hund zutreffende Bewertung ein:

-- Stimmt mit meinem Hund auf keinen Fall überein.
- Das zeigt er weniger.
+ Das zeigt er häufiger.
++ Ja, genau, das zeigt mein Hund sehr häufig.

Gehen Sie dabei ganz spontan vor und haben Sie Spaß bei dem Test. Es gibt kein »richtig« oder »falsch«. Diese hier vorgestellte Bestimmung des Entspannungstyps dient einfach nur dazu, dass Sie wieder ein wenig mehr über Ihren Hund nachdenken und ihn auf diese Weise noch ein kleines bisschen besser kennenlernen.

Entspannungstyp	--	-	+	++
Kauer/Schlecker Diesen Typ erkennt man daran, dass er sich in stressigen Situationen selbst Dinge zum Kauen oder zum Daran-Lecken sucht.				
Berührung Dieser Hund sucht oft von selbst Kontakt zu seinem Menschen, wird gern gehalten, gekrault und umarmt. Er nimmt Berührungen in stressigen Situationen an.				
Schnüffler Bei stressigen Begegnungen beginnt der Hund von selbst, intensiv zu schnüffeln, und setzt sehr gern seine Nase ein.				
Bewegung Dieser Typ neigt dazu, seinem Stress davonzurennen. Nach stressigen Situationen gibt er oft kurz richtig Gas und flitzt ohne Motivation von außen herum.				
Übungen/Tricks Dieser Hund ist sehr dankbar, wenn sein Mensch ihm in aufregenden Situationen durch emotional positiv belegte Übungen aus dem Stress hilft.				
Warten Bei diesem Hund hilft am besten die Zeit, um Stresshormone wieder abzubauen. Andere Versuche, auf ihn einzuwirken, könnten den Stress eher erhöhen.				

2

Der tägliche Wahnsinn – **Lernen, Hormone und spannende Lebensphasen**

Das Zusammenleben mit Hunden ist nicht immer einfach … aber schön!

WIE DAS LERNEN **BEIM HUND FUNKTIONIERT**

Verhalten lässt sich leichter verstehen, wenn wir einen Blick auf verschiedene Einflüsse werfen, die den Hund im Zusammenleben mit uns immer wieder beeinflussen. Dazu gehören das Lernen, die Hormone und bestimmte Lebensphasen.

Wie schnell lernt der Hund?

Lernen interessiert uns an dieser Stelle in zweifacher Hinsicht: Erstens nehmen alle Erfahrungen, die ein Hund in seinem Leben bereits gemacht oder nicht gemacht hat, starken Einfluss auf sein Verhalten. Und zweitens kann der Vierbeiner vieles, was er gelernt hat, auch wieder verlernen und dafür etwas anderes lernen.

Das bedeutet, dass Lernen an der Persönlichkeitsentwicklung des Hundes beteiligt ist und tiefgreifende Auswirkungen auf sein Verhalten hat. Zudem sind wir als Menschen in der Lage, den Hund auch im späteren Alter Erfahrungen machen zu lassen, die sein Verhalten verändern und beeinflussen. Um dies hundgerecht, verantwortungsvoll und mit Sachverstand umzusetzen, müssen wir verstehen, wie Hunde lernen.

Zwei unterschiedliche Lernformen des assoziativen Lernens

Es sind vor allem zwei wichtige Lernformen, die das Verhalten unserer Hunde stark beeinflussen: zum einen die klassische und zum anderen die instrumentelle oder operante Konditionierung. Beide Lernformen haben gemeinsam, dass Reize im Gehirn miteinander verknüpft werden. Wir wollen zunächst mit der instrumentellen Konditionierung beginnen (→ Seite 68) und uns anschließend der klassischen Konditionierung (→ Seite 80) widmen.

Kein Lernerfolg ohne Emotionen

Der Lernerfolg hängt von verschiedenen Faktoren ab. Zum einen spielen besondere Lernphasen eine Rolle, wie die sozial sensible Phase in der Welpenzeit. Zum anderen werden Lernerfolge auch durch tägliche Erfahrungen beeinflusst. Darüber hinaus unterscheidet das Gehirn zwischen verschiedenen Arten von Lernerfahrungen, insbesondere in Bezug auf ihre biologische Bedeutung. So besteht etwa eine wichtige Unterscheidung darin, ob es sich um (über-)lebenswichtige Lernerfahrungen handelt oder nicht. In Situationen, die lebensbedrohlich sein können, reicht mitunter eine einzige Erfahrung aus, um das Verhalten für den Rest des Lebens zu beeinflussen. Das Lernen geht in solchen Fällen sehr schnell, während es in anderen Fällen, in denen es um unbedeutendere Dinge geht, einer besonderen Anstrengung bedarf, um überhaupt einen Lernerfolg zu verzeichnen. So ist es für Hunde etwa wesentlich unwichtiger, perfekt »Fuß« zu gehen, als zu wissen, wie sie am schnellsten an ihr Futter gelangen oder ihren Menschen dazu bekommen, die Tür zu öffnen. Die Lerngeschwindigkeit steht im Zusammenhang mit der emotionalen Bewertung des Lernthemas – Gehirn und Emotionen entscheiden, wie der Hund lernt.

Hat Ihr Hund einmal verstanden, was ihm Vorteile verschafft, so geht Lernen ganz schnell.

Instrumentelle Konditionierung

Grundsätzlich gilt: Der Hund lernt aus der Konsequenz seines Verhaltens. Wir wollen dies anhand eines anschaulichen Beispiels verdeutlichen: Wenn Dackel Knut zu Schäferhund Franzel, der an einem Knochen kaut, geht und ihm mit der Absicht droht, ihn zu vertreiben, so zeigt Knut ein Verhalten. Dieses Verhalten wird eine Konsequenz erfahren. So kann Franzel Knut entweder ignorieren oder ihn angreifen und vertreiben. Er kann aber auch den Knochen liegen lassen und die Flucht ergreifen. All diese Konsequenzen wiederum haben eine bestimmte Qualität, die das Verhalten von Knut in der Zukunft beeinflussen werden – je nachdem, welche Erfahrung er in dieser Situation macht. Betrachten wir sie in der Gesamtheit, so treffen drei Komponenten zusammen:

1. Es gibt einen Auslöser: In diesem Fall ist das Franzel, der an einem Knochen kaut.
2. Es gibt eine Handlung bzw. ein Verhalten: Hier ist es das Drohverhalten von Knut.
3. Es folgt eine Konsequenz auf das Verhalten: Das ist die Reaktion von Franzel.

Aufgrund der Konsequenz macht Knut eine Lernerfahrung, die dazu führt, dass er in einer ähnlichen Situation in Zukunft entweder genauso reagiert oder aber das Verhalten unterlässt. Mit dieser Form des Lernens kann der Hund entscheiden, eine bestimmte Handlung auszuführen oder es lieber bleiben zu lassen.

Sofern Sie es schaffen, die gewünschte Konsequenz zu reproduzieren und das Umfeld so zu gestalten, dass Ihr Hund viel Spaß dabei hat, wird er bald gewünschtes Verhalten erlernen.

Franzels und Knuts Verhalten

Die Tabelle zeigt, wie Schäferhund Franzel auf Dackel Knut reagieren könnte und welche Konsequenzen sich daraus für das Verhalten von Knut möglicherweise ergeben.

Franzels Verhalten	Knuts Emotionen und seine Gedanken	Knuts Verhalten in der Zukunft
Er droht intensiv zurück oder greift Knut sogar an.	Angst, Furcht, Schreck »Oje, der wird mir gefährlich, der lässt sich das nicht gefallen.«	Er wird nicht wieder versuchen, Franzel über Drohen von seinem Knochen zu vertreiben.
Er ignoriert Knut und kaut entspannt an seinem Knochen weiter.	Frustration »Das bringt ja nichts.«	Er wird nicht wieder versuchen, Franzel über Drohen von seinem Knochen zu vertreiben.
Er ist von Knuts Drohung beeindruckt, lässt den Knochen liegen und entfernt sich.	Freude »Super hat das geklappt!«	Wenn Knut das nächste Mal einen Knochen eines anderen haben möchte, wird er es erneut mit Drohen probieren.

Vier mögliche Konsequenzen

Wir benutzen dieses Wissen, um zu verstehen, wie sich bestimmte Verhaltensweisen bei unserem Vierbeiner festgesetzt haben. Stellen Sie sich einen Hund vor, der auf dem Spaziergang Angst vor einem Artgenossen hat. Seine Stresssignale werden von seinem Menschen übersehen, und er wird an der Leine weitergezogen. Da er nicht mehr fliehen kann, versucht er, den anderen Hund mit einer Aggressionsäußerung auf Abstand zu halten. Daraufhin hält ihn sein Mensch zurück, der Mensch des anderen Hundes stockt ebenfalls und macht einen großen Bogen um den wild knurrenden Hund. Die Konsequenz aus dem Verhalten »wild knurren« ist, dass der andere bedrohlich wirkende Hund sich mehr distanziert. Ziel erreicht! Unser Vierbeiner hat gelernt, dass er eine Bedrohung mit Aggression abwehren kann. Höchstwahrscheinlich wird er diese Erkenntnis bei nächster Gelegenheit wieder anwenden.

Wir werden dieses Wissen um das Lernen aber nicht nur nutzen, um die inneren Bedürfnisse eines Hundeverhaltens nachzuvollziehen, sondern auch, um bei störendem Verhalten neue Verhaltensmuster zu etablieren. Dies bezeichnen wir als Training eines Alternativverhaltens. Wichtig ist dabei zu wissen, dass es nur vier mögliche Konsequenzen für den lernenden Hund gibt. In unserem geschilderten Beispiel gibt es sogar nur drei verschiedene Auswirkungen, denn Knut empfindet entweder Angst, Freude oder Frustration. Dies sind die Emotionen, die hinter den Konsequenzen stecken. In manchen Situationen kommt noch eine vierte Emotion hinzu, die das Verhalten beeinflusst, nämlich die »Erleichterung«.

Die Tabelle auf S. 70 stellt die Auswirkungen der Konsequenzen im Überblick zusammen.

Schauen Sie, welche Verstärker für Ihren vierbeinigen Liebling die passenden sind.

Soziale Verstärker werden oft unterschätzt, haben aber eine größere Wirkung als etwa Leckerchen.

Die vier Konsequenzen

Es gibt vier mögliche Konsequenzen für den lernenden Hund. Und jede dieser vier Konsequenzen hat einen Fachbegriff – hier ein Überblick:

Fachbegriff der Konsequenz	Emotion	Auswirkung auf das Verhalten
Positiver Verstärker	Freude	Wird wiederholt
Negativer Verstärker	Erleichterung	Wird wiederholt
Positive Strafe	Angst, Schmerz, Unlust	Wird gehemmt
Negative Strafe	Frustration	Wird gehemmt

Der Umgang mit Verstärkern und Strafen

Bitte nehmen Sie den Begriff »Strafe« nicht zu wörtlich. Damit ist nicht gemeint, dass Sie Ihren Hund ausschimpfen oder gar schlagen sollen, damit er eine Handlung nicht ausführt. Betrachten Sie den Begriff »Strafe« als Fachbegriff: Die Strafe ist dafür da, um ein Verhalten zu hemmen.

Lassen Sie uns dies anhand eines Beispiels verdeutlichen: Susi hat sich ein Brötchen geschmiert, lässt es auf dem Tisch liegen und holt sich noch ein Getränk. Ihr Hund Snow geht zum Tisch und versucht (langsam), sich das Brötchen zu nehmen. Susi sieht das und sagt ohne große Hektik: »Na!?«, leicht fragend und mit nur ganz leicht erhobener Stimme. Snow bricht sein Vorhaben ab und geht entspannt und ohne jede Angst auf seinen Liegeplatz.

Was ist passiert? Snow hat das Brötchen (Auslöser) wahrgenommen. Er geht zu dem Brötchen und will es nehmen (Verhalten/Handlung). Susi sagt »Na!?« (Strafe/Hemmung), und Snow bricht das Verhalten ab. Beim nächsten Frühstück in derselben Situation wird Snow wahrscheinlich nicht mehr das gleiche Verhalten zeigen. Das Verhalten wurde gehemmt.

Die Konsequenzen führen dazu, dass ein Verhalten in der Zukunft entweder wiederholt oder gehemmt wird. Wie gesagt, verwenden wir diese Lernform, um unserem Hund ein neues, geeigneteres Verhalten beizubringen. Doch dazu müssen wir einige wichtige Grundregeln beachten:

- Es muss ein zeitlicher Zusammenhang zwischen Handlung und Konsequenz bestehen. Daher sollte der Abstand zwischen Reaktion und Konsequenz nur 0,5 bis zwei Sekunden betragen. Wenn Sie den Verstärker (die Belohnung) später geben, kann der Hund vermutlich nicht mehr zuordnen, wofür der leckere Keks genau war.
- Ein Verstärker (oder die Strafe) muss als Konsequenz auf die Reaktion unbedingt wirksam sein. Durch Verstärkung oder Strafe, die der

Hund nach der Handlung erfährt, entscheidet er, ob er auf einen Reiz hin ein bestimmtes Verhalten wieder zeigen wird oder eher nicht. Was der Vierbeiner als Belohnung oder Strafe ansieht, entscheidet er selbst, und zwar individuell. So kann ein liebevolles Tätscheln auf den Kopf von Ihnen als Verstärker gedacht sein, jedoch als unangenehm vom Hund empfunden werden.

› Die instrumentelle Konditionierung ist kontextabhängig. Dinge, die der Hund darüber lernt, müssen an anderen Orten geübt werden, sodass die Signale an unterschiedlichen Orten eine Bedeutung für ihn haben.

Auf das Kopftätscheln hin zeigt der Hund Stressanzeichen. Höchste Zeit für einen neuen Verstärker!

Beispiel zur instrumentellen Konditionierung

Schauen wir uns die Trainingssequenz einer Übung an: Sie sagen »Leg dich«, der Hund legt sich, und Sie verstärken/belohnen ihn.

› Das Signal »Leg dich« = der Auslöser.
› Der Hund legt sich = das Verhalten oder die Handlung.
› Der Hund bekommt ein Leckerchen = die Konsequenz (der positive Verstärker).

Durch Wiederholung festigt sich diese Verknüpfung im Gehirn, und das Hinlegen auf Signal erfolgt immer zuverlässiger.

Alternatives Verhalten beibringen

In der Praxis hat sich herausgestellt, dass das Hemmen einer unerwünschten Handlung oft nicht funktioniert. Würden Sie Ihrem vierbeinigen Freund, der in der oben beschriebenen Situation Angst vor anderen Hunden hat, eine positive Strafe hinzufügen, wie z. B. ausschimpfen oder an der Leine rucken, kämen für Ihren Hund zu der Angst noch die neue Bedrohung durch den eigenen Menschen hinzu. Der Vierbeiner hat jetzt zwei Baustellen: den anderen Artgenossen und den eigenen Menschen.

Die Folgen können zu stärkerer Angst und einer Beziehungsstörung zwischen Mensch und Hund, auf jeden Fall aber nicht zur Verbesserung des Verhaltens führen, weil die emotionale Belastung des Hundes immer größer wird. Aus diesem Grund wird häufig ein alternatives Verhalten trainiert. Damit dieses Konzept funktioniert, müssen allerdings auch wieder einige spezielle Regeln und Strukturen eingehalten werden. Und das geht so:

Zunächst überlegt man sich, welches alternative Verhalten in der jeweiligen Problemsituation für Hund und Mensch geeignet wäre. Um flexibel reagieren zu können, sucht man sich gleich ein paar verschiedene Verhaltensweisen aus.

Um bei unserem Hund zu bleiben, der Angst vor Artgenossen hat, könnte das so aussehen:

› **Verhalten 1:** Schnelle Kehrtwende!
In Annäherung an eine besonders schwierige Situation ermöglicht dieses Verhalten ein schnelles Umdrehen und Sich-Entfernen aus der Situation.

› **Verhalten 2:** Fuß mit Blickkontakt zum Menschen oder Fuß mit Hand-Nasen-Target!
Um an einem anderen Hund vorbeizukommen, erhält unser Vierbeiner die Aufgabe, ein bestimmtes anderes Verhalten zu zeigen. In diesem Fall könnte er »bei Fuß« laufen und dabei entweder seinen Menschen ansehen oder mit seiner Nase die Hand seines Menschen berühren.

Egal, welches Verhalten Sie trainieren wollen – wenn es funktionieren soll, ist es unabdingbar, es strukturiert aufzubauen:

1. Ihrem Vierbeiner fällt es leichter zu lernen, wenn er weiß, was er genau tun und ab wann und wie lange er das gewünschte Verhalten zeigen soll. Beschreiben Sie ein genaues Ziel.
2. In der ersten Phase des Trainings wird zuerst ein Verhalten etabliert und anschließend auf Signal gesetzt. Dabei dürfen allerdings keine Ablenkungen vorhanden sein, daher achten Sie darauf, dass das Trainingsumfeld reizarm ist. Es reicht vollkoommen aus, wenn der Hund das Verhalten nur kurz, also für ein paar Schritte, ausführt.
3. Sobald der Hund verstanden hat, was er genau tun soll, wird das Verhalten schrittweise verlängert. Wir empfehlen für die Beispielsituation höchstens zwei Minuten für die Fußübung.
4. Kann der Hund das Verhalten in reizarmer Umgebung für zwei Minuten zeigen, folgen Schwierigkeiten wie Tempowechsel, Richtungsänderungen und andere (ebenfalls reizarme) Orte, an denen geübt wird.
5. Nun werden langsam Ablenkungen eingebaut. Die Übung wird z. B. absolviert, wenn ein anderer Hund noch sehr weit entfernt ist.
6. Erst im letzten Schritt wird das neue Verhalten in für den Hund wirklich schwierigen Situationen abgerufen.

Lernen geschieht nicht nur durch Verknüpfungen, sondern auch durch Nachahmung.

Die Diskriminierung

In Punkt 1 und 2 wirkt vornehmlich das Prinzip der Diskriminierung. Als Diskriminierung bezeichnet man im Hundetraining den Begriff der Unterscheidung. Hunde müssen alltäglich viele Dinge sortieren. Durch die Möglichkeit zur Untergliederung kann der Hund lernen, was in einer Situation wirklich wichtig ist. Dabei gilt es aber unbedingt zu berücksichtigen, dass Hunde kontextbezogen lernen. Sie lernen nicht dadurch, dass wir ihnen etwas logisch erklären, sondern sie müssen aus allen Umwelteinflüssen das für sie Wesentliche herausfiltern, um damit ein Signal verknüpfen zu können.

In diesem Fall soll der Vierbeiner umgehend in die Fuß-Position kommen, wenn das Signal »Fuß« ertönt, oder er soll, wenn das Sichtzeichen »Finger« gezeigt wird, mit der Nase an der Hand seines Menschen andocken. Alle anderen Reize, wie Wetter, Bodenbeschaffenheit, Stimmung und Kleidung des Hundehalters, mögliche Ablenkungsreize durch die Anwesenheit von Familienmitgliedern oder anderen Hunden usw. sollen für die Durchführung des Signals unwichtig sein. Der Hund kann die beiden richtigen Signale »Fuß« und »Finger heben« aus dem Gesamtkontext diskriminieren, also unterscheiden.

Aus Hundesicht bedeutet dies, dass er lernt, worauf es ankommt, um an eine Belohnung zu gelangen, und dass er alle anderen Kontexte als unwichtig erkennt. Nicht jedes Bei-Fuß-Gehen bringt ein Leckerchen mit sich, sondern nur das, welches der Vierbeiner auf das Signal hin ausführt. So gelingt es ihm, den Alltag mit uns Menschen zu begreifen.

Die Generalisierung

Ab Punkt 3 hat der Hund verstanden, was er tun soll. Ab jetzt tritt die Phase der Generalisierung ein. Leider beenden viele Hundehalter das Training, sobald sie diese Phase erreicht haben und der Hund das Verhalten ohne oder nur mit leichter Ablenkung beherrscht. Wiederholungen unter stärkeren Ablenkungen werden oft nicht weiter trainiert. Oft greift das Prinzip Hoffnung, getreu dem Motto: »Wird er schon machen…«. Doch leider spielt der Hund da nicht immer mit. Was der Bauer nicht kennt …

Es ist von Vorteil, wenn der Hund also lernt, seine Handlungen zu generalisieren. Eine Generalisierung lässt ihn Signale und Verhalten entspannt ausführen. Der Kontext bringt ihn nicht durcheinander. Übersetzt bedeutet das Wort so viel wie »Verallgemeinerung«.

In der praktischen Umsetzung wenden wir eine Generalisierung an, um dem Vierbeiner zu vermitteln, dass er sich nicht nur auf das Signal »Sitz« hinsetzen und sitzen bleiben soll, sondern dass er das Verhalten auch zeigen soll, wenn beispielsweise eine Katze vorbeiläuft, also unter starker Ablenkung.

Üben Sie, dass Ihr Vierbeiner in einer gewünschten Position sicher verweilen kann.

Nur Übung macht den Meister

Der Hund lernt, dass ein von uns gegebenes Signal grundsätzlich eine bestimmte Bedeutung hat – nicht nur im Wohnzimmer bei stets gleichem Kontext, sondern an den unterschiedlichsten Orten und unter verschiedensten Reizeinflüssen. Doch dazu benötigt er unsere Hilfe, denn von allein würde er nicht darauf kommen. Die Welt in seinem Kopf stellt sich nämlich ganz anders dar als die in unserem Kopf.

Ein Beispiel: Herr Meier hat seinem Münsterländer Piet das Hinsetzen auf Signal beigebracht. Nach vielen Wiederholungen geht er mit seinem Hund ohne Leine am Waldrand spazieren und lässt ihn sich setzen. Plötzlich schießt ein Kaninchen aus dem Unterholz. Piet springt auf und verfolgt es, ohne dass Herr Meier ihm das Signal dazu gegeben hatte. Daraufhin denkt Herr Meier: »Der Hund ist ungehorsam und frech!« Aber was geht im Kopf des Vierbeiners tatsächlich vor?

Ja, was geht im Kopf eines Landraubtiers vor, dessen Vorfahren sich schon von Kaninchen ernährten, als der Mensch noch nicht einmal das Feuer entdeckt hatte? Seine sensorische Leistungsfähigkeit versetzt ihn in die Lage, das Kaninchen selbst dann noch mit seiner Nase zu verfolgen, wenn er es seit mehreren Stunden aus den Augen verloren hat. Sein Nervensystem veranlasst bei der Verfolgung eine Endorphin- und Dopaminausschüttung, die so selbstbelohnend wirkt, dass der potenteste Rüde eine läufige Hündin stehen lassen würde.

Vermutlich zweifelt Piet stark am Geisteszustand seines Menschen, wenn er bemerkt, dass dieser angesichts eines Kaninchens, das jede Menge Spaß verspricht, von ihm fordert: »Bleib sitzen!« Er kann einfach nur glauben, dass es sich um einen großen Irrtum handeln muss …

Kontinuierliche Leistungssteigerung

Erst durch ein weiteres gezieltes Training wird dem Hund vermittelt, dass er tatsächlich sitzen bleiben soll. Dazu bedienen wir uns verschiedener Trainingstechniken, wie etwa der Umkonditionierung, verschiedenen Verstärkermodellen usw. Das Resultat eines solchen Trainings ist die Generalisierung. Je mehr wir im Training und im Alltag beachten, dass ein Hund ein Signal in vielen verschiedenen Situationen beherrscht, umso sicherer wird der Vierbeiner in der Folge in Alltagssituationen.

Zudem können Herrchen oder Frauchen die jeweilige Situation durch eine gezielte Signalkontrolle viel besser einschätzen. Sie wissen, dass ihr vierbeiniges Familienmitglied auf das Signal reagieren wird und sich z. B. hinsetzt oder zurückkommt, wenn dies wichtig ist.

Eine Generalisierung sollte in drei Schritten erfolgen. So hat sich bewährt,

1. zunächst das Verhalten zu verlängern,
2. dann Schwierigkeiten einzuführen und
3. anschließend stärkere Ablenkungen einzubauen.

Mit dem Anstieg der Ansprüche in dieser Reihenfolge ist es gewährleistet, dass es zu einer kontinuierlichen Leistungssteigerung ohne Einbrüche kommt. Wir machen das Training dadurch effektiver, weil der Hund in leistbaren Steigerungen lernen kann und die Gefahr von Fehlschlägen minimiert ist.

Bedenken Sie, dass das Konzept nur funktioniert, wenn der Hund für das neue Verhalten jeweils einen für ihn akzeptablen positiven Verstärker als Konsequenz seiner Handlung erhält.

Weil die Wahl des richtigen Verstärkers so immens wichtig ist und Sie Verstärker erkennen

Setzen Sie ruhig das Spielen mit Artgenossen als Verstärker ein – viele Hunde mögen das.

sollten, die im Alltag auftreten und Ihren Vierbeiner zu bestimmtem Verhalten veranlassen, wollen wir im Folgenden ins Detail gehen.

Die Macht der Verstärker

Verstärker sorgen dafür, dass ein Hund ein Verhalten häufiger und gern wiederholt und mehrfach zeigt. Wir fördern gezielt die Motivation, etwas zu tun, wenn Ihr Vierbeiner Aussicht auf Erfolg bekommt.

Positive und negative Verstärker

Im Hundetraining unterscheiden wir positive und negative Verstärker. Das klingt erst mal widersprüchlich, denn warum soll etwas Negatives die Motivation fördern? Die Begriffe »positiv« und »negativ« verwirren zugegebenermaßen, aber in diesem Zusammenhang bedeuten sie nicht »gut« und »schlecht«.

Bei einem positiven Verstärker kommt etwas hinzu, während bei einem negativen etwas weggenommen wird. In beiden Fällen steht das Wort »Verstärker« dahinter. Das bedeutet also immer, dass es ein Happy End für den Hund gibt und etwas Gutes folgt.

Ein positiver Verstärker sagt aus, dass wir dem Hund etwas zufügen, was letztlich ein gutes Gefühl auslöst. Das können Streicheleinheiten, Spiele, Leckerchen, Lob usw. sein, also alles Dinge, die wir dem Hund zufügen müssen, sodass er sie genießen kann. Sie können sich vorstellen, dass das Gefühl dahinter Freude ist.

Bei einem negativen Verstärker nehmen wir hingegen etwas weg, sodass der Hund anschließend ein gutes Gefühl hat. Das kann zum Beispiel ein zu eng sitzendes Geschirr sein, das wir nun eine Nummer größer gekauft haben. Das Gefühl, das sich einstellt, ist eine Erleichterung.

In der Praxis wird die Arbeit mit negativen Verstärkern im modernen Hundetraining allerdings kaum eingesetzt, weil dem negativen Verstärker eben immer eine Strafe vorausgehen muss. Im Alltag geschieht dieser Effekt beispielsweise, wenn ein Hund erfährt, dass er mit einer Unterwerfungsgeste oder einer Aggression gegenüber einem Artgenossen eine empfundene Bedrohung reduziert.

Wir fassen zusammen: Sowohl positive als auch negative Verstärker lösen positive Gefühle aus und können Verhalten verstärken – trotz ihrer unterschiedlichen Vorzeichen. Schauen Sie, wie Ihr Hund auf Ihre Verstärker reagiert und in welcher Intensität, so können Sie diese dem Schwierigkeitsgrad einer Übung anpassen.

Primäre und sekundäre Verstärker

Zusätzlich unterscheiden wir im Hundetraining noch primäre und sekundäre Verstärker. Die zuerst Genannten sind Verstärker, die der Vierbeiner bereits von Haus aus attraktiv findet. Dazu gehört alles, was biologisch einen großen Nutzen für ihn hat, wie Futter, Sexualpartner, Spiel usw. Primäre Verstärker wirken direkt, und ohne dass eine Konditionierung vorher nötig ist, emotional positiv auf den Hund ein. Sie sind angeboren.

Und genau hierin liegt die Schwierigkeit, denn auf diese Verstärker müssen Sie ganz besonders achten, wenn Sie die Funktion eines Verhaltens ergründen möchten. Am besten fragen Sie sich einfach: Was hat mein Hund davon, wenn er ein ungewünschtes Verhalten (immer noch) zeigt?

Mit dem Clicker übermitteln Sie Ihrem Hund die Information, dass er etwas korrekt gemacht hat.

Bei sekundären Verstärkern hingegen muss der Vierbeiner erst deren emotional positive Bedeutung erlernen. Zum Beispiel wäre der Clicker, den Sie aus dem Hundetraining kennen, ein gutes Beispiel dafür. Ein zuvor neutraler Reiz wird mithilfe der klassischen Konditionierung (→ Seite 80) emotional positiv »aufgeladen« und kann anschließend als Verstärker eingesetzt werden.

Sekundäre Verstärker kündigen im Training immer einen primären Verstärker an. Ebenso verhält es sich mit einem Markerwort, das als sekundärer Verstärker stets den primären ankündigt. Auf Seite 82 lernen Sie die praktische Anwendung, um ein Markerwort in Ihrem Alltag mit Ihrem vierbeinigen Freund dauerhaft zu etablieren.

Wir fassen zusammen: Verstärker sind Bestandteile der instrumentellen Konditionierung und durch folgende Merkmale gekennzeichnet:

- Der Hund erlebt einen Verstärker immer nur nach einer erfolgreich absolvierten Handlung, niemals vorher.
- Ein Verstärker wird vom Vierbeiner immer als angenehm empfunden.
- Ein Verstärker führt dazu, dass ein gezeigtes Verhalten in Zukunft häufiger auftritt.

Ab wann wirken Verstärker und wie beeinflussen sie unseren Hund?

Eine sehr häufig gestellte und bedeutende Frage von Hundehaltern: Ist der sekundäre Verstärker schon ein Verstärker an sich oder verstärkt nur der primäre Verstärker das Verhalten?

Um diese Frage zu beantworten, schauen wir uns einmal das Gehirn des Hundes etwas genauer an. Dort treffen wir auf das Belohnungssystem, in dem sich eine wichtige Struktur befindet: der Nucleus accumbens. Der Vierbeiner nimmt die Information auf, dass ihm ein Verstärker geboten wird, und gibt diese an das VTA weiter, das ventrale tegmentale Areal (Area tegmentalis ventralis) im Mittelhirn. Dieses wiederum schickt Nervenimpulse zum Nucleus accumbens.

Dieser Schritt ist eine Voraussetzung dafür, dass Verstärker (... und Drogen) überhaupt wirken können. Das VTA ist also in Erwartung einer Belohnung aktiv. Dopamin wird gern als »Selbstbelohnungsdroge« bezeichnet. Buddelt ein Hund etwa leidenschaftlich das Blumenbeet um, so schüttet sein Gehirn dabei sehr viel Dopamin aus. Das geschieht vor allem dann, wenn der Vierbeiner einen Verstärker erhält und – das ist jetzt wichtig – wenn er in der Erwartung einer Belohnung ist. Hinzu kommt, dass Dopamin nicht allein dasteht: Alle psychotropen Stoffe (Stoffe, die eine Veränderung der Psyche bewirken) aktivieren das Belohnungsssytem bzw. das mesolimbische Dopaminsystem.

Sobald eine Konditionierung stattfand und ein zuvor in diesem Kontext neutraler Reiz einen anderen Reiz zuverlässig ankündigt, kommt es zu einer Dopaminausschüttung. Somit nimmt ein sekundärer Verstärker, den wir traininigstechnisch einsetzen, nicht nur eine Ankündigungsfunktion ein, sondern wird selbst zu einem Verstärker.

Bereits die Sichtung eines Clickers kann nach erfolgreicher Konditionierung Dopamin ausschütten.

Kleiner Exkurs: Blick auf den Menschen

Das ist übrigens das Prinzip, warum es so schwer ist, mit etwas aufzuhören, das unser (un-)gewünschtes Verhalten verstärkt. Eigentlich wissen Sie, dass Rauchen schädlich ist. Klar, es steht auf der Packung, und es hat sich mittlerweile herumgesprochen. Dennoch fällt das Aufhören schwer. Warum? Weil das Dopaminsystem eine große Rolle spielt.

Eine Person steht morgens auf, bereitet sich das Frühstück vor, trinkt danach eine Tasse Kaffee und raucht eine Zigarette. Dabei passiert sehr schnell Folgendes im Körper, wenn es sich um eine zuverlässige Chronologie handelt: Bereits bei der Tasse Kaffee wird Dopamin ausgeschüttet, weil die Person weiß (bewusst und unbewusst), dass gleich die Zigarette geraucht werden darf. In der Folge dauert es nicht lange, bis Dopamin schon während der Vorbereitung des Frühstücks ausgeschüttet wird. Das bedeutet, dass die Konditionierungsprozesse und

Nutzen Sie viele soziale Verstärker, statt immer nur Leckerchen – sonst fokussiert sich der Hund nur auf diese.

identische Kontexte, in denen wir uns häufig befinden, das Aufhören eines Suchtverhaltens verhindern. Spannend, oder?

Achtung im Alltag mit Hund

Für den Alltag mit Ihrem vierbeinigen Freund sollten Sie daher jetzt schon hellhörig werden, wenn Ihr Vierbeiner beispielsweise ein Ball-Junkie ist. Bereits die Sichtung des Balls, den Sie vor dem Spaziergang zurechtlegen, löst eine Dopaminkaskade aus, die es zu verhindern gilt.

Selbst der pure Anblick des Clickers kann einen Dopaminkick verursachen. In diesem Fall wäre die Nutzung eines Markerworts sinnvoller, weil es optisch nicht angekündigt wird und wir außerdem am Tag sehr viel reden und viele Worte nutzen. Verhältnismäßig wenig verwenden wir dagegen das Markerwort – somit ist die Erwartungshaltung wesentlich geringer als bei einem Clicker.

Soziale Verstärker

Im Hundetraining sind soziale Verstärker eine wichtige Option, um erwünschtes Verhalten bei den Vierbeinern zu fördern und zu verstärken. Diese Verstärker basieren auf sozialen Interaktionen und beinhalten positive Reaktionen und Anerkennung des Hundes durch seinen Menschen. Soziale Verstärker können nicht nur verbale, sondern auch nonverbale Elemente beinhalten:

- Lob und Anerkennung:
  Bestätigen Sie Ihren Hund durch verbale Verstärkung wie lobende Worte.
- Freude und Begeisterung:
  Die Art und Weise, wie Sie als Hundehalter freudig und begeistert auf das erwünschte Verhalten Ihres Vierbeiners reagieren, kann als sozialer Verstärker wirken. Ihre positiven Emotionen übertragen sich auf den Hund und ermutigen ihn, das Verhalten immer wieder zu zeigen.
- Streicheleinheiten und Zuneigung:
  Physische Berührungen, wie Streicheln, Kraulen oder Umarmungen, dienen als soziale Verstärker, um den Hund zu belohnen und eine positive Bindung zu stärken.
- Spiel und Interaktion:
  Setzen Sie nach einem erfolgreichen Training ein Spiel mit Ihrem Hund an, so kann er sich nach dem Lernen entspannen.
- Blickkontakt und positive Körpersprache:
  Positiver Blickkontakt und eine offene,

freundliche Körpersprache signalisieren dem Vierbeiner Zustimmung und ermutigen ihn, weiterhin kooperativ zu sein.

› Soziale Bestätigung:
  Die Zustimmung oder positive Reaktionen anderer Menschen auf das Verhalten des Hundes können als soziale Verstärker wirken und das Verhalten fördern.

Funktionale Verstärker

Haben Sie schon mal versucht, einen Hund von einem Hasen abzurufen? Die größte Hürde dabei ist unser Pauschalverstärker. Durch Gewohnheit verwenden wir oft die gleichen Verstärker wie »Prima gemacht« oder Leckerchen aus der Futtertasche. Das Problem ist, dass angesichts eines weglaufenden Hasen ein Keks oder ein Lobwort nicht attraktiv sind. Ihr Hund will jagen, hetzen und verfolgen. Ihre möglichen bisherigen Verstärker wirken nicht.

Hier wäre ein funktionaler Verstärker die Lösung. Er befriedigt die Motivation Ihres vierbeinigen Freundes, die er bei Sichtung des Hasen empfindet. Wenn Sie ihm jetzt ein Spielzeug oder einen Futterdummy als Beuteersatz zum Hetzen anbieten, wird er eher bereit sein, den Hasen laufen zu lassen.

Aber Achtung: Ein funktionaler Verstärker allein rettet die Situation nicht. Der Hund muss in einem strukturierten Training ebenfalls lernen, dass er nach dem Abrufsignal den Hasen nicht mehr verfolgen kann. Das wird oft im Zuge eines kombinierten Schleppleinentrainings vermittelt.

Einige Verhaltensauffälligkeiten lassen sich nicht durch diese Technik lösen. Vor allem bei Problemen mit starker emotionaler Beteiligung sollte überlegt werden, ob die Wirkung der klassischen Konditionierung nicht Unterstützung leisten könnte.

Übersicht der Verstärkermöglichkeiten

Hier finden Sie zusammengefasst nochmals einen Überblick der verschiedenen Verstärkermöglichkeiten und wie sie wirken.

Funktionale Verstärker	Erfüllen das Bedürfnis einer gegensätzlichen Motivation	Einsatz je nach Situation, häufig Hetzspiele beim Antijagdtraining
Sekundäre Verstärker	Müssen konditioniert werden, um eine emotionale Bedeutung zu bekommen, und kündigen den primären Verstärker an	Clicker, Pfeife
Primäre Verstärker	Sind angeboren und befriedigen die natürlichen Bedürfnisse	Futter, Sex, Laufbedürfnis usw.

Die klassische Konditionierung

Basierend auf den Erkenntnissen des russischen Forschers Iwan Pawlow – Sie erinnern sich doch bestimmt noch an den Versuch mit dem Hund und der Glocke, den Sie sicherlich in der Schule gelernt haben –, gibt es eine Reihe von Erkenntnissen, wie sich diese Form des Lernens auf das tägliche Leben und das Training mit Hunden auswirkt.

Dazu ein Beispiel aus unserer Praxis: Vor einiger Zeit beschrieb uns unser Kunde Guido, dass sein Hund Otto auf dem Spaziergang im Freilauf über einen Graben sprang, um zu den weidenden Rindern zu gelangen. Die Rinder im Blick, geriet sein Hund an den elektrischen Weidezaundraht und bekam einen gewischt. Jaulend stürmte er davon und war erst nach einer halben Stunde wieder einzufangen und zu beruhigen. Schon am nächsten Tag stellte Guido fest, dass sein Vierbeiner zwar denselben Weg zuerst wieder einschlug und ihn zögerlich ging, bei Sichtung der Rinder aber innehielt und nicht mehr zu bewegen war, weiterzulaufen. Offensichtlich hatte er Angst vor den Rindern, denen er sich tags zuvor neugierig genähert hatte.

Was war passiert? Bei seiner Fokussierung auf die Rinder erhielt der Hund einen sicherlich schmerzhaften Stromschlag. Sein Gehirn verknüpfte diese beiden Ereignisse miteinander – mit der Folge, dass der Vierbeiner nun Angst vor Rindern hat. Diese Verknüpfung ist eine klassische Konditionierung.

So löst bei manchen Menschen der Geruch einer Zahnarztpraxis Angst aus, aber Duft von frisch gemähtem Gras vielleicht Freude. In diesen Fällen ist ein zunächst bedeutungsloser Reiz (Rinder, Geruch beim Zahnarzt, Duft von Gras usw.) und ein Ereignis mit emotionaler Bedeutung in einem bestimmten zeitlichen Zusammenhang aufgetreten. Das sorgt bereits für eine klassische Konditionierung.

Gerüche können nicht nur spannend für den Hund sein, sondern auch eine Belohnung darstellen.

Fehlverknüpfungen kommen vor

Bei Guido und seinem flauschigen Freund Otto handelt es sich jedoch um einen besonderen Fall. Die Verknüpfung im Gehirn seines Hundes war nämlich nur für das Gehirn logisch. In der Realität sieht die Sache ganz anders aus. Die Rinder sind für den Hund nicht gefährlich und können bei ihm nicht auf die Distanz Schmerzen auslösen. Davon geht der Vierbeiner aber aus. So kam es zu einer sogenannten Fehlverknüpfung. Solche Fehlverknüpfungen können eine unangemessene Furcht vor bestimmten Personen oder Dingen erklärlich machen.

Derartige Konditionierungen treten ständig auf und begleiten uns durch den Alltag. Immer

Verknüpfen Sie auch in Ihrem Alltag clever – etwa indem Sie beim Lernen Ihre Lieblingsmusik hören.

wenn der Hund gelernt hat, dass etwas eine bestimmte Bedeutung hat, ist dies eine klassische Konditionierung: wenn er die Klingel hört und reagiert, sobald er beim Klappen einer bestimmten Tür weiß, dass es jetzt Futter gibt, oder wenn Sie die Leine in die Hand nehmen, und er kombiniert richtig: Jetzt geht es raus!

Geänderte Emotionen verändern das Verhalten

Im Training benutzen wir die klassische Konditionierung, um zunächst eine Emotion auf einen Reiz zu verändern, auf den hin der Hund später auch sein Verhalten ändern kann. In dem weiter vorn geschilderten Beispiel, in dem der Hund Angst vor Artgenossen auf dem Spaziergang hat, wäre es doch ein tolles Ziel, wenn der Vierbeiner in Zukunft keine Angst mehr hätte. Daraufhin würde er sein Verhalten ändern, und das Mensch-Hund-Team wäre sehr zufrieden.

Im richtigen Leben wird eine derartige Leinenreaktivität tatsächlich mit einer Mischung aus instrumenteller und klassischer Konditionierung angegangen. Leinenreaktivität bedeutet, dass der Hund sich an der Leine bei Sichtung eines Reizes, etwa eines anderen Hundes, gebärdet. Das kann aus Frust sein, weil er nicht zu dem Artgenossen darf, aber auch aus Freude heraus, weil er mit ihm spielen möchte. Die genaue Vorgehensweise wird individuell auf den Vierbeiner abgestimmt. Wir können hier nur die grundlegenden Elemente aufzeigen und Ihnen Mut machen, dass es bei solchen Problemen tatsächlich Lösungen gibt, die aber individuell und vor Ort trainiert werden sollten.

Es geht um die Veränderung des Verhaltens über den Weg der Abwandlung der Emotionen auf einen Auslöser hin. Bei der klassischen Konditionierung koppeln wir zwei Reize, wenn wir dabei beachten, dass die Assoziationszeit (Verknüpfungszeit) nur innerhalb eines kleinen Zeitfensters möglich ist. Die Reize müssen sehr zeitnah aufeinandertreffen. Es hat sich bewährt, dass der bisher unbekannte Reiz (man spricht von einem neutralen Reiz) eine halbe Sekunde bis zwei Sekunden vor dem bekannten Reiz präsentiert werden muss. Das Interessante ist, dass ein Reiz oder Stimulus oder Ereignis das Auftreten eines anderen Reizes vorhersagt. Noch einfacher formuliert: »Wenn A auftritt, dann folgt sofort B.«

Ihre persönliche Übung

Das Markerwort trainieren

1. Wählen Sie ein für den Hund bislang unbekanntes Wort als zukünftiges Markerwort aus. Zu empfehlen ist ein kurzer Begriff, der bisher in seinem und Ihrem Wortschatz keine Bedeutung hat und zukünftig nicht mit anderen Handlungen oder Dingen in Verbindung gebracht wird. Beispiele wären »Tik«, »Tok« oder Ähnliches.
2. Wählen Sie etwas, was Ihr Hund richtig gern mag – seien es Streicheleinheiten oder Leckerchen oder etwas anderes. Wichtig ist, dass Ihr Liebling es wirklich mag. Zum Training eignen sich Leckerchen am besten. Sie können diese später austauschen, wenn Sie nicht mit ihnen arbeiten wollen. Sollte Ihr Hund sehr heiß auf sie sein, so sind sie für das erste Training eine gute Motivation.
3. Nun wird gekoppelt: Sagen Sie Ihr Markerwort und geben Sie dem Hund sofort (innerhalb von einer halben Sekunde bis zwei Sekunden) das Leckerchen. Wiederholen Sie dies fünf bis acht Mal. Fertig.

Haben Sie richtig gekoppelt, entsteht durch wenige Wiederholungen für den Hund ein Verständnis dafür, dass das Wort »Tok« wohl etwas Gutes mit sich bringt. Es wird ein Versprechen auf ein leckeres Häppchen. Sie können das Ganze durch Wiederholung festigen. Beachten Sie folgende Punkte, so wird die Konditionierung erfolgreich verlaufen:

- Greifen Sie erst zum Leckerchen und geben Sie es Ihrem Hund, wenn Sie das Markerwort ausgesprochen haben. Eine durch einen Frühstart ausgelöste Handbewegung verrät Ihrem lieben Vierbeiner eher, dass es einen Keks geben wird. Somit legt er den Schwerpunkt auf Ihre Bewegung und nur das Leckerchen. Das Wort aber soll das gute Gefühl auslösen, daher halten Sie sich bitte strikt an die Reihenfolge: »Tok« und erst danach Keks.
- Sollten Sie die Leckerchen bereits in der Hand halten, ist das kein Problem. Allerdings gilt Ähnliches, sodass Sie nicht schon die Happen in Position schieben, während Sie das Signal geben. Erneut gilt die richtige Abfolge: »Tok« + Keks.
- Für Ihren Hund ist das Ganze zu einem Pakt geworden. Sie geben ihm das Versprechen, dass nach dem Wort »Tok« immer etwas Gutes folgt. Halten Sie Ihr Versprechen daher stets, und geben Sie Ihrem Vierbeiner nach jedem »Tok« etwas – auch wenn Sie es später im Training vielleicht mal falsch einsetzen. Der Deal steht!
- Der unbekannte Reiz wird zur Verknüpfung IMMER vor den bekannten Reiz gesetzt. Tauschen Sie nicht die Reihenfolge: Kaut der Hund nämlich schon genüsslich auf dem Häppchen, hat das Wort »Tok« danach keine Bedeutung mehr für ihn. Es wäre zusammenhangslos.

Dem Hund ein Markerwort beibringen

Vollziehen wir das einmal gemeinsam anhand eines praktischen Beispiels – wir trainieren ein Markerwort (→ linke Seite). Es geht darum, dass wir ein bisher für den Hund unbekanntes, also unwichtiges Wort emotional verändern und mit einem guten Gefühl belegen. Das machen wir, weil wir mit solch einem Marker im späteren Training unserem Vierbeiner mitteilen können, wann genau er etwas richtig gemacht hat. Wir können mithilfe eines Markers den Schwerpunkt des Trainings in die gewünschte Richtung legen. Die Einsatzmöglichkeiten sind vielfältig.

Gezielt Gefühle verändern

Sie und Ihr Hund haben binnen kürzester Zeit eine klassische Konditionierung erarbeitet. So schnell kann es gehen! Ein zuvor neutrales Wort wurde an einen bekannten Reiz gekoppelt. Das Leckerchen ist übrigens kein Verstärker, sondern in diesem Fall sprechen wir von einem appetitiven Reiz. Das mag jetzt vielleicht ein bisschen pedantisch oder merkwürdig klingen, aber die Kopplung findet bei der klassischen Konditionierung ganz ohne Verstärkung statt. Wir koppeln in diesem Fall das Wort an einen Reiz, den der Hund im Vorfeld nicht erlernen und/oder kennenlernen muss. Das Leckerchen ist von sich aus toll und wird auf direktem Weg vom Gehirn als »guter Freund« erkannt. Keine Erklärung, kein großartiges Lernen, sondern einfach: Kenn ich, ist gut für mich! Das ist so ähnlich, als würden Sie Ihren Kindern sagen, dass es in die Eisdiele geht ...

Mithilfe der klassischen Konditionierung können wir Gefühle verändern. Ihr Hund wird aufgrund dieser Verknüpfung nun aber einen Wunsch haben: Sie sollten das Markerwort bitte künftig häufiger nutzen, sodass bei ihm erneut das gute Gefühl entsteht! Damit haben wir eine Basis und eine Konditionierung geschaffen, um mit diesem Markerwort zukünftig Verhalten zu trainieren und ganz gezielt einzusetzen.

Weitere Beispiele für den großen Nutzen der klassischen Konditionierung

An dieser Stelle noch ein weiteres Beispiel, das für Sie relevant ist, wenn Sie etwa einen Herdenschutzhund-Welpen haben und sich wünschen, dass er in Zukunft immer freundlich zu jedem Besuch sein soll. In diesem Fall sorgen Sie dafür, dass der Vierbeiner bis zu seiner

Viele Hunde fordern die Arbeit mit dem Clicker oder Markerwort ein und freuen sich auf das Training.

mentalen Reife und darüber hinaus nur positive Erfahrungen mit vielen fremden Menschen macht. Je mehr fremde Menschen er kennenlernt, umso besser.

Und so gehen Sie vor: Stellen Sie ein Futterschälchen parat, aus dem sich Besucher bedienen und Ihren Welpen füttern können. Sorgen Sie dafür, dass alle Kontakte von Ihrem kleinen Liebling sozial positiv wahrgenommen werden. Die Assoziation Besuch = Freude gilt als klassische Konditionierung.

Mithilfe der klassischen Konditionierung kann sogar der Tierarzt »schöngefüttert« oder das Krallenschneiden zu einem tollen Event werden. Richtig aufgebaut, hüpft Ihr Hund weder vom Behandlungstisch des Tierarztes noch läuft er vor einer Krallenschere weg, sondern freut sich über den Besuch in der Praxis oder den Anblick der Krallenschere.

Richtig großartig können die Auswirkungen sein, wenn der Hund bereits mit einer (ungewünschten) Reaktion auf einen Reiz reagiert. Im Hundetrainingsalltag sind das meist Aversionen oder Ängste in Bezug auf verschiedene Objekte: Susi hat Angst vorm Maulkorb, Rudi meidet Männer, Rex reagiert auf sehr laute Geräusche usw. In diesem Fall kann anstatt einer Gewöhnung an solche Reize mit einer Gegenkonditionierung gearbeitet werden. Diese basiert auf der klassischen Konditionierung, jedoch handelt es sich nicht um einen bedeutungslosen Reiz, dem wir eine Bedeutung geben wollen, sondern um einen bereits mit einer Emotion verknüpften Reiz. Maulkorb, Männer und Geräusche sind bereits assoziiert und lösen zuverlässig eine ungewünschte Emotion aus. Um diese zu verändern, gehen Sie am besten folgendermaßen vor:

Seien Sie der sichere Hafen für Ihren Hund und halten Sie für überraschende Situationen stets einen Plan parat.

1. Der auslösende Reiz wird klar definiert (finden Sie beispielsweise heraus, um welches Geräusch genau es geht).
2. Der auslösende Reiz kann abgeschwächt werden durch größere Distanz oder z. B. durch Leiserstellen der Geräuschquelle.
3. Sie finden einen starken appetitiven Reiz für Ihren Hund. Das kann ein besonderes Futter, Spiel oder etwas anderes sein.
4. Sie präsentieren den auslösenden Reiz in abgeschwächter Form, und gleich darauf erhält der Hund den appetitiven Reiz. Dabei befindet sich der Hund in einer entspannten Grundhaltung.
5. Im Laufe zahlreicher Wiederholungen wird der auslösende Reiz in immer stärker werdender Form präsentiert (Desensibilisierung).

Egal, um welche Interaktion mit dem Hund es sich auch handelt – sie löst Gefühle aus.

Überblick über die klassische Konditionierung

Lassen Sie uns die wichtigsten Fakten noch einmal übersichtlich zusammenfassen:

- Die klassische Konditionierung ist kontextunabhängig. Das Ergebnis der klassischen Konditionierung wird also an allen Orten gezeigt, ohne dass der Hund dies in verschiedenen Situationen trainieren muss. Das ist ein großer Unterschied zur instrumentellen Konditionierung.
- Für die klassische Konditionierung ist es typisch, dass sie nicht vom Willen des Hundes abhängt. Ihr liegen eher reflexartige Reaktionen zugrunde.
- Wir benutzen die klassische Konditionierung im Training dazu, um die Gefühle und Stimmungen des Hundes mit einem Signal zu verknüpfen (der Clicker oder das Markerwort lösen ein gutes Gefühl aus). Zudem können die Gefühle durch eine bestimmte Signalgebung verändert werden, wie etwa bei der Gegenkonditionierung (eine Trainingstechnik, die häufig bei ängstlichen Hunden eingesetzt wird).
- Wir arbeiten sehr häufig mit einer klassischen Konditionierung am Gefühl des Hundes. Ein zuvor neutraler Reiz bekommt eine Bedeutung. Je nachdem, was dem neutralen Reiz folgt, entwickelt der Hund ein gutes (bedingte Appetenz) oder ein schlechtes Gefühl (bedingte Aversion).

Neues Verhalten und neue Emotionen zu etablieren, braucht Zeit. Deshalb sollte solch ein Training stets von außen durch Fachleute begleitet werden.

Pfade im Urwald

Den Vorgang des Lernens können Sie sich bildlich sehr gut verdeutlichen, indem Sie sich einen verwilderten Wald mit vielen Sträuchern, Farnen und anderen Pflanzen vorstellen. Es ist gar nicht so einfach, sich einen Pfad durch das Unterholz zu bahnen. Dieser entstehende Pfad ist vergleichbar mit einer Datenautobahn im Nerven-Gehirn-Gefüge.

Gehen Sie nur ein einziges Mal durch diesen Wald, so schieben Sie die Pflanzen nur beiseite und schon kurz danach hat sich alles wieder so positioniert und sieht aus wie zuvor. Doch je öfter Sie diesen Pfad begehen, desto stärker wird er dabei ausgetreten, und mit der Zeit kommen Sie schließlich recht zügig voran.

Je öfter wir Reaktionen auf bestimmte Reize auslösen (also wiederholen und erneut wiederholen – Sie wissen schon, das ist es, was wir Hundetrainer immer wieder predigen ...), desto leichter wird das gewünschte Verhalten gezeigt. Sobald das Gelernte im Langzeitgedächtnis Ihres Hundes abgespeichert ist, wird es dauerhaft abrufbar sein.

Lernen ist wie ein Pfad durch den Wald. Je häufiger Sie ihn gehen, desto gefestigter wird der Weg.

Gerade in der Welpen- und Junghundphase ist es wichtig, diese Vernetzungen zu fördern, um möglichst viele »Verschaltungen« zu erreichen und so ein stabiles, großes Netzwerk im Kopf des Vierbeiners zu generieren. Das ist die Voraussetzung dafür, dass der Hund ein gutes, stabiles und entspanntes Leben führen kann.

Aus diesem Grund sollte es Ihr persönliches Lernziel sein, sich die Lernprozesse des Hundes bewusst zu machen, die Strategien dahinter zu erkennen und Ihren Liebling stets im Auge zu behalten. Beobachten Sie ihn in allen Lebensbereichen, also auch bei Dingen, die er richtig gut macht! Seien Sie stolz auf ihn! Schauen Sie aber auch ganz genau hin, wenn er Verhalten zeigt, von dem Sie nicht so begeistert sind, und natürlich auch dann, wenn er gerade nach dem Spaziergang das Handtuch zum Trocknen seiner Pfoten für keine gute Idee hält und lieber direkt auf die weiße Couch springen möchte.

Wir sind uns sicher, dass Sie in allen Bereichen mindestens eine Lernform wiedererkennen werden, sodass Sie mit einem Lächeln in Aktion treten können.

Die Ausbildung von Gewohnheiten nutzen

Hunde gewöhnen sich an Abläufe und Verhaltensmuster, die Sie als Hundehalterin im Alltag einführen. Im Training machen wir uns das ganz gezielt zunutze, indem wir Dinge stets wiederholen. Dadurch bekommt der Vierbeiner Routine im Tun, und letztlich werden gefestigte Rituale daraus. Beherrscht ein Hund eine Handlung in einem Kontext, so stellt er auf Autopilot und kann routiniert reagieren. Das ist ein sehr sinnvolles, weil energiesparendes Modell, das der Körper eingerichtet hat. Gewohnheiten geben uns Sicherheit und lassen uns bereitwillig und lange in unserer Komfortzone schwimmen.

Gewohnheiten entstehen nicht nur durch assoziatives Lernen, bei dem eine Reaktion durch einen Reiz hervorgerufen wird, sondern auch im Bereich des sozialen Lernens, wie etwa durch das Lernen in einer sozialen Gruppe, bei alltäglichen Abläufen und beim Lernen durch Nachahmung.

Vielleicht stehen Sie jeden Morgen um sechs Uhr auf und haben Ihre festen Abläufe. Was passiert aber, wenn Ihre Zahnbürste woanders steht, oder, noch schlimmer, die Kaffeemaschine an diesem Morgen streikt? Zeitpläne verschieben sich, und Stress entsteht.

Das Gleiche gilt für unseren Hund. Sehr viele Kunden erzählen uns, dass sie, wenn der Wecker am Wochenende nicht um sechs Uhr klingelt, stattdessen zur selben Zeit von ihrem Vierbeiner geweckt werden, weil dieser sich meist schon ungeduldig »fragt«, warum es jetzt nicht losgeht. Seine Gewohnheit oder innere Uhr lässt ihn aufhorchen und einfach mal nachschauen, warum seine Menschen sich umdrehen anstatt aufzustehen …

Routinen vermitteln Sicherheit

Es gibt viele Hunde, die Routinen und Gewohnheiten in ihrem Alltag benötigen. Das gilt besonders für unsichere und ängstliche Hunde. Ihnen tut es gut, wenn sie sich schnell an Gewohnheiten orientieren können. Gehen Sie mal in sich: Wann benötigt Ihr Hund Routine? Wie lange braucht er, um sich Gewohnheiten anzueignen? In welchen Situationen gelingt ihm

Soll Ihr vierbeiniger Liebling nicht mehr auf die Couch springen, üben Sie einen neuen Platz ein.

Routinen geben dem Hund Sicherheit und Orientierung im Alltag.

Manche Rituale finden Hunde besser als Menschen. Aber denken Sie daran – Sie können alles ändern.

das schnell und in welchen tut er sich schwer? Folgt ein Hund seiner Gewohnheit, so wird diese später nicht mehr hinterfragt. Er setzt das Verhalten um und passt sich an – selbst wenn es keinen Verstärker mehr dafür gibt.

Die Extinktion – Verhalten wieder löschen

Nun haben Sie viel darüber gelesen, wie man Verknüpfungen herstellen kann. Allerdings ist es genauso wichtig, dass Sie wissen, wie man Verknüpfungen auch wieder »löschen« kann. Schließlich wollen wir Verhalten ja ändern können, und wenn der Hund ein Verhalten nicht mehr oder anders als in der bereits bekannten Form zeigen soll, muss das ungewünschte Verhalten gelöscht werden.

In der Lernpsychologie bezeichnet man eine Löschung auch mit dem Fachbegriff »Extinktion«. Nun muss man dazu sagen, dass eine Löschung nur die Leistung mindert (sie lässt ein Verhalten weniger gut, häufig oder intensiv auftreten). Das heißt aber nicht, dass das Gelernte oder die Verknüpfung komplett aufgehoben wird. Im Folgenden schildern wir ein eindrückliches Beispiel für eine (meist) ungewünschte Verknüpfung:

Zu Hause bei den Müllers – Teil 1

Frau Müller ist seit Kurzem stolze Besitzerin Ihres Hundes »Strolch«. Sie stellt fest, dass er während ihrer Mahlzeiten zunächst entspannt in seinem Körbchen liegt. Direkt nach dem Essen füttert Frau Müller ihn mit den verbliebenen Resten des Tellers. Nach einiger Zeit kommt der Hund immer öfter bereits vor dem Beenden der Mahlzeit zum Tisch und wartet dort geduldig und mit einem intensiven Blick auf das, was (sicher) kommt.

Die Abfolge der Ereignisse ist wie folgt: Frau Müller isst → Strolch kommt zum Tisch und setzt sich → Strolch bekommt etwas zu fressen. Strolch ist clever und hat gelernt: »Wenn Frauchen etwas isst, bekomme ich etwas ab. Am besten gehe ich schon einmal zu ihr.« Das Verhalten von Strolch, also das Hingehen zum Tisch, wird konsequent verstärkt. Frau Müller füttert ihren Hund, sobald er am Tisch angelangt ist.

Schauen wir uns nun dieses Tischritual an, nachdem Frau Müller das ständige Betteln satt hat und wieder abschaffen möchte. Hierzu bedarf es nur einer neuen Verknüpfung, die wir durch eine instrumentelle Konditionierung auslösen können.

Zu Hause bei den Müllers – Teil 2

Frau Müller hat ihren Strolch unbewusst zum Betteln erzogen. Nachdem ihr dies in einem Gespräch mit einem Hundetrainer klar wurde, möchte sie ihrem Vierbeiner das Betteln wieder abgewöhnen. Sie geht dabei wie folgt vor: Ab dem Tag des Gesprächs gibt sie ihrem Hund konsequent nichts mehr vom Tisch – er erhält sein Futter lediglich aus seinem Hundenapf.

Der kluge Strolch lernt: Frau Müller isst → der Hund kommt zum Tisch und setzt sich → er erhält NICHTS zu fressen. Das heißt, es lohnt sich nicht für ihn – er bleibt künftig auf seinem Platz liegen, wenn Frau Müller ihr Essen einnimmt.

Was Sie bei einer Löschung beachten sollten, ist, dass die konditionierte Reaktion wieder in (schwacher) Ausprägung auftreten kann, wenn der konditionierte Reiz erneut präsentiert wird. Schauen wir noch einmal bei den Müllers rein:

Zu Hause bei den Müllers – Teil 3

Möchte Frau Müller, dass Strolch das Bettelverhalten dauerhaft einstellt, so reicht es aus, wenn sie ihm nie mehr etwas vom Tisch gibt. Doch leider ist sie nicht ganz so konsequent ... Sprich, Strolch lernt, dass es doch hin und wieder etwas vom Tisch gibt. Das hält die Erwartungshaltung hoch. Man erkennt schnell, dass das Verhalten nicht ganz gelöscht ist, wenn Frau Müller ihm längere Zeit nichts mehr gegeben hat. Fallen bereits Krümel vom Tisch, so ruft Strolch ganz fix das Bettelverhalten im Gehirn – meist in Perfektion – ab und zeigt, dass er nichts vergessen hat. Wir sprechen hier von einer Spontanerholung.

Der Fachbegriff »Löschung eines Verhaltens« ist irreführend. Ein Verhalten wird nicht komplett gelöscht, sondern der Hund lernt, dass es sich für ihn nicht lohnt, dieses Verhalten unter diesen Umständen zu zeigen.

Kleine Abweichungen von Ihrer Konsequenz können Ihr Training erschweren.

Wenn Sie nur gewünschte Verhaltensweisen verstärken, gehören die ungewünschten bald der Vergangenheit an.

HORMONE UND IHRE AUSWIRKUNGEN

Betrachten wir noch einmal, welche Hormone Einfluss auf das Verhalten des Hundes haben. Hormone sind ein unglaublich spannendes und weitläufiges Feld. Doch keine Sorge, wir gehen nicht zu tief in die chemischen Details.

Was sind Hormone?

Statt zu vieler chemischer Details erklären wir Zusammenhänge, sodass diese leicht verständlich sind und sich leicht auf den Alltag mit einem Vierbeiner übertragen lassen. Aus unserem eigenen Alltag wissen wir, wie Hormone unser Verhalten beeinflussen können. Dies trifft auch auf unsere Hunde zu – daher wollen wir die wichtigsten Hormone genauer unter die Lupe nehmen. Sie sind die kleinen und großen Helden im Körper des Hundes. Mit ihnen steht und fällt unglaublich viel – und sie können viel.

Hormone sind chemische Botenstoffe, die vom endokrinen System in spezialisierten Drüsen oder Geweben des Körpers produziert und freigesetzt werden. Über den Blutkreislauf gelangen sie zu ihren Zielorganen oder Zielzellen. Sie spielen eine entscheidende Rolle bei der Regulation verschiedener physiologischer Prozesse und der Kommunikation zwischen verschiedenen Organen und Geweben im Körper.

Überblick über die Funktionen von Hormonen

Im Folgenden geben wir einen kurzen Überblick über die wichtigsten Merkmale und Funktionen von Hormonen:

- Chemische Botenstoffe: Hormone sind chemische Substanzen, die im Körper erzeugt werden, um spezifische Reaktionen in Zielorganen oder Zielzellen auszulösen.
- Regulation von Körperfunktionen: Hormone sind für die Regulation einer Vielzahl von Lebensfunktionen verantwortlich, darunter befinden sich beispielsweise Stoffwechsel, Fortpflanzung, Wachstum und Entwicklung, Immunantwort, Energiehaushalt, Stimmung und Verhalten.
- Endokrines System: Hormone werden in verschiedenen endokrinen Drüsen im Körper erzeugt, wie der Schilddrüse, der Hypophyse, den Nebennieren, den Gonaden (Eierstöcke und Hoden) und der Bauchspeicheldrüse. Einige Hormone werden von bestimmten Geweben produziert, etwa von Fettgewebe.
- Zielgewebe: Hormone wirken auf bestimmte Zielzellen oder Gewebe, die über spezifische Rezeptoren verfügen. An diese binden sich die Hormone und lösen eine Antwort aus.
- Regulation durch negatives Feedback: Die Hormonproduktion wird in der Regel durch ein negatives Rückkopplungssystem reguliert, bei dem der Spiegel eines bestimmten Hormons im Blut kontrolliert wird. Ist der Hormonspiegel hoch, wird die Produktion gehemmt, ist er dagegen niedrig, wird die Produktion angeregt.

Die Ausschüttung von Hormonen ist abhängig vom Gemütszustand und von der Gesundheit.

- Vielfältige Hormone: Es gibt verschiedene Arten von Hormonen, darunter Peptidhormone, Steroidhormone, Aminosäurederivate und Fettsäurederivate. Jeder Typ hat unterschiedliche Strukturen und Funktionen.

Die Balance und das reibungslose Funktionieren des Hormonsystems wirken sich entscheidend auf die Aufrechterhaltung des allgemeinen Wohlbefindens und der Gesundheit aus. Wenn es zu Fehlfunktionen im hormonellen Gleichgewicht kommt, können verschiedene Erkrankungen und Störungen auftreten, die oft eine medizinische Behandlung erfordern. Hormondrüsen bilden ein »kommunikatives Netzwerk«, also eine Art »Facebook für Hormone und Körper«. Ziel ist es, die Entwicklung des Körpers zu regulieren und zu steuern, sodass der Körper die Balance halten kann. Dazu müssen die vorhandenen Hormone angeregt oder gebremst werden. Vergleichbar mit der Arbeit eines Dirigenten, der dafür da ist, seine Musiker synchron und harmonisch miteinander spielen zu lassen, werden im Körper verschiedene Hormone so gesteuert, dass sie in Balance bleiben. Dazu können Hormone entweder synergetisch, also miteinander, agieren oder aber antagonistisch, das heißt mit gegensätzlicher Wirkung zueinander, eingesetzt werden.

Hormone sind Ihre Freunde! Auch wenn sie im Hundetraining immer wieder Thema sind …

Glück und Leid liegen so nah beinander!

Unglaublich, wie wahr dieser Satz ist – er gilt nicht nur für viele Situationen unseres Alltags, sondern auch hormonell. Wussten Sie, dass beispielsweise bei Verliebtheit die gleichen Hormone ausgeschüttet werden wie bei negativem Stress? Der Unterschied ist nur, dass das Gehirn die ganze Situation anders bewertet und wir im verliebten Zustand meinen, wir könnten Bäume ausreißen. Bei negativem Stress hingegen sind manchmal Grashalme schon zu viel …

Doch wo entstehen Glück und Gefühle? Emotionen wie Glück, Angst, Freude usw. haben ihren Ursprung im limbischen System, einer komplexen funktionellen Einheit aus mehreren Hirnarealen, die auch Kerngebiete wie den Nucleus accumbens oder die Amygdala umfassen. (Sie erinnern sich, diese hatten wir schon beim Thema Stress kennengelernt; → Seite 43.)

Mit an Bord sind auch der Hypothalamus als vegetative Schaltzentrale und Schnittstelle zum Hormonsystem und der Hippocampus (»Mr. Unersetzlich« für das Gedächtnis unseres Hundes).

Bereits vorgeburtlich arbeiten die Hormone auf Hochtouren, um das Bestmögliche für den kleinen Welpen herauszuholen.

Diese beteiligten Strukturen produzieren opiumähnliche Substanzen, darunter Dopamin. Das kennen Sie schon als unsere »Selbstbelohnungsdroge«. Dopamin hilft dem Hund bei späteren Entscheidungen. Wenn ihn etwas glücklich macht oder er erfolgreich war, tut er es gern wieder. Sie merken schon, das klingt nach dem Ergebnis eines Verstärkers. Das limbische System ist eine Quelle, der Gefühle entspringen.

Der präfrontale Kortex – der Abschnitt der Hirnrinde, der direkt hinter der Stirn sitzt – spielt ebenfalls eine Rolle bei den Gefühlen, selbst wenn man ihn eher mit dem rationalen Denken und Planen in Verbindung bringt. Emotionale Reize aus dem limbischen System werden dort in bewusste Gefühle umgewandelt. Dabei verarbeitet der präfrontale Kortex die Emotionen, indem er sie in das Gesamtbild integriert und daraus Schlüsse für die beste Handlung zieht.

Bitte beachten Sie: Natürlich befinden sich im Gehirn überall Zellen, die Gefühle bilden und unterstützen, und dies gilt ebenso für das rationale Denken usw. Im limbischen System finden sich aber relativ viele Zellen, die für Gefühle verantwortlich sind, und im Kortex vermehrt Zellen, die das rationale Denken begünstigen.

Dirigenten des Glücks

Stimmt die Chemie, entstehen Glücksgefühle. Dazu steuert ein Cocktail aus verschiedenen Hormonen und Neurotransmittern das Wohlbefinden. Zu diesen Botenstoffen gehören neben Dopamin auch Serotonin, Noradrenalin, Oxytocin, Phenethylamin sowie Endorphine. Diese Substanzen wirken entweder stimulierend, entspannend oder schmerzlindernd. Bitte beachten Sie, dass Hormone das Verhalten von Hunden in einem sehr komplexen Zusammenspiel mit anderen Faktoren beeinflussen.

Regelkreise und der Einfluss auf das Verhalten

Um zu verstehen, wie das System der Hormone funktioniert, sind Kenntnisse zu deren Steuerung erforderlich. Nach welchen Regeln werden wann, wie viele und welche Hormone produziert? Sich mit dieser Thematik etwas eingehender auseinanderzusetzen, macht Spaß – Sie werden sehen –, daher steigen wir nun ein bisschen tiefer in die Materie ein.

Zur Steuerung gibt es sogenannte Regelkreise, und zwar sowohl positive als auch negative. Sie steuern die Produktion der meisten Hormone, indem sie die entsprechenden Drüsen anregen

Gut zu wissen

Gebrochene Herzen …

Körper, Gefühle und Verhalten gehen Hand in Hand … Wie sehr unsere Gedanken und vor allem Stress unser Herz beeinflussen, zeigt ein Phänomen, das einige Ärzte lange nicht wahrnehmen wollten: gebrochene Herzen oder anders gesagt, gebrochen an Herzschmerz oder Kummer.

Die Symptome sind vergleichbar mit denen, die bei einem Herzinfarkt auftreten: Atemnot, Schmerzen in der Brust, Todesangst und vieles mehr. Dennoch lassen sich keinerlei organische Ursachen finden, die für einen realen Herzinfarkt typisch wären. Mediziner nennen die Krankheit »stressbedingte Kardiomyopathie« oder »Broken-Heart-Syndrom«.

Der Schock des Liebeskummers kann eine Kaskade von Stresshormonen lostreten, die den Körper überschwemmen und den Herzmuskel nachhaltig lähmen und schwächen können. Zu den Auslösern zählen traumatische Erfahrungen, wie etwa der Tod eines geliebten Menschen oder Tieres oder die Trennung einer Beziehung.

Nun sind das zwar Phänomene, die beim Menschen auftreten, doch diese Beispiele verdeutlichen, wie eng alle einzelnen Funktionseinheiten miteinander verbunden sind: Hormone, Gefühle, Verhalten, Persönlichkeit, Gesundheit usw. Durchaus vergleichbar verhält sich dies beim Hund: Ein ganzheitlicher Blick auf den Vierbeiner und das Wahrnehmen seiner Bedürfnisse können daher zu einer stabilen Persönlichkeit und weniger Stress im Alltag führen.

oder drosseln. Manche Hormone unterliegen dabei einer gewissen Rhythmik, wie zum Beispiel Östrogen, von dem im weiblichen Körper entsprechend des Zyklus mal mehr und mal weniger entsteht.

Einflüsse wie Stress, Angst, Krankheit oder der Tag-und-Nacht-Rhythmus können sich empfindlich auf das Hormonsystem auswirken, beim Menschen wie beim Hund. Da es nicht nur einen Regelkreis gibt und auch bestimmte Hormone in mehr als einem Regelkreis wirken, wird klar, dass die Wegnahme eines Hormons an ganz anderer Stelle ungeahnte Auswirkungen verursachen kann. Hormone sind fein aufeinander abgestimmt und wirken, wie schon gesagt, kooperativ oder wechselseitig.

Steuerung durch Regelkreise

Nahezu alles im Körper wird durch Regelkreise gesteuert, beispielsweise die Vitamine, die Hormone und vieles mehr. Sobald in dieses System eingegriffen wird, kann sich das sehr nachteilig oder aber sehr einseitig auswirken. Lassen Sie uns hierzu ein allbekanntes Beispiel betrachten.

Erläuterung der Regelkreise ...

Zur besseren Verdeutlichung greifen wir auf das leicht verständliche Beispiel zur Regelung der Raumtemperatur mittels eines Thermostats zurück. Die gewünschte Raumtemperatur wird im Thermostat (Regler) programmiert. Dabei handelt es sich um den Soll-Wert. Diese Größe, also der Messwert, sollte immer konstant gehalten werden. Und dies geschieht wie folgt:

1. Ein Thermometer (Fühler) misst permanent die Raumtemperatur und leitet diesen Ist-Wert an das Regelzentrum, das den Soll-Wert kennt, weiter. Dies wird Rückkopplung genannt. Sind beide Werte identisch, ist alles okay und keine Veränderung erforderlich. Doch weichen die Werte voneinander ab, gibt das Regelzentrum einen Steuerbefehl an das ausführende Organ (Stellglied). Dieses korrigiert den Ist-Wert, bis er wieder mit dem Soll-Wert übereinstimmt.
2. Durch äußere Einflüsse kann die Raumtemperatur variieren. Wenn zum Beispiel das Fenster geöffnet wird und draußen Minusgrade herrschen, strömt eisige Luft (Störgröße) in den Raum, und die Temperatur sinkt.
3. Dies wird dem Regler umgehend mitgeteilt, und er veranlasst die Heizanlage, ihre Heizkraft zu verstärken und mehr Wärme über den Heizkörper abzugeben, um so die Raumtemperatur konstant zu halten.

... und nun der Blick auf den Hund

Dieses Beispiel kann auf Ihren Vierbeiner umgemünzt werden. Betrachten wir einmal einen Rüden im Hinblick auf das Thema »Kastration«. Hat der Hund einen ausgeglichenen Testosteronpegel, zu dem sich Prolaktin aus der Hirnanhangdrüse mischt, veranlasst ihn dies zu angemessenem Verhalten gegenüber seinem Nachwuchs. Wäre sein Testosteronpegel aber erhöht, würde das Prolaktin prozentual unterdrückt werden und könnte dieses »Brutpflegeverhalten« nicht in ihm auslösen. Das hat etwa zur Folge, dass kastrierte Rüden verstärkt durch das Prolaktin reagieren können, was sich in ausgeprägtem Verteidigungsverhalten gegenüber

Gut zu wissen

Wenn Stress Flügel verleiht ...

Stress ist ein alltägliches Phänomen, doch der Umgang damit variiert erheblich: Während manche unter Stress förmlich zerbrechen und langfristig krank werden, fühlen sich andere davon angespornt.

Moderater Stress, der kleine Adrenalinausschüttungen mit sich bringt, kann ein Gefühl des Wohlbefindens vermitteln. Er bereitet uns auf schwierige Aufgaben vor, stärkt unser Gedächtnis und Immunsystem und steigert unsere Produktivität.

Tatsächlich kann völlige Stressfreiheit zu Unmotiviertheit führen und ein Gefühl von Langeweile, Lethargie oder sogar Depression auslösen. Es scheint also ein gewisser Grad an Stress für unsere psychische und körperliche Gesundheit förderlich zu sein und uns zu Höchstleistungen anzutreiben.

Hormone und ihre Auswirkungen auf den Hund

Die folgende Übersicht listet die gängigsten Hormone auf, die unseren vierbeinigen Liebling täglich begleiten. Auf einen Blick erkennen Sie Aufgabe und Wechselwirkung.

Hormon	Aufgabe	Besonderheiten
Serotonin	Reguliert die Stimmung und das Wohlbefinden von Hunden	Niedrige Serotoninwerte können zu Angst, Aggression und zwanghaftem Verhalten führen.
Dopamin	Beeinflusst die Belohnungsreaktion und die Motivation von Hunden	Dopaminmangel kann zu Lustlosigkeit und geringer Motivation führen, während ein Anstieg die Freude und das Lernverhalten steigert.
Oxytocin	Fördert die soziale Bindung zwischen Hunden und anderen	Oxytocin stärkt die Bindung zwischen Hund und Besitzer und verstärkt das Vertrauen in sozialen Interaktionen.
Cortisol	Ist das Stresshormon, das in Stresssituationen ausgeschüttet wird	Chronischer Stress kann zu Verhaltensproblemen führen, da ein erhöhter Cortisolspiegel Aggressionen aus Unsicherheit und Angst fördert.
Testosteron	Ist das männliche Sexualhormon, das aggressives und territoriales Verhalten beeinflusst	Ein hoher Testosteronspiegel kann testosteronbedingte Aggresionen verstärken.
Östrogen und Progesteron	Regulieren den Fortpflanzungszyklus bei Hündinnen	Schwankungen dieser Hormone während der Läufigkeit können das Verhalten beeinflussen, etwa durch gesteigerte Aggressivität gegenüber Rüden.
Melatonin	Reguliert den Schlaf-Wach-Rhythmus von Hunden	Melatoninmangel kann zu Schlafstörungen führen, während eine erhöhte Produktion eine beruhigende Wirkung hat.
Vasopressin	Fördert die soziale Bindung und das territoriale Verhalten	Vasopressin kann das Aggressionsverhalten beeinflussen, insbesondere im Zusammenhang mit dem Schutz von Territorien oder Ressourcen.

fremden Jungtieren auswirkt und sogar bis zum Infantizid führen kann. Dies wiederum lässt erkennen, dass die Kastration eines Rüden möglicherweise die Aggressivität in Gegenwart von Jungtieren verschlimmern kann.

Dem Thema Kastration widmen wir uns ab Seite 98 noch einmal viel ausführlicher.

Positiver Regelkreis

Ein Regelkreis mit einer positiven Rückkopplung bedeutet, dass der Soll-Wert nicht mehr erfüllt bzw. eingehalten wird. Oft wird er überschritten. Das ist zum Beispiel bei selbstverstärkendem Verhalten der Fall. Die Größe (oder der Messwert), wie etwa Dopamin, nimmt ständig zu, und der »Suchtfaktor« setzt ein. Es gibt keinen biologischen Stopp dahinter – die Selbstbelohnungsdroge ist in Gang gesetzt. Der Hund kann sich selbst nicht herunterregulieren. Wir haben an dieser Stelle das Problem, dass der Vierbeiner nicht dauerhaft stabil ist, sondern im Verhalten kippt. Es besteht ein sogenanntes Kaskadenproblem.

Ein Beispiel soll dies verdeutlichen: Ein nicht jagdlich geführter Hund reißt sich los und verfolgt ein Reh. Gehen wir von einem Happy End für das Reh aus: Sein Glück ist, dass der Hund zwar jagdlich ambitioniert, aber nicht in der Jagd trainiert ist. Er kennt die Tricks nicht, wie er ein Reh erfolgreich überwältigen kann, und so sind die Chancen hoch, dass das Reh zwar gestresst, aber dennoch lebend davonkommt.

Was passiert im Körper des Hundes? Trainiert ist er nicht, er kommt nicht zum Erfolg. Folglich gibt es keinen Stopp im Regelkreis. Der Dopaminpegel geht über den »schlappen Konditionsregelkreis« hinweg, und die Dopaminkaskade läuft und läuft ... Das Reh ist schon lange weg, der Hund kommt irgendwann zu seinem Halter zurück und ist fix und fertig. Hundehalter beschreiben uns oft, dass ihr Vierbeiner dann aussehe wie aus »Gummi«: ganz weich, die Zunge hänge weit heraus, er schiele und könne seinen Körper kaum halten, doch er wirke glücklich. Dieser Hund wäre in der freien Natur völlig aufgeschmissen. Er wäre angreifbar und nicht überlebensfähig. Was fehlt ihm? Ganz klar: der eigentliche negative Rückkopplungseffekt.

Negativer Regelkreis

Negative Rückkopplungen kommen sowohl im menschlichen wie auch im tierischen Körper häufig vor. Es sind selbstschwächende Eigenschaften, durch die die aktuelle Aktivität verringert wird. Ziel der negativen Rückkopplung

Gesund ist es für jeden Hund, wenn nach Anspannung auch Entspannung folgen kann.

Gut zu wissen

Der thyreotrope Regelkreis

Der thyreotrope Regelkreis verläuft zwischen der Hypophyse, einem Organ im zentralen Nervensystem, und der Schilddrüse. Dabei spielt die Hypophyse eine wichtige Rolle bei der Regulation der Schilddrüsenfunktion. Sie gibt das Steuerhormon Thyreotropin (TSH) ab, das die Freisetzung von Thyroxin (T4) und Trijodthyronin (T3) in der Schilddrüse stimuliert.

Als Teil eines komplexen Regelkreises unterliegt diese Ausschüttung einer Gegenkopplung durch Schilddrüsenhormone. Dies bedeutet, dass hohe Spiegel von T4 und T3 die Produktion von TSH hemmen, um ein Gleichgewicht der beteiligten Hormone zu gewährleisten.

Ein weiterer Einflussfaktor für die TSH-Freisetzung ist das Releasing-Hormon TRH, das vom Hypothalamus abgegeben wird und den Soll-Wert des Regelkreises bestimmt.

Neben diesem Hauptregelkreis gibt es weitere Rückkopplungsschleifen, wie das Ultra-Short-Feedback, bei dem TSH seine eigene Freisetzung beeinflusst (Brokken-Wiersinga-Prummel-Regelkreis). Ebenso existiert ein Long-Feedback, bei dem Schilddrüsenhormone die Freisetzung von TRH beeinflussen. Zusätzlich spielen Regelkreise eine Rolle, die die Plasmaproteinbindung von T4 und T3 regulieren. Diese komplexen Mechanismen gewährleisten die Feinabstimmung der Schilddrüsenfunktion im Körper.

ist die Konstanthaltung eines bestimmten Soll-Werts in der sogenannten Homöostase. Das Rückkopplungssignal wird vorsichtig dosiert, um den Soll-Wert zu stabilisieren.

Für unseren Möchtegern-Jäger heißt das also, dass ihm der Gegenspieler fehlt, der das System herunterfahren lässt. Das wäre zum Beispiel der Hundehalter, der ihn frühzeitig erfolgreich zurückrufen kann. In der Natur wäre der Regelkreis geschlossen, wenn der Vierbeiner das Reh tatsächlich erwischen, es erlegen und fressen würde und danach gesättigt wäre. Dadurch, dass wir einen Hund haben, der nicht weiß, wie er erfolgreich jagen kann, erfolgt kein Stopp, und Dopamin wird weiter ausgeschüttet.

Kastration und Sterilisation

Ein klassisches Thema, bei dem die Hormone verrückt spielen und eine enorm große Auswirkung auf das hündische Verhalten haben, ist die Kastration. Die Argumente für oder gegen eine Kastration klaffen ziemlich weit auseinander. Während die einen eine medizinische Notwendigkeit sehen, wollen andere Unannehmlichkeiten bei der Läufigkeit ihrer Hündin entgehen. Wieder andere begründen dieses

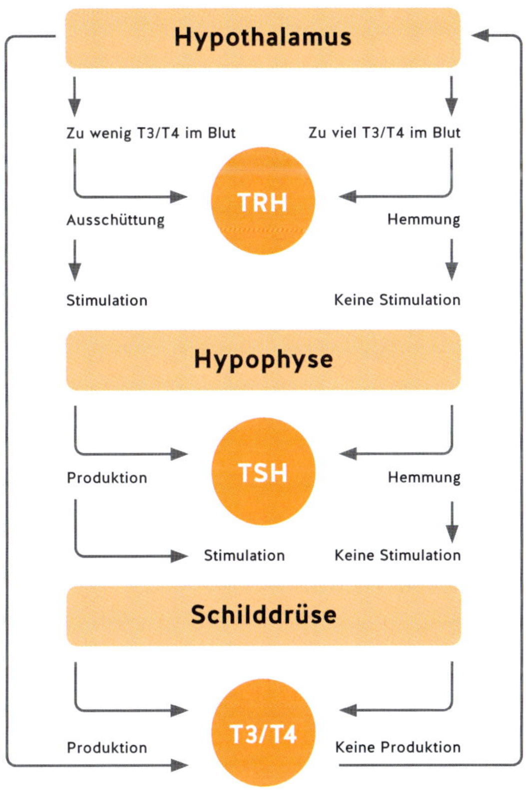

Regelkreise wirken auf den ersten Blick komplex, sind aber sehr einfach aufgebaut.

Vorhaben mit dem unangemessenen Verhalten ihres offenbar »sehr dominanten« Rüden.

Fakt ist jedoch: Eine Kastration beugt zwar unerwünschtem Nachwuchs vor, kann in Bezug auf das Verhalten aber fatale Auswirkungen haben. Die gängige Meinung, dass ein kastrierter Vierbeiner »einfacher zu händeln« sei, stellte sich schon bei vielen Hunden schlichtweg als falsch heraus. Im Gegenteil. Viele Probleme resultieren erst aus der Kastration, insbesondere wenn diese zu früh erfolgt, da mit einer Kastration der größte Teil der Sexualhormonproduktionsstätte entfernt wird.

Die Befindlichkeit von Hunden und somit ihr Verhalten wird maßgeblich von Hormonen beeinflusst. Gute Laune, Angst, Überschwang, Eifersucht – stets sind ganz spezielle Hormone im Spiel, die ausgeschüttet werden und eine Art Kettenreaktion auslösen. Hormone beeinflussen die Produktion oder Reduktion anderer Botenstoffe oder Hormone. Wird das komplexe Zusammenspiel der verschiedenen Hormone und Botenstoffe im Körper gestört, weil beispielsweise durch eine Kastration eine Hormongruppe plötzlich nicht mehr oder weniger produziert wird, so beeinflusst dies den gesamten beteiligten Wirkungskreis im Körper. Es ergibt sich dadurch ein Ungleichgewicht mit weitreichenden Folgen. Der Körper kann den »optimalen Zustand« nun nicht mehr selbst herstellen bzw. regulieren, weil ihm die entsprechenden körpereigenen Mittel dazu genommen wurden. Die Folge ist, dass alles durcheinandergerät.

Übrigens bitte nicht vergessen: Juristisch gesehen ist eine Kastration ohne medizinische Indikation ebenso verboten wie das Kupieren von Ohren und Rute! Dies ist gesetzlich festgelegt. Informationen dazu liefern das Tierschutzgesetz und die Tierschutzhundeverordnung.

Die Sexualorgane des Hundes

Die männlichen Sexualorgane umfassen Hoden, Nebenhoden, Samenleiter und Prostata. In den Hoden befinden sich die Leydigschen Zellen, in denen Testosteron produziert wird. Die in den Hoden entstandenen Samenzellen werden im Nebenhoden zwischengelagert, um durch Samenleiter und Harnröhre nach draußen zu gelangen.

Zu den weiblichen Sexualorganen werden Eierstöcke, Eileiter und Gebärmutter gezählt. In den Eierstöcken reifen die Eier heran und gelangen zu gegebener Zeit über die Eileiter in die Gebärmutter. Hormone werden sowohl in den Eierstöcken (Östrogen und später auch Progesteron) als auch in der Gebärmutter (Östrogen) erzeugt. Außerdem produziert die Nebennierenrinde Sexualhormone, die vom Körper aber auch an anderer Stelle benötigt werden.

Die Kastration

Was passiert nun bei einer Kastration? Sehr oft wird fälschlicherweise angenommen, dass man bei einem Rüden von Kastration und bei der Hündin von Sterilisation spricht. Das stimmt so nicht. Ist von Kastration die Rede, hat dies bei beiden Geschlechtern die Entnahme der Keimdrüsen (Hoden und Eierstöcke) zur Folge – es handelt sich also um eine Amputation. Beim Rüden werden beide Hoden aus dem Hodensack entfernt (Ochidektomie).

Bei der Hündin sind es die Eierstöcke, die dem Bauchraum entnommen werden, und in vielen Fällen wird bei dieser Operation auch gleich noch die Gebärmutter mit entfernt, wenn medizinische Gründe dafürsprechen. Somit fällt bei einer Kastration durch die Entnahme der Geschlechtsorgane spontan und ganz automatisch die Hauptproduktion der Geschlechtshormone weg.

Die Sterilisation

Bei einer Sterilisation werden die Samenleiter des Rüden und die Eileiter der Hündin durchtrennt. Damit ist eine Fortpflanzung unmöglich. Das bedeutet für die Hündin jedoch nicht, dass sie nicht mehr läufig wird. Die hormonelle Situation ändert sich für beide Geschlechter nicht, denn die eigentlichen hormonproduzierenden Organe bleiben unversehrt.

Ein »verliebter« Rüde zeigt sein Verhalten aufgrund einer starken Hormonausschüttung, die der Duft einer Hündin auslösen kann.

Werden Hunde zu früh kastriert, kann es sein, dass sie im Verhalten jugendlich bleiben.

Beim Rüden spricht man in diesem Zusammenhang von Sterilisation oder Vasektomie, bei der Hündin von einer Tubenligatur.

Gefahren einer Frühkastration

Wird ein Hund kastriert, so wird er mangels Hormonen in seiner natürlichen Entwicklung behindert. Wenn die Kastration bereits bei einem Junghund stattfindet, so können bestimmte hormongesteuerte Entwicklungsprozesse im Gehirn gar nicht erst stattfinden – das Tier kann sinnbildlich in seiner Kindheit steckenbleiben und geistig nicht erwachsen werden. Das Ergebnis davon ist, dass, obwohl irgendwann ein ausgewachsener Rüde auf dem Platz erscheint, er von anderen Hunden nicht unbedingt als solcher wahrgenommen wird. Unter Umständen können sich dann bisweilen Probleme mit Artgenossen ergeben.

Neben dem natürlichen Ablauf der Pubertät wird die körperliche Entwicklung nachhaltig gestört. Es fehlen einige Sexualhormone, die beispielsweise maßgeblich am Knochenwachstum und am Aufbau der Muskulatur beteiligt sind. Dazu gehört beim Rüden das Testosteron und bei der Hündin das Östrogen. Die Folgen sind weitreichend:

- Wird eine Kastration vor Beendigung des Wachstums durchgeführt, kann es sein, dass sich Knochendichte und Muskelmasse nicht auf natürliche Weise entwickeln und festigen. Interessant ist auch der Zusammenhang zwischen dem in der Pubertät entstehenden Anstieg der Sexualhormone und der Aktivität der Schilddrüse. Es kommt zu einer verstärkten Produktion des Schilddrüsenhormons Thyroxin und dem Wachstumshormon. Durch deren Einfluss wird das Wachstum der Röhrenknochen beendet, weil sich die Wachstumsfuge schließt. An den Gelenken kann es durch verstärkten Muskelaufbau und mehr Stabilität an Sehnen und Bändern zu Veränderungen kommen, die sich in der Folge auf das Drehmoment auswirken.
- Entfällt der nötige Hormonschub, wachsen die Knochen übermäßig in die Länge, verlieren an Stärke und ziehen häufig vorzeitige Erkrankungen der Gelenke nach sich.
- Durch die Frühkastration kann es sein, dass die Talgproduktion nur unzureichend stattfindet – dadurch könnte das Fell stumpf und glanzlos werden.
- Der Fettstoffwechsel kann sich durch das fehlende Testosteron verlangsamen und den

Hund dick werden lassen. Im schlimmsten Fall können dadurch sogar Herzerkrankungen hervorgerufen werden, denn die Stärkung der Atmung und des Herz-Kreislauf-Systems findet ohne den Einfluss der Wachstumshormone einfach nicht statt.

Die Beziehung zwischen Hündinnen und ihren Welpen wird unter anderem durch Prolaktin auslöst.

Da das biologische und natürliche Zusammenspiel von Wachstums-, Stress- und Sexualhormonen ausbleibt, hat dies geradezu tragische Auswirkungen auf das Gehirn. Die natürliche Balance im »Hormonmix« würde im Normalfall für Ordnung sorgen – beispielsweise ungenutzte Zellen vernachlässigen und dafür stark genutzte Areale durch Zellteilung fördern. Nervenzellen und Gliazellen (sie versorgen die Nervenzellen mit Nährstoffen) werden während der Pubertät in hohem Maß gefördert. Dadurch verbessern sich die Verbindungen zwischen den Nervenzellen und damit deren Leitfähigkeit. Durch diese – bildlich gesprochene – »Aufräumaktion« im Gehirn werden ungenutzte Areale reduziert, und der verbleibende Rest wird dafür »aufgemotzt«. Das schlägt sich in gereiften Denkvorgängen und vernünftigerem Handeln nieder.

Die bekannten Stimmungsschwankungen, die eine Pubertät begleiten, gibt es auch bei Hunden. Sie entstehen durch die schwankenden Konzentrationen von Cortisol (das Stresshormon) und Prolaktin (Elternhormon) und ermöglichen im Verlauf einen Pegel, mit dem das System zukünftig den Alltag bestreiten kann. Wird einem Hund also die Pubertät durch frühzeitige Kastration genommen, bleiben zu viele ungenutzte Nervenzellen und Verbindungen, die nur im Wege stehen und die wichtigen Verknüpfungen behindern. Rationalität wird durch einen zu großen Einfluss des limbischen Systems und damit verbundene Emotionalität nicht zugelassen. Probleme können dadurch nicht effektiv betrachtet und behoben werden. Außerdem kommt es durch die besagten Stimmungsschwankungen zu überdurchschnittlicher Stressanfälligkeit – eventuell ist der Hund gereizt und aggressiv.

Sie merken schon, dass die verschiedensten Dinge zum Thema »Kastration« beachtet werden müssen und es keine grundsätzliche Pauschalantwort gibt, was richtig wäre.

All diese Punkte sprechen gegen eine Frühkastration und sollten bei einer medizinischen Indikation bedacht werden. In jedem Fall bedeutet es, wenn schon Kastration, dann gilt: je später, desto besser. Jede Kastration sollte daher eine sorgfältig erwogene Einzelfallentscheidung sein. Besprechen Sie das Thema ausführlich mit Ihrem Tierarzt und Hundetrainer und informieren Sie sich in Ruhe, sodass Sie den Entschluss nicht vorschnell und stets zum Wohle Ihres Hundes fassen können.

Wichtig ist: Auch, wenn viele Gründe gegen eine Kastration sprechen, bedeutet es nicht, dass sie in manchen Fällen nicht doch sinnvoll und notwendig ist. Das Verhalten Ihres Hundes sowie die medizinische Folgen müssen jedoch gut geprüft werden.

Kastration der Hündin

Soll bei einer Hündin über eine Kastration als therapeutische Verhaltensmaßnahme nachgedacht werden, bietet sich diese eigentlich nur in zwei Fällen an:

- wenn eine starke Wesensveränderung im Zusammenhang mit dem Zyklus stattgefunden hat oder
- wenn Aggressionen im Zusammenhang mit Pseudogravidität (Scheinträchtigkeit) aufgetreten sind.

Bitte beachten Sie: Bevor Sie eine Kastration als Lösung für etwaige Probleme mit dem Hund ins Auge fassen, sollten Sie immer erst andere Maßnahmen ausloten und ausprobieren. So können beispielsweise Verhaltensweisen, die, oberflächlich betrachtet, sexuell motiviert wirken, in Wahrheit andere Gründe haben.

Und was wir ebenfalls nicht verheimlichen wollen: Nach einer Kastration können Hündinnen in einigen Fällen zu rüdenhafterem Verhalten neigen. Allerdings zeigen nicht alle kastrierten Hündinnen dieses Verhalten, die Ausprägung kann individuell variieren. Warum das so ist, lässt sich leicht erklären. Die Ursache liegt in der hormonellen Umstellung, denn durch die Kastration werden die Eierstöcke entfernt. Dies führt zu einem drastischen Rückgang der Produktion weiblicher Sexualhormone wie Östrogen und Progesteron. Gleichzeitig bleibt aber das Hormon Testosteron erhalten, das Hündinnen genauso wie Rüden produzieren. Ein prozentual höheres Testosteronniveau nach der Kastration könnte nun rüdenhaftere Verhaltensweisen fördern.

Gut zu wissen

Und wenn die Sexualhormone fehlen ...

... dann gehen wir halt jagen! Sinken nach der Kastration die Sexualhormone, so wird es nicht zwangsläufig still um den Hund. Statt jedoch der Nase zu folgen und mögliche Sexualpartner zu suchen, sind kastrierte Hunde nun anders motiviert. Bei einigen Hündinnen wurde nachgewiesen, dass sie sich nach der Kastration vermehrt dem Jagdverhalten widmen. Ebenso zeigt sich – gerade bei unsicheren und ängstlichen Hunden –, dass das Aggressionsverhalten steigt. Durch das sinkende Testosteron nimmt prozentual im Gesamtbild der Cortisolspiegel zu. Dies bedeutet, dass dieser verhältnismäßig hoch ist und es somit zu einer stärkeren Aggressionsbereitschaft kommen kann. Cortisol und Testosteron sind Gegenspieler: Testosteron hemmt im intakten Zustand das Aggressionsverhalten, das durch Cortisol ausgelöst werden kann. Kurz: Langweilig wird es nach einer Kastration nicht!

Special

Der Kastrationschip für den Rüden

Der Kastrationschip, auch als GnRH-Chip bekannt, hat in der Tiermedizin eine interessante Rolle übernommen. Dieses Hormonimplantat wurde entwickelt, um die Hormonproduktion bei Tieren zu beeinflussen. In Deutschland wird dieses Präparat bei Hunden nur bei Rüden angewendet. Reize, die die Bereitschaft zur Fortpflanzung beeinflussen können, werden im Gehirn verarbeitet, genauer gesagt im Zwischenhirn. Dort wird entschieden, ob die Produktion von Spermien angekurbelt oder gedrosselt werden soll.

Das Schlüsselhormon in diesem Prozess ist das sogenannte Gonadotropin-Releasing-Hormon (GnRH), das im Hypothalamus produziert und an die Hypophyse, eine der Steuerungsstellen für Hormone im Körper, gesendet wird. Die Hypophyse sendet ihrerseits Hormone wie das Follikelstimulierende Hormon (FSH) und das Luteinisierende Hormon (LH) an die Hoden, um die Spermienproduktion zu regulieren. Dieser Prozess wird ständig überwacht, und die Produktion wird angepasst, um den Bedarf zu decken.

Bemühen wir auch in diesem Zusammenhang noch einmal den Vergleich dieses Mechanismus mit dem einer Heizungsanlage. Dies hilft bei der Veranschaulichung: Das Gehirn fungiert als Regler, das Zwischenhirn als Fühler und die Hoden als Heizbrenner. Wenn die äußeren Bedingungen, wie Sonneneinstrahlung und Temperatur, variieren, erkennt der Fühler diese Veränderungen und signalisiert einen höheren oder niedrigeren Heizbedarf. Der Heizbrenner wird je nach Bedarf entsprechend angepasst.

Jetzt kommt der Kastrationschip ins Spiel. Wird dieser Chip implantiert, erhält das Gehirn falsche Informationen. Es wird ihm suggeriert, dass die Produktion von Testosteron und Spermien viel zu niedrig ist. Als Reaktion darauf produziert der Körper eine große Menge Testosteron. Dies mag zunächst paradox erscheinen, da das Ziel ja ist, die Produktion von Testosteron und Spermien zu reduzieren. In den ersten Wochen nach der Implantation kann es daher zu unerwünschten Effekten kommen, wie einer Verschlechterung des testosteronabhängigen Verhaltens, einschließlich Hypersexualität.

Die Erklärung dafür liegt in einem Sicherheitssystem des Gehirns. Das Gehirn kann schwer akzeptieren, dass so wenig Testosteron vorhanden ist, wie ihm der Chip vorgaukelt, und drosselt die Hormone, die die Hoden zur Arbeit anregen sollen. Der Chip gibt ungefähr ein halbes Jahr lang kontinuierlich GnRH ab, bevor seine Wirkung nachlässt. In dieser Zeit schrumpfen die Hoden, und der Rüde verhält sich so, als wäre er kastriert. Allerdings kann es bei einigen Hunden einige Wochen dauern, bis der hormonelle Normalzustand nach dem Nachlassen der Wirkung eines intakten Rüden wiederhergestellt ist.

Eine Kastration verhindert nicht nur Nachwuchs, sondern hat steten Einfluss auf das Verhalten. Je nach Persönlichkeit und Umstand kann dies positive aber auch negative Auswirkungen auf den Hund haben.

DIE LEBENSPHASEN DES HUNDES

Schauen wir uns ein paar wichtige Meilensteine im Verlauf eines Hundelebens an, die Auswirkungen auf das Verhalten unseres Vierbeiners haben können.

Von der Trächtigkeit bis acht Wochen nach der Geburt

Die Phase vor der Geburt sowie die ersten acht Wochen danach stellen wir komprimiert im »Zeitraffer« vor, da es sich um Phasen handelt, bei denen Sie als Hundehalter meist nicht dabei sind und somit kaum etwas beeinflussen können. Hier die wichtigsten Fakten im Überblick:

Die pränatale Phase vor der Geburt

- Die Trächtigkeit dauert etwa 63 Tage. Sie beginnt mit der Zellteilung und der Organbildung; das Größenwachstum erfolgt erst, wenn die Organbildung abgeschlossen ist.
- Die Grundlagen für das zukünftige Verhalten und das Gehirn werden bereits jetzt gelegt.
- Hormone und Umwelt beeinflussen die Entwicklung des Welpen.
- Stresshormone der Mutter können schon jetzt auf das Stresszentrum der Welpen einwirken, sodass diese bereits im Mutterleib stark wachsen.
- Geschlechtsbestimmung und -differenzierung durch Chromosomen und Hormone.

Besonderheiten, auf die Sie achten können

- In der pränatalen Phase kann es zu einer interessanten Entwicklung kommen, wenn es einen Überschuss an männlichen Welpen in der Gebärmutter gibt.
- Dieser Überschuss kann zu einer erhöhten Menge an Testosteron führen, das sich jedoch auf sämtliche Welpen in der Gebärmutter auswirkt.
- Bei weiblichen Föten kann dieser Testosteronüberschuss zu einer Maskulinisierung führen. Das bedeutet, dass sie später rüdenhaftes Verhalten zeigen könnten, wie das Anheben des Beins zum Markieren oder aufmüpfigeres Verhalten gegenüber Artgenossen.
- Die Maskulinisierung ist normalerweise nicht problematisch, kann jedoch das Verhalten der Hündin beeinflussen, insbesondere wenn sie ohne ersichtlichen Grund aggressiver ist. Allerdings zeigen nicht alle weiblichen Welpen, die einer Maskulinisierung im Mutterleib ausgesetzt waren, zwangsläufig auffälliges Verhalten.

Stresshormone in der pränatalen Phase

- Stresshormone der Mutter während der Trächtigkeit haben nachweisbare Auswirkungen auf die Entwicklung der Welpen.
- Cortisol, ein fettlösliches Stresshormon, wird von der Mutterhündin ausgeschüttet und gelangt durch den Mutterkuchen und die Nabelschnur in die Welpen.
- Cortisol beeinflusst das Wachstum des Stresszentrums im Gehirn der Welpen und kann dazu führen, dass der Hund später empfindlicher auf Stress reagiert.

Gemeinsames Raufen und Ausprobieren fördert die Balance des Hormoncocktails.

- Ein Überschuss an Stresshormonen kann die Gesundheit der Welpen bereits jetzt beeinträchtigen, indem das Immunsystem unterdrückt wird und die Folge davon unter anderem ein geringeres Geburtsgewicht ist.
- Cortisol kann die Entwicklung von Bindungsstellen für das Bindungshormon Oxytocin mindern, was die Bindungs- und Entspannungsfähigkeit der Welpen beeinträchtigen kann.
- Dies zu wissen unterstreicht, wie wichtig es ist, dass sich die trächtige Hündin in einem stressfreien Umfeld bewegt. Die Föten sollten sich in aller Ruhe im Mutterleib entwickeln können.

Bereits Welpen sollten die Balance zwischen leichtem Stress und Entspannung lernen.

Testosteron und das Beinchenheben

- Während der pränatalen Phase spielen Hormone eine entscheidende Rolle für die Entwicklung von Geschlechtsmerkmalen und Verhaltensweisen.
- Männliche Welpen produzieren in der Gebärmutter der Hündin Testosteron, ein männliches Sexualhormon, das die Entwicklung männlicher Geschlechtsorgane und Verhaltensweisen beeinflusst.
- Eine interessante Verhaltensweise, die im Zusammenhang mit Testosteron steht, ist das spätere »Beinchenheben« bei männlichen Hunden, um zu markieren.
- Die Anlage für dieses Verhalten wird bereits in der pränatalen Phase festgelegt, insbesondere im letzten Trimenon der Trächtigkeit.
- Es könnte als eine Art »Pakt« betrachtet werden, bei dem die Hormonproduktion und das Vorhandensein eines geeigneten Markierungsziels koordiniert werden, um das Beinchenheben später im Leben des Hundes zu aktivieren.
- Dieses Verhalten ist nicht zufällig, sondern das Ergebnis der pränatalen Hormonexposition und der Umweltreize.
- Die Forschung legt nahe, dass die pränatale Phase weit mehr als nur eine Vorbereitung auf das Leben ist und bereits die Weichen für Verhaltensweisen und Merkmale eines Hundes stellt.

Die neonatale Phase

Diese Phase beginnt unmittelbar nach der Geburt und umfasst etwa die ersten 14 Tage.

- Die Welpen sind blind und taub, können aber Licht und Dunkelheit durch ihre geschlossenen Augen wahrnehmen.

- Die Welpen sind fokussiert auf Schlafen, Fressen und die Erfüllung ihrer Grundbedürfnisse.
- Ihre Mutter bietet ihnen Nahrung, Schutz und Wärme.
- Welpen besitzen einen »Hilfeschrei«, um auf Kälte oder zu großer Distanz zur Gruppe hinzuweisen. Auf diesen reagiert die Mutter, bis die Welpen eigenständig laufen können, um sich selbst Schutz zu suchen.
- Motorik und Sinne der Kleinen entwickeln sich allmählich.
- Welpen orientieren sich durch Kopfwackeln und an Pheromonen, die ihnen etwa den Weg zur »Milchbar« zeigen.
- Die Mutter hilft beim Kot- und Urinabsatz, indem sie den Welpen über den Bauch leckt.
- In dieser Phase werden erste Geborgenheitsreize gebildet.
- Schreckhaftigkeit und Schmerzempfinden entwickeln sich.

Eine entspannte Mutterhündin ist eine wunderbare Bereicherung für die Welpen.

Die transitionale Phase

Nach Ablauf der ersten 14 Lebenstage geht die neonatale in die transitionale Phase über. Sie dauert etwa eine Woche und endet bei Tag 21.

- Die Entwicklung der körperlichen Fähigkeiten der Welpen schreitet voran.
- Ihre Motorik verfeinert sich.
- Die Augen und Ohren öffnen sich und entwickeln sich nun endgültig.
- Die Welpen können die Wurfkiste verlassen, sie urinieren und koten lokal.
- Die Interaktion mit Geschwistern und Mutter ändert sich.
- Es besteht schon die Möglichkeit, positive Außenreize kennenzulernen und erste Kontakte außerhalb der Wurfkiste zu knüpfen.
- Unterstützung durch Handling-Übungen zur Körperpflege und die behutsame Gewöhnung an Berührung sind sehr sinnvoll und durch den Züchter in kleinen Einheiten durchzuführen.

Die sozial sensible Phase

Nach Abschluss der transitionalen Phase geht der Hund nun in die sozial sensible Phase über. Sie findet von der dritten bis maximal zur 20. Lebenswoche statt. Bis zum heutigen Tag kann ihre genaue Dauer jedoch nicht fest definiert werden, daher liest man bei verschiedenen Autoren unterschiedliche Zeitangaben. Die sozial sensible Phase verläuft zeitlich individuell. Die Hochphase erlebt der Hund etwa in der siebten Lebenswoche.

Welches Verhalten zeigt der Hund?

Mit der achten Lebenswoche ziehen die meisten Welpen zu ihren künftigen Besitzern in ihr neues Zuhause. Von diesem Zeitpunkt an haben Sie nun viel Einfluss auf Ihren kleinen Youngster und können ihn lenken und führen. Daher betrachten wir im Folgenden die sozial sensible Phase und die erste Pubertät etwas genauer, sodass Sie gewappnet sind für das, was kommen mag.

Während der sozialen Phase hat der Welpe bereits gelernt, mit den vier Fs zu kommunizieren (→ Seite 49 f.) und auf Stress zu reagieren. Sie können bereits den ersten Umgang mit Stress an seinem Verhalten erkennen.

- Das Erkundungsverhalten steigt, und der Welpe nimmt Kontakt mit der belebten und unbelebten Umwelt auf (Sozialisation und Habituation).
- An Ihrem Welpen sollten Sie Neugier- und Erkundungsverhalten beobachten.
- Sie können im Ausdrucksverhalten alle Kommunikationsfacetten erkennen, noch nicht in Perfektion, aber: Übung macht bekanntlich den Meister. Die sozial sensible Phase ist eine wunderbare Trainingswiese für den Welpen, sich und seine Stärken sowie Schwächen kennenzulernen.
- Kommt es in dieser Zeit zu einem Erfahrungsentzug, kann der Welpe also nicht die Erfahrungen sammeln, die so wichtig für ihn sind, so kann er diese eventuell zeitlebens nicht mehr, oder zumindest nicht in vollem Umfang, nachholen.
- Zwischen der dritten und der fünften Lebenswoche entwickeln die Welpen große Neugier und fangen nun an, ihre Umwelt sehr rege zu erforschen. Dabei werden sie vorrangig vom Parasympathikus (dem »Ruhenerv«, der für Entspannung sorgt) dominiert und quasi auf emotional positiv »gepolt«. Die Hundekinder suchen in einer neuen Umgebung nach bekannten Reizen. Finden sie diese, führt dies zur Entspannung ihres Stresssystems.
- Deshalb ist es ratsam, einem Welpen neue Reize immer in einer ihm bekannten Umgebung zu präsentieren, um sie nicht zu einem negativen Faktor werden zu lassen.

> **Gut zu wissen**
>
> #### Sensible Phasen stammesgeschichtlich betrachtet
>
> **Die Natur hat eine** clevere Regel festgelegt: Die Lernchancen sind nicht über das ganze Tierleben hinweg gleich stark. Bevor ein Welpe eigene Pfade beschreitet, lernt er zuerst die Spielregeln in seiner geschützten Gemeinschaft, alles Wichtige für das spätere Leben. Dazu gehören u. a., Konflikte geschickt zu meistern und Streitigkeiten ohne Verletzungen zu überstehen. Bis zur achten Lebenswoche sind alle Anzeichen des körperlichen Ausdrucksverhaltens zu erkennen, darunter Haaresträuben, Knurren, Runzeln des Nasenrückens, Mimik, Unterwerfungsgesten usw. Danach werden sie weiterhin fleißig eingesetzt und zur Vollendung trainiert.

- Danach (fünfte bis achte Lebenswoche) unterstützt der Sympathikus langsam und löst diesen natürlichen Entspannungszustand ab. Die Reaktionsfähigkeit wird gesteigert, und unbekannte Dinge, bei denen der Welpe bisher noch keine positive emotionale Reaktion entwickeln konnte, können auch negative Emotionen auslösen. Der Welpe kann etwa Angst empfinden und darauf reagieren.
- Nun benötigt der Welpe viele Gelegenheiten, um neue Dinge kennenzulernen, in seinem Tempo zu erforschen und sich damit vertraut zu machen.

Was Sie von Ihrem Hund erwarten können

Das Lernen ist in dieser Phase für den Hund ohne Verstärkung möglich. Er müsste nicht zwingend belohnt werden für das, was er lernt, sondern das Lernen ist Selbstzweck; es macht Spaß, es strengt ihn nicht an. Seine innere Motivation treibt ihn an. Je mehr positiv gefärbte Lebenssituationen der Hund erlebt, umso unproblematischer wird später das Zusammenleben mit ihm sein.

Er sollte lernen, wie es sich anfühlt, der Stärkere, der Schwächere oder derjenige zu sein, der im Mittelfeld mit dem Strom schwimmt. Das Erlernen von Bindungsfähigkeit, das Geselligkeitsbedürfnis, die Fähigkeit, sich einer Gruppe anzugliedern, und das spätere Aggressionsverhalten sind entscheidende Faktoren.

Was Sie von Ihrem Hund nicht erwarten können

Bedenken Sie trotz aller Pfiffigkeit und des Neugierverhaltens, dass Sie einen sehr jungen Hund vor sich haben. Er benötigt viele Ruhephasen,

Fördern Sie Neugierverhalten und lassen Sie Ihren Welpen vieles ausprobieren.

Schläft Ihr Hund, so lassen Sie ihn schlafen. Wecken stört bei der Verarbeitung der neuen Reize.

um Erlerntes und Erlebtes verarbeiten zu können. Die Gefahr einer möglichen Überforderung liegt hoch. Erwarten Sie bitte nicht, dass er Ihrem Tempo standhalten kann. Weniger ist meistens mehr.

Ein Update für das Gehirn

In dieser Phase wird das Muster angelegt, nach dem der Hund später lebt. Umgekehrt hat eine mangelnde Sozialisierung eine gehemmte Entwicklung zur Folge, und das Hirn kann nicht optimal reifen. Das Gehirn baut also alle Lernerfahrungen so nach, wie der Welpe sie lernen konnte. Viele Erfahrungen = starkes Netzwerk, wenig Erfahrungen = schwaches Netzwerk. Das Gehirn ist bereit für komplexes Lernen.

Lernt der Hund früh viele Gegenstände kennen, geht er zukünftig entspannt damit um.

Was Sie tun können, um den Hund zu unterstützen

Sie bekommen Ihren Hund frühestens in der achten Lebenswoche. Bis dahin sind bereits vier Wochen dieser wichtigen Phase abgelaufen. Vermitteln Sie dem kleinen Hundekind Halt. Besuchen Sie den Welpen, bevor er zu Ihnen kommt, regelmäßig und geben Sie ihm Zeit im Umgang mit Ihnen.

Statten Sie den Welpen mit weiteren Geborgenheitsreizen wie Ihren Gerüchen aus, sodass er Sie schon vor der Übernahme geruchlich verankern kann. Dies kann durch ein Schnuffeltuch mit Ihren Gerüchen geschehen. So kann er Ihren Geruch gleich wiedererkennen, wenn er bei Ihnen in sein neues Zuhause einzieht. Werden auf diese Art Geborgenheitsreize mitgenommen, fällt der Übergang nicht so schwer, wenn einige andere bekannte Reize beim Züchter zurückbleiben.

Übernehmen Sie einen Welpen oder älteren Hund, liegt sein Glück in Ihrer Verantwortung – schultern Sie diese mit Freude! Auch wenn viele Hundehalter sagen, dass ihr Vierbeiner sie ausgesucht hat, ist es dennoch so, dass der Halter den Alltag für den Hund gestalten muss und die Verantwortung für den Hund beim Halter bleibt. Allein schon aus Gründen der Fairness: Bedenken Sie, dass der Hund die digitale Kommunikation (→ Seite 198 f.) nicht beherrscht, für ihn sämtliche technischen Geräte und sonstigen menschlichen Erfindungen wie Möbel, Dekogegenstände, Kabel usw. alles andere als logisch sind und auch unsere Handlungen nur bedingt Sinn für ihn ergeben ...

Ganz ehrlich: Wollen Sie ihm wirklich die Verantwortung geben? Nein! Er würde damit nicht nur nicht umgehen können, sondern im schlimmsten Fall und je nach Persönlichkeit

Gut zu wissen

Einfach nur erziehen?

Nein, Sie wollen Ihren Hund nicht einfach nur erziehen! Sie wollen mehr! Erziehung ist in vielen Köpfen so verankert, dass es einen Lehrenden gibt, der dem Vierbeiner durch Training erklärt, welche Handlungen von ihm gezeigt werden sollen. Technisch ist Training etwas, das sicherlich helfen kann, aber das ist nicht das, wie Sie den Alltag gestalten wollen. Der erzogene Hund ist nicht der, der die meisten Kunststücke zeigt, zumal diese nur in bestimmten Kontexten Sinn machen würden. Und seien wir ehrlich: Bestimmte Kontexte sind meistens nie echter Alltag!

Nein, Sie wünschen sich etwas anderes. Sie möchten Ihren Hund verstehen. Sie haben ihn als vollwertiges Familienmitglied zu sich geholt. Er stellt eine Bereicherung in Ihrem Alltag dar, und Sie wünschen sich, dass er gern bei Ihnen ist und Sie sein sicherer Hafen sind. Das setzt Verständnis voraus.

Somit ist es nicht verwunderlich, warum wir Ihnen nun keine Liste mit den unterschiedlichsten Trainingssignalen, wie »Sitz«, »Platz« und Co. an die Hand geben, sondern lediglich das Rüstzeug dafür, dass Sie Verständnis für Ihren Hund entwickeln, seine Bedürfnisse und Beweggründe verstehen und daraufhin individuell entscheiden können, was Ihr vierbeiniger Liebling benötigt.

Achtung: Natürlich heißt das nicht, dass Sie ihm gar keine Signale beibringen sollen, aber es gibt vor dem Training die Stufe, dass Sie ganzheitlich auf den Hund schauen, bevor Sie beginnen, ihn zu trainieren.

würden Sie ihn maßlos überfordern. Viele Probleme im Umgang mit einem Vierbeiner existieren genau aus dem Grund, weil der Hund überfordert ist. Also tun Sie das nicht und übernehmen Sie stattdessen die Verantwortung für ihn in Ihrem gemeinsamen Alltag. Er kann die Spielregeln nur durch Sie erlernen, sonst stellt er eigene auf, in einem Spiel, das er nicht kennt …

Zieht ein Hund bei Ihnen ein, so lassen Sie ihn die ersten Tage erst einmal ankommen. Lassen Sie ihn die Wohnung inspizieren, Gerüche wahrnehmen, Ihre Verhaltensweisen beobachten und bauen Sie die ersten Routinen auf.

- Üben Sie leichte Signale, die Ihnen beiden gleichermaßen Spaß bereiten. Bleiben Sie dabei aber bitte entspannt – es macht definitiv nichts, wenn der Hund kleine Fehler macht oder es nicht perfekt klappt. Das Ergebnis ist im Moment zweitrangig.
- Der Spaß steht im Vordergrund, und durch diesen werden die vertrauensbildenden Hormone ausgeschüttet. Bauen Sie lieber

Grundvertrauen auf, bevor Sie das »Sitz« perfektionieren.

- Nutzen Sie das Markerwort (→ Seite 82), um Ihrem vierbeinigen Liebling mitzuteilen, dass Orientierung an Ihnen und Ihren Abläufen sinnvoll ist. Kleine Hinweise durch den Marker fördern die Aufmerksamkeit des Welpen und geben ihm Empfehlungen auf das, was gewünscht ist.
- Besuchen Sie ein gute Hundeschule, in der Ihr Hundekind in kleinen Gruppen Sozialkontakte finden und erleben kann, die es für das Leben stark machen.
- Geben Sie ihm die Möglichkeit, dass es seine Kommunikation und sein Ausdrucksverhalten optimieren und trainieren darf. Schaffen Sie ihm einen guten Raum dafür, sodass es zukünftig ein perfektes »Hündisch« mit Mensch und Artgenossen sprechen kann. Sozialspiele mit Wurfgeschwistern, mit älteren Hunden und mit verschiedenen Menschen sind wichtig.
- Weiterhin sollte Ihr kleiner Schatz seinen Aktionsradius erweitern und möglichst viele positive Umweltreize aufnehmen können. Aber Achtung: Der Schwerpunkt liegt hier eindeutig auf der Qualität und nicht auf der Quantität. Finden Sie also unbedingt die nötige Balance, da ein Zuviel des Guten das System zum Kippen bringen kann.
- Der Kontakt und die Beziehung zu ganz unterschiedlichen Menschen sollte stets emotional positiv gefärbt sein.
- Bringen Sie Ihrem kleinen Krokodil unbedingt die Beißhemmung bei (→ Seite 222 f.).
- Unterstützen Sie das Bedürfnis Ihres vierbeinigen Freundes nach Stubenreinheit, denn Hunde sind sehr reinlich und selbst auch froh, wenn sie stubenrein sind.

Die Pubertät

Himmel! Haben Sie sich jemals gefragt, warum Hunde oder gerade Ihr vierbeiniger Liebling in die Pubertät kommen? Von vielen Hundehaltern hören wir immer wieder die mehr oder weniger verzweifelte Frage: »Muss das sein???«

Die Antwort ist einfach und ernüchternd zugleich: »Ja, es muss!« Die Pubertät ist eine natürliche Phase im Hundeleben, die ihren Zweck hat. Schauen wir daher einmal genauer hin.

Wozu ist die Pubertät des Hundes überhaupt da?

Was hat sich die Natur bloß dabei gedacht, als sie die Pubertät erfunden hat? Hatte sie eine Wette verloren? Keine Sorge, mit diesen Fragen sind Sie nicht allein. Wenn Sie sich allerdings etwas näher mit der Antwort beschäftigen, so merken Sie, wie wichtig diese Lebensphase für Ihren Hund ist.

Einfach formuliert geht es auch beim Hund um das Erwachsenwerden – ein Abnabeln von der Familie und dem gefühlsbetonten welpenhaften Verhalten, das der Vierbeiner in den ersten Lebenswochen zeigt. Der Hund soll dafür gerüstet werden, dass er zukünftig im besten Fall eine eigene Familie leiten kann. Dazu gehört mehr als Handeln aus der Emotion heraus – der Hund benötigt alle erforderlichen Fähigkeiten, um sich und eine Familie sicher in die nächste Generation zu führen. Dazu sind weitere Gehirnbereiche nötig, die aufgebaut und »gefüttert« werden müssen. Während der Pubertät finden im Körper viele Veränderungen statt, die den Hund auf das Erwachsenendasein vorbereiten. Die Hormone spielen verrückt, bzw. sie geben alles und sorgen für körperliche und emotionale Veränderungen – ein natürlicher Prozess, der seine Entwicklung vorantreibt.

Welches Verhalten zeigt der Hund?

Während der Pubertät kann sich das Verhalten des Hundes durchaus verändern. Plötzlich auftretende gefühlte »Dickköpfigkeit und Rebellion« könnten Sie vielleicht überraschen, aber es ist Teil des Spiels. Ihr flauschiger Begleiter testet seine Grenzen aus, während er nach seiner eigenen Identität sucht. Also, keine Panik, wenn er plötzlich nicht mehr aufs erste, zweite, dritte, vierte… Wort gehorcht. Ein wenig Geduld und Verständnis werden Ihre besten Verbündeten sein. Die beiden spielen in Ihrem Team.

Was Sie von Ihrem pubertierenden Hund erwarten können

Sie können ein sehr sprunghaftes Verhalten und von Stimmungsschwankungen geprägtes Gemüt erwarten: Signale werden weniger oder nur widerwillig umgesetzt. Doch bitte bedenken Sie stets: Dies macht Ihr Liebling nicht, um Sie zu ärgern, sondern er will nur wissen, wo er und Sie stehen. Er bekommt über das Nichtumsetzen ein Feedback von Ihnen, lernt, wie konsequent Sie sind, wenn er eine Übung nicht absolviert, und wie Sie damit umgehen, wenn er etwas anderes macht … Er reibt sich an Ihnen, um Ihre Verlässlichkeit und seine Rolle zu lernen – eigentlich eine wunderbare Möglichkeit!

Was in der Pubertät auch häufig vorkommt: Bereits erlernte Dinge werden einfach »vergessen«. Wir haben das Wort bewusst in Anführungszeichen gesetzt, denn Sie haben im Kapitel »Lernen« ja bereits gelesen, dass das Löschen von Verhalten gar nicht so einfach ist (→ Seite 88). Es bleiben immer Verknüpfungen hängen und somit ein paar »Schläfer« übrig. Einer spontanen »Erholung« würde also nichts im Wege stehen. Allerdings gibt es in der Pubertät eine kleine Ausnahme.

Fördern Sie den positiven Kontakt zwischen Ihrem Youngster und erwachsenen Hunden, …

… so kann sich Ihr vierbeiniger Liebling auf viele verschiedene Persönlichkeiten einstellen.

»Frühjahrsputz« im Oberstübchen

Das Gehirn braucht Platz für erstens schnellere Verbindungen und zweitens die Gehirnbereiche, die den Hund erwachsen handeln lassen. Es ist ähnlich wie bei uns Menschen, wenn wir neue Möbel kaufen – es muss im Vorfeld erst entrümpelt werden. Und getreu dem Motto »Ist das wichtig oder kann das weg?« sortiert das Gehirn mit Höchstleistung aus, was es nicht benötigt. Dazu gehören beispielsweise auch all die Verhaltensweisen, die nicht, nur wenig oder höchstens schleppend geübt worden sind.

Betrachten wir uns ein anschauliches Beispiel: Zwei Hundehalter üben das »Sitz« mit ihrem Hund: der eine einmal pro Tag im Wohnzimmer und der andere 10- bis 20-mal pro Tag in verschiedenen Kontexten und unter unterschiedlich ablenkenden Reizen. Welcher Hund hat wohl in Bezug auf das »Sitz« das bessere und stabilere Netzwerk im Gehirn ausgebildet?

Na klar, der Hund, der zahlreichen Wiederholungen und Reizen ausgesetzt ist. Somit wird das Gehirn den Teufel tun, dieses Werk aufzulösen. Es bleibt Teil des Ganzen, weil das Gehirn es als wichtig und nützlich abgespeichert hat.

Bei dem Hund, mit dem viel weniger geübt wurde und dem keine weiteren Reize zum Stabilisieren geboten wurden, sieht das anders aus. In diesem Fall könnte die Entscheidung bei »Kann weg…« liegen. Lösen sich aber die Nervenverbindungen wieder auf, sind wir an dem Punkt angekommen, an dem wir wirklich sagen müssen: Der Hund KANN NICHT.

Viele Vierbeiner benötigen ein wenig Unterstützung und Nachhilfeunterricht, um das Netzwerk wieder aufzubauen. Es hat nichts damit zu tun, dass der Hund nicht will – er kann schlicht nicht. Bevor Sie also das Gefühl haben, dass er Sie nur ärgern will, prüfen Sie bitte, wie oft Sie die Signale, die Sie abrufen, wirklich mit ihm trainiert haben. Zwischen »er kann nicht« und »er will nicht« liegen Welten …

Angst als Schutzmechanismus

Nicht minder auffällig in der Pubertät ist eine heftige Reaktion auf Reize, die zuvor kaum oder gar nicht beachtet wurden. Hunde zeigen in dieser Phase vermehrt Furcht vor Gegenständen oder Lebewesen, die in den Wochen und Monaten davor scheinbar als »okay« abgespeichert worden waren. Aber wieso?

Ganz einfach: Die Furcht tritt als Schutzmechanismus auf. Vielleicht erinnern Sie sich: In der Pubertät hielt man sich das eine oder andere Mal für stärker, besser und lebenserfahrener als die »Alten«, also all die, die über 25 Jahre alt waren. Dieser Übermut hängt mit dem limbischen System zusammen. Dort werden hauptsächlich Gefühle und Emotionen gespeichert. Es gibt aber niemanden, der diese Gefühle bremst, und wenn der Hund gerade meint, er sei Super-Dog, so läuft er Gefahr, dass er sich nicht stoppen kann – wie gesagt, der »vernünftige« Teil im Neokortex ist ja noch im Baustellenmodus … Was also tun? Was stoppt Übermut und Lebensfreude? Richtig, Angst.

Das Gefühl der Angst, das im limbischen System ansässig ist, hemmt den Youngster, über die Stränge zu schlagen. Und so nimmt er sich zurück. Sie erkennen das daran, dass er beispielsweise plötzlich Furcht vor Mülltonnen bekommt, die schon ewig und drei Tage dort platziert waren und ihm bislang nicht das Geringste ausmachten. Erlernen Sie das Abenteuer Mülltonne neu mit Ihrem Hund und nähern Sie sich dem Thema als auch der Mülltonne langsam und schrittweise im Tempo des Hundes. Lassen Sie ihn die Themen neu erkunden und seien

Üben Sie fleißig, um dem Löschungsverfahren in der Pubertät ein wenig Paroli bieten zu können.

Sie der Fels in der Brandung, der ihm nicht nur Raum zum Erkunden, sondern auch ausreichend Zeit dafür gibt.

Geheimrezept Geduld

Die Geduld der Hundehalter kann in dieser Zeit wirklich auf die Probe gestellt werden. Es kann vorkommen, dass der Vierbeiner plötzlich mit dem Alleinsein hadert, an der Leine nicht mehr so vorbildlich läuft wie gewohnt oder immer wieder seine rebellische Seite nach außen kehrt. Unser Tipp: Halten Sie durch!

Hunde in der Pubertät reagieren häufiger empfindlich, etwa bei Berührung, auf Wechsel von Entspannung zu Anspannung und umgekehrt. Auch sind sie schneller aufgeregt und offen für Reize, denen sie so erst mal nicht widerstehen können.

Ihr vierbeiniges Familienmitglied zeigt ein stärkeres Explorationsverhalten. Er vergrößert auf dem Spaziergang im Freilauf den Radius zu Ihnen, schaut sich gegebenenfalls weniger um und erkundet neugierig, was die Welt zu bieten hat. Ressourcen werden plötzlich wichtiger für den Hund. Vielleicht wurde im Welpenalter noch alles brav geteilt, aber jetzt kann es sein, dass Ihr Pubertier doch noch einmal mehr darüber nachdenkt, welche Ressourcen geteilt werden und mit wem.

Und er übt sich im Markierverhalten. Sie werden merken, dass er häufiger einige Tropfen Urin verteilt, um sich mitzuteilen. Ihre Spaziergänge werden zu einem Stop-and-go. Sogar Hündinnen zeigen manchmal Markierverhalten. Ihr Hund nimmt sich jetzt mehr Zeit, um die geruchlichen Schätze zu erkunden, bevor er seine persönliche Note hinterlässt. Bisweilen dreht er sogar eine Extrarunde, um einen verlockenden Duft nicht zu verpassen – das Näschen hat schließlich seine eigenen Pläne.

Und da ist noch eine weitere spannende Facette: Ein neuer Trend hat seinen Weg in sein Verhaltensrepertoire gefunden – das Aufschlecken von Urin. Hunde haben eben ihre ganz eigene Art der Kommunikation! Sie »kosten« die Gerüche förmlich aus, um tiefer in die Geschichten ihrer Artgenossen einzutauchen. Dieses außergewöhnliche Verhalten wird über das Jacobson-Organ am Gaumen abgewickelt. Es ist wie ein geheimer Nachrichtenaustausch, bei dem Gesundheitszustand, Hormonstatus und sogar der Zyklusstand der Fellfreunde auf dem Duftzettel stehen.

Auch das Spielverhalten bekommt eine andere Qualität. Der Jungspund spielt ein wenig gröber und findet eine kleine Gruppe von Gleichgesinnten, vergleichbar mit der für uns Menschen typischen »Cliquenbildung«. Sowohl das Jagd- als auch Sexualverhalten entwickeln sich, und es gilt, das Leben außerhalb der eigenen vier Wände zu erkunden.

Was Sie von Ihrem pubertierenden Hund nicht erwarten können

Impulskontrolle – da fehlt die Vollendung des Neokortex. Erwarten Sie also nicht, dass sich Ihr Hund eigenständig zurücknehmen kann, und erst recht nicht, dass er das selbst für eine gute Idee hält, wenn ein spannender Reiz auftaucht. Das kommt erst später, wenn Sie es geübt haben, mit dem Erlangen der sozialen Reife.

Konzentration – wenn Sie mit Ihrem Hund trainieren, kann es gut sein, dass er seine Aufmerksamkeit anderen Dingen oder Lebewesen zuwendet. Dies kann zwar immer passieren, doch in dieser Phase besonders intensiv.

Youngsters lieben das Erkunden. Bieten Sie Ihrem Liebling dabei einen sicheren Rahmen.

Bereits Gelerntes abrufen – mit fünf Monaten konnte er sich schon perfekt auf Ihr Signal hin setzen, hinlegen oder an der lockeren Leine laufen. Doch nun ist alles weg! Kein Problem, das kommt wieder. Wiederholen Sie die Übungen immer wieder am besten in kleinen Einheiten. Dabei lassen Sie sich nicht frustrieren, sondern bleiben stets gelassen.

Verantwortung übernehmen – auch wenn Ihr vierbeiniger Liebling nun schon reifer ist und die täglichen Abläufe kennt: Die Verantwortung bleibt nach wie vor voll und ganz bei Ihnen.

Was Sie tun können, um den Hund in der Pubertät zu unterstützen

Nun, da Sie wissen, was hinter der Pubertät steckt und wie sich Ihr Hund verhalten kann, ist es an der Zeit, darüber nachzudenken, wie Sie ihn am besten bestärken können. Während dieser turbulenten Zeit sollten Sie sein sicherer Hafen sein und ihm viel Unterstützung bieten. Klare Regeln, in Form von liebevoller Konsequenz vermittelt, helfen ihm am besten, sich sicher und geborgen zu fühlen. Kontinuierliches (Alltags-)Training, positive Bestärkung und Geduld sind der Schlüssel. Denken Sie daran, dass diese Phase ein Ende haben und Ihr Hund gestärkt daraus hervorgehen wird. Die gute Nachricht: Die hündische Pubertät ist deutlich schneller vorbei als die bei uns Menschen. Was können Sie also tun, um Ihrem Hund zu helfen?

- Halten Sie Ihren Hund bei der Stange und leben Sie ihm im Alltag vor, woran er sich orientieren soll. Bestätigen Sie unbedingt gewünschtes Verhalten.
- Lenken Sie ungewünschtes Verhalten um, indem Sie Ihrem Hund Alternativen aufzeigen und diese gemeinsam mit ihm erarbeiten.

- Bleiben Sie ruhig und entspannt, wenn er nicht beim ersten Mal reagiert. Sie wissen jetzt, dass er nicht kann. Unterstützen Sie ihn mit Ruhe und Durchhaltevermögen – ohne Druck.
- Bieten Sie ihm die Möglichkeit, dass er sich täglich sowohl körperlich als auch kognitiv auslasten kann.
- Trainieren Sie Übungen, die einen Belohnungsaufschub (der Hund muss ein wenig warten, bis es etwas Tolles gibt) beinhalten und die Frustrationstoleranz erhöhen.
- Geduld ist Ihr Schlüssel, kombiniert mit liebevoller Konsequenz. Erinnern Sie sich daran, dass Ihr Hund keine Absicht hat, Sie zu ärgern. Er ist einfach nur dabei, sich selbst zu entdecken und kennenzulernen.

Sorgen Sie dafür, dass sich Ihr Hund auch später genauso entspannen kann wie in seiner Jugend.

Pubertät oder Adoleszenz?

Sobald Ihr treuer Vierbeiner die Geschlechtsreife erreicht hat, schließt sich nahtlos das nächste Kapitel an: die faszinierende Phase der Adoleszenz. Hierbei gibt es verschiedene Bezeichnungen wie Pubertät, Flegeljahre oder Reifezeit – jedes Wort lässt ein eigenes Bild im Kopf entstehen. Doch warum ist es so wichtig, den Unterschied zwischen Pubertät und Adoleszenz zu verstehen

Stellen Sie sich vor, die Pubertät sei wie das Farbenspiel des Sonnenuntergangs, ein erster Vorgeschmack auf die aufregende Reise in die Erwachsenenwelt. Doch die Adoleszenz, die Zeit zwischen Geschlechtsreife und völliger Reife, ist der eigentliche Künstler, der das Bild vollendet. Es ist der Moment des Loslösens von den Eltern, eine Phase, in der der junge Hund seine eigene Persönlichkeit formt.

Die Adoleszenz erstreckt sich etwa vom fünften bis zum 24. Lebensmonat Ihres tierischen Begleiters. Der Grundstein für das zukünftige Verhalten und die Interaktion mit der Welt werden gelegt. Während dieser Phase öffnen sich Türen zu neuen Erfahrungen, die das Leben Ihres Vierbeiners maßgeblich prägen werden. Die Pubertät ist also, zeitlich betrachtet, ein Teil der Adoleszenz. Die Natur richtet somit wieder ein zeitliches Fenster zur Reifung ein.

Unterschiede zwischen kleinen und großen Hunden in der Pubertät

Hunde größerer Rassen können sich in ihrer Entwicklung etwas mehr Zeit lassen. In manchen Beschreibungen größerer Rassen wird sogar gesagt, dass sie »Spätentwickler« seien. Das bedeutet, dass diese Vierbeiner für ihre Phase des Heranwachsens mehr Zeit brauchen und erst im Alter von drei bis vier Jahren ihre geistige und emotionale Reife erreichen.

Ähnliches gilt für Hunde, die frühzeitig kastriert wurden. Man vermutet, dass diese Vierbeiner länger verspielt und »kindlich« bleiben. Dies hängt damit zusammen, dass ihre Gehirnentwicklung während des Wachstums langsamer verläuft. Bei frühkastrierten Hunden bleibt das Zeitfenster der Jugend länger geöffnet, und sie behalten gewissermaßen ihre verspielte Art über einen längeren Zeitraum bei.

Sind wir schon drin …? Die Übergänge von der Welpenzeit in die Pubertät und die anschließende Adoleszenz sind schleichende Prozesse. Man kann nicht genau sagen, wann sich das eine Fenster der Jugendentwicklung schließt und sich das andere öffnet. Sie werden Veränderungen an Ihrem flauschigen Liebling spüren. Der Übergang ist fließend – oft aber durchaus gewaltig. Ab dem ungefähr fünften Lebensmonat können Sie sich auf den Beginn der Pubertät einstellen.

Ein Update für das Gehirn

› Der Mandelkern (die Amygdala) reagiert weiterhin sehr sensibel auf eingehende Reize. Als Ergebnis ist zu beobachten, dass die Emotionen schon mal überkochen können.
› Die Großhirnrinde, das »Hauptquartier« der bewussten Gedanken und cleveren Pläne, macht Platz für Neues, indem sie Synapsen – die Kommunikationsbrücken zwischen Zellen – abräumt. Sie nimmt sich Raum für neue Informationen und Verknüpfungen, die später sinnvoll für den Hund sind. Das bedeutet, dass viele Synapsen abgebaut werden. Menschen beispielsweise verlieren in der Pubertät rund 30 000 Synapsen pro Sekunde!
› Der präfrontale Kortex der Großhirnrinde, feilt an seiner Persönlichkeit. Er ist verantwortlich für bewusste Entscheidungen und bekommt Informationen von der emotionalen Amygdala geliefert. Doch gilt: Gute Dinge brauchen Zeit – dieser Bereich wächst erst später weiter aus und bleibt während der Entwicklungsphase klein. Bei Menschen geht man davon aus, dass der Kortex zwischen dem 25. und dem 35. Lebensjahr fertig ausgereift ist. Beim Hund vermutet man die Ausreifung zwischen dem 18. und dem 25. Lebensmonat.
› Während dieser aufregenden Bauphase entwickeln sich die Myelinscheiden, die den Informationsfluss zwischen den Nervenzellen beschleunigen. Dies ist als echtes Upgrade für die Kommunikation im Hundegehirn zu werten.
› Adoleszenz bedeutet Stress für Hormone! Der Stresshormonspiegel tanzt in dieser Phase Tango und erreicht seinen Höhepunkt. Daher kann es passieren, dass etwas, das gestern kein Problem war – wie beispielsweise Berührungen am Fell – plötzlich Angstgefühle auslöst. Die Hautoberfläche ist in dieser Zeit wie ein Sensoren-Spielplatz und reagiert sehr empfindlich auf Reize.
› Dopamin hingegen sorgt für eine gehörige Portion Neugier. Die Rezeptorendichte und -empfindlichkeit für Dopamin verändert sich, was bedeutet, dass das Belohnungssystem auf dem Vormasch ist und bleibt.
› Selbstbelohnendes Verhalten bekommt einen VIP-Status. Ihre Herausforderung dabei ist, sich in Geduld zu üben und sich zu vergegenwärtigen: Wird es spannend, fällt es Ihrem Vierbeiner nun umso schwerer, sich von ganz tollen Dingen loszureißen.

Sie werden in der Pubertät und Adoleszenz Ihres Hundes auf mehr Aggressionsverhalten stoßen.

Achtung, Lernfortschritte!

Bedenken Sie, dass die großen Lernfortschritte in der Welpenzeit unser Hundehalterherz verwöhnen. Reagiert der Vierbeiner plötzlich nicht mehr so »wie früher«, stellen sich häufig Enttäuschung oder ein Vertrauensverlust ihm gegenüber ein. Neben der eigenen Frustration verändert man auch den Tonfall, wenn man mit dem Hund spricht – und kommt auf einmal dem Einsatz positiver Strafen näher, um seinen Liebling von etwas abzuhalten bzw. seinen Unmut zu äußern. Strafen führen aber nur dazu, dass Sie sich und Ihr Hund (gefühlt) noch weiter voneinander entfernen, das Vertrauen wirklich infrage gestellt wird und dem Hund oft nicht klar ist, was er stattdessen tun soll. Bleiben Sie lieber Ihrer positiven Linie treu: winken und lächeln.

Zweimal Pubertät?

Während des Erwachsenwerdens durchläuft der Vierbeiner eine weitere spannende Phase. Diese findet oft im Alter zwischen eineinhalb und zweieinhalb Jahren statt, noch vor dem Erreichen der sozialen Reife. Hundehalter beschreiben diesen Zeitraum als anstrengend. Es scheint, als würde der Hund ein weiteres Mal pubertieren. Das ist zwar kein anerkannter Fachbegriff, aber trifft den Nagel auf den Kopf, und jeder Hundehalter weiß, was gemeint ist. Während der Vierbeiner in der ersten Pubertät seine Probleme »intern« mit seinem Hundehalter »bespricht«, also nicht auf ihn hört, so kommt es in der zweiten Pubertät dazu, dass er auch mit seiner Umwelt in den Ring steigt. Leinenreaktivität, Leinenaggression, das Auftreten von stärkerem Aggressionsverhalten, Einsatz von Körper und Kraft kommen in dieser Zeit vermehrt vor. Die Probleme scheinen sich nach außen zu verlagern.

Dies ist ein häufiges Zeitfenster, in denen Hundehalter mit ihren Vierbeinern eine Hundeschule aufsuchen, um die Themen anzugehen. Dies bedeutet nicht, dass Sie als Hundehalter etwas falsch gemacht haben müssen. Es handelt sich um einen Reifeprozess, wie er im Buch der Natur steht. Das Verständnis für die Situation, dass Ihr Hund erkennen können muss, wie seine Chancen einem möglichen Konkurrenten gegenüber stehen, ist sehr hilfreich, da Sie mit diesem Wissen Ihren Umgang an den Vierbeiner anpassen können. Klarheit, liebevolle Konsequenz und die Begeisterung für Verantwortung, das Training und den Willen, ihn zu lenken, unterstützen Ihren Hund stark.

3

Das Sozialverhalten von Hunden – **Beziehung, Bindung und soziale Strukturen**

Jeder Mensch wünscht sich eine einzigartige, tiefe Bindung zu seinem Hund!

SOZIALE STRUKTUREN BEI HUNDEN

Forschende schauen sich immer wieder an, wie die Vierbeiner untereinander in der Gruppe kommunizieren. Das ist nicht immer leicht, weil viele Hunde ein Zuhause beim Menschen gefunden haben und somit nicht nur innerhalb ihrer Art leben.

Hunde, die auf der Straße leben

Um die Sozialstrukturen von Hunden zu verstehen, ist es also nötig, Hunde zu beobachten, die nicht in menschlicher Obhut leben. Das klingt für Deutschland, Österreich und die Schweiz vielleicht eher merkwürdig, da die Vierbeiner hier in den meisten Fällen mit ihren Menschen leben. Doch wenn wir ein wenig über den Tellerrand hinausblicken, sehen wir, dass rund 85 Prozent aller Hunde der Welt auf der Straße leben. Um die Sozialstrukturen näher untersuchen zu können, nutzen Forschende daher gern frei lebende Hundegruppen und studieren das intraspezifische Verhalten.

Gruppenstrukturen innerhalb der Art

Die Hundeartigen zeigen eine große Bandbreite an Verhalten, wenn man sie in Ruhe beobachtet. Sie leben allein sowie in kleineren oder größeren Gruppen zusammen. Somit sind sie flexibel in ihrer Anpassung, was die Gruppengröße betrifft. Forschende vermuten, dass die Gruppengröße in Zusammenhang mit der ökologischen Nische, also dem Angebot von Futter, Territorium und Lebensumstände allgemein, steht.

Vergleicht man das Verhalten von Hunden mit dem von Wölfen, erkennen wir bereits einen kleinen Unterschied. Wölfe leben monogam in Familien und ziehen ihren gemeinsamen Nachwuchs auf. Sie sind völlig autark und suchen sich das Territorium nach der jeweiligen Beschaffenheit (Futter, Schutz usw.) aus, sodass es zur Größe des »Familienclans« passt. Freilebende Hunde hingegen suchen eher die Nähe zum Menschen, sind aber nicht zwangsläufig im Hinblick auf diese sozialisiert, sondern halten in der Regel gebührenden Abstand.

Ihre Gruppenstrukturen sind weitgehend stabil und lassen eine Hierarchie erkennen, die zwar vom Alter, nicht jedoch von der Körpergröße der einzelnen Tiere abhängt. Hierarchie ist dabei nicht mit Macht gleichzusetzen. Die sogenannte Dominanz der jeweiligen Individuen wird durch immer wieder auftretendes unterwürfiges Verhalten der rangniedrigeren gegenüber den ranghöheren Tieren erkennbar. Dies ist ein sehr wichtiger Aspekt, denn viele gehen bei dem Begriff »Dominanz« davon aus, dass Aggressionen, Unterdrückung und Macht(-spielchen) mit von der Partie sind. Doch dem ist nicht so. Es sind eher ruhige und konsequente Verhaltensweisen, die langfristig für Stabilität innerhalb der Gruppe sorgen.

Meistens konnten die Forschenden dieses Verhalten in entspannten Situationen erkennen, etwa bei der Begrüßung, beim Kontaktliegen und vielem mehr. Aggressionen wurden nur in wenigen Ausnahmenfällen beobachtet.

Allein zu sein ist für Hunde einfach nicht gut. Sie leben gern gesellig und bilden soziale Gruppen.

Den Alpha-Hund gibt es nicht!

Sie sehen, dass sich gewisse »Positionen« innerhalb einer Hundegruppe also eher beiläufig aus dem Alltag heraus etablieren. Dabei spielt die Interaktion untereinander eine große Rolle. Sowohl rangniedrigere als auch ranghöhere Hunde müssen aktiv werden, um sich friedlich zu verständigen und in ihren Rollen wertzuschätzen. Die rangniedrigeren Tiere sind nicht automatisch die großen Verlierer. Das wird leider viel zu häufig gleichgesetzt. Sehr viele Hunde sind in ihrer Rolle – eine rangniedrige Position eingeschlossen – gut aufgehoben und emotional stabil. Sie fühlen sich wohl. Diese Tiere weisen einen niedrigeren Stresspegel (etwa einen niedrigeren Cortisolspiegel) auf, als dies bei ranghöheren Hunden der Fall ist.

Nur weil er eine stattliche Statur und schwarzes Fell hat, ist er weder dominant noch gefährlich.

Das relativiert bereits das Bild, das landläufig leider immer noch Bestand hat: nämlich, dass ein Alpha-Super-Hund die Gruppe anführt! Den gibt es nicht in dieser Form, wie er oft dargestellt wird. Vielmehr haben wir es mit sozialen Gruppen zu tun, die im ständigen kommunikativen Austausch zueinander stehen. Diejenigen, die bestimmte Aufgaben besonders geschickt und gut erfüllen, setzen sie auch zukünftig um. So werden die Aufgaben danach verteilt, wer sie gut erfüllt und damit die gesamte Gruppe fördert – zum Wohle aller.

Im Zuge von Studien wurden auch die »Macher« und die »Mitläufer«, wie wir die unterschiedlichen Positionen in der Gruppe gern umgangssprachlich bezeichnen, untersucht. Dabei zeigte sich, dass meist die älteren Hunde diejenigen waren, die Initiativen ergriffen, um die Gruppe zu motivieren, nach Nahrung zu suchen oder den Kontext zu wechseln. Die Jungspunde, die mitliefen, hatten den biologischen Vorteil, dass sie von den Älteren lernen konnten, durch Beobachtung und Nachahmung. Sie erkannten sie aber auch die Konsequenzen des Verhaltens, ohne zunächst selbst involviert zu sein – durften also aus einer sicheren Warte heraus lernen und Erfahrungen sammeln.

In einer interessanten Studie konnte übrigens mit Blick auf das Zusammenleben von Hund und Mensch gezeigt werden, dass die Vierbeiner tatsächlich daran interessiert waren, was ihre Menschen taten. Das sind doch gute Aussichten, denn so weiß man, dass unsere vierbeinigen Lieblinge eben sehr wohl ein Interesse daran haben, die Basis ihrer Mensch-Hund-WG zu verstehen und aktiv daran teilzunehmen.

Hunde spielen und entspannen sich gern zusammen mit ihren Menschen.

Der Slogan: »Der will mich nur ärgern« gehört also bitte endgültig der Geschichte an! Es liegt nicht in der Natur des Hundes, sich Abläufe verständlich zu machen und anschließend Terror zu schieben. Gehen Sie also von den besten Gedanken Ihres Hundes aus, die er innerhalb seines biologisch vorgegebenen Rahmens hegt.

Na, ist er nun dominant oder nicht?

Die Erforschung der Sozialstrukturen brachte den Begriff der Dominanz auf. Losgelöst von seiner ursprünglich wissenschaftlichen Bedeutung entwickelte er in der Hundeszene aber leider ein wildes Eigenleben. Viele Hundehalter berichten, dass sie selbst oder andere den Eindruck hätten, ihr Vierbeiner sei »dominant«. Doch eigentlich meinen sie damit oft unterschiedliche Dinge: Die einen wollen ausdrücken, dass ihr Vierbeiner nicht das tut, was sie ihm sagen. Die anderen unterstreichen damit, dass ihr Hund sich gern und oft mit Artgenossen rauft. Und wieder andere verstehen das Pöbeln und Ziehen an der Leine darunter.

Doch das allein wäre ja nicht schlimm. Das eigentliche Problem erwächst aus dem Rückschluss. Einige Hundehalter nehmen an, dass sie, da ihr Vierbeiner ja ganz offensichtlich dominant ist, dagegenhalten und ihm zeigen müssten, »wer der Herr im Hause« sei, woraufhin sie die unterschiedlichsten Disziplinierungsmaßnahmen ergreifen.

Wenn ein Hund aber von sich aus und allein gar nicht dominant sein kann, was genau ist dann mit Dominanz gemeint? Ganz einfach: Dieser Begriff beschreibt eine Beziehung zwischen zwei Individuen. Mit Dominanz ist gemeint, dass Hund A in einer Zweierbeziehung Hund B einschränken kann UND Hund B das akzeptiert bzw. nichts Wirksames dagegen unternimmt. In diesem Fall dominiert A über B. Das ist allerdings nur möglich, weil B sich das gefallen lässt. Würde B eine Gegenwehr zeigen, so würde A nicht mehr dominieren. Die vermeintliche Dominanz von Hund A ist also abhängig vom Verhalten von Hund B.

Das ist übrigens auch der Grund, weshalb ein Hund an sich nicht dominant sein kann. Dies wird er erst durch das Mitwirken seines Artgenossen. Die interessante Erkenntnis dabei ist, dass eine Dominanzbeziehung unter Hunden völlig ohne körperliche Gewalt auskommen kann. Beobachten Sie Ihren Vierbeiner in seinem sozialen Umgang mit anderen.

Von der Straße auf die Couch …

Aufgrund veralteter Forschungsergebnisse glauben viele Hundehalter auch heute noch an eine rein lineare Rangordnung bei den Vierbeinern. Diese sogenannte Hackordnung wurde in den 1920er-Jahren von einem norwegischen Studenten bei Hühnern beobachtet. Demnach dominiert A über B, B über C, C über D usw. Viele Hundehalter haben dieses lineare Rangordnungsmodell auf Hunde übertragen. Bitte löschen Sie diesen Irrglauben aus Ihrem Gedächtnis und schauen Sie sich lieber die Sozialstrukturen an, wie Hunde unter ihresgleichen und mit uns umgehen. Die Vierbeiner stellen sich auf uns ein.

Lassen Sie uns dies anhand eines anschaulichen Beispiels aus dem Alltag verdeutlichen: Sie liegen im Bett und lesen ein Buch. Ihr Hund kommt vorbei und setzt seinen Dackelblick auf. Er möchte zu Ihnen ins Bett. Na klar, wer so lieb guckt, darf ins Bett. Kein Problem, der Hund ist drin. Ihr Partner ist vielleicht anderer Meinung. Selbes Setting, nun liegt er im Bett und nicht Sie. Dackelblick kommt und prompt auch die Reaktion des Partners: Nichts da, du bleibst schön vor dem Bett! Was »sagt« Ihr Hund? Mit Sicherheit gar nicht viel. Vielleicht denkt er sich: »Schade, aber gut, so ist es eben«. Er bewertet diese Situation nicht emotional, sondern er lernt Folgendes:

- Bei Frauchen habe ich Chancen. Ich schaue ihr einfach tief in die Augen, wenn ich kuscheln will, und das klappt immer.
- Bei Herrchen kann ich mir das verkneifen. Er möchte das nicht. Schade, aber okay. Dafür tobe ich draußen auf der Wiese mit ihm herum. Da ist er unschlagbar.

Hunde wissen ganz genau, auf welchen Knopf sie bei uns Menschen drücken müssen.

Sicherlich verhalf der treue Blick auch dazu, dass wir Hunde lieben.

Ach ja, und dann ist da noch die Tochter des Hauses. Momentan pubertär und nicht immer eindeutig und konsequent. Wie reagiert der Hund bei ihr, denn mal darf er ins Bett und mal nicht? Richtig, er wird es bei der Tochter am häufigsten versuchen und ihr noch tiefer als Frauchen in die Augen zu schauen, um doch noch auf das Bett zu kommen. In diesem Fall greift eine Art Spielautomateneffekt. Es ist eine Art der variablen Verstärkung: Der Hund kommt mal zum Ziel und mal nicht. Das löst im Gehirn einen Effekt aus, der zur Wiederholung motiviert. Man spricht hier vom Spielautomateneffekt, weil Spielautomaten zur Sucht führen können. Mal gewinnt man und mal nicht. Nach einem Cola-Automaten ist keiner süchtig – denn da kommt immer das Gleiche heraus.

Enorm anpassungsfähig

Sie sehen, der Hund passt sein Verhalten also individuell auf die Reaktion der jeweiligen Person an. Der Vierbeiner weiß genau, wie viel Energie er aufwenden muss, um sein Ziel zu erreichen. Das ist ganz schön schlau! Biologisch ergibt das absolut Sinn, denn warum unnötige Energie verballern? Würde der Hund nun hierarchisch ans Werk gehen, hätte das eher damit zu tun, dass er mit Kanonen auf Spatzen schösse und seine Energieeffizienz nicht gerade vorzeigbar wäre … Ein weiterer biologischer Beleg, dass sich eine individuelle Herangehensweise durchaus für ihn lohnt.

Und das machen Hunde bei Menschen und Hunden gleichermaßen. Jede Gruppe besteht aus Mitgliedern, die zu jedem anderen Mitglied eine bestimmte Beziehung haben. So kann A über B dominieren, wenn zeitgleich B über C und C über A dominiert. Oder einfach ausgedrückt: So wie man in den Wald hineinruft …

Wie man sich bettet, so liegt man – das gilt für Hund und Mensch.

Drei Formen der Beziehung

Damit Sie Ihre Beziehung zu Ihrem Hund besser einschätzen können, ergänzen wir unser Wissen jetzt noch um ein paar Erkenntnisse aus der Forschung. Aus verschiedenen Untersuchungen ging hervor, dass sich folgende drei Formen der Beziehung auf Menschen und Hunde übertragen und zuordnen lassen.

1. Dominanzbeziehung

Ein Hund setzt seine Interessen im Kontakt mit einem Artgenossen durch. Das registriert der Hundehalter oft als Beleg dafür, dass sein Vierbeiner »dominant« ist. Doch das täuscht, denn es ist in einer Dominanzbeziehung nicht so, dass der dominante Hund auf Teufel komm raus über Leichen geht. Vielmehr verzichtet der andere beteiligte Vierbeiner freiwillig auf dieses oder jenes Anrecht bzw. Privileg. Aus diesem Grund wird deutlich, dass es sich nicht um einen aggressiven Konflikt oder ein aggressives Verhalten handelt.

Viele Hundehalter stellen sich dann die Frage, warum sich der scheinbar unterlegene Hund so verhält. Als Mensch empfindet man das oft als »unfair« und möchte dem unterlegenen Hund zu Hilfe kommen. Doch Vorsicht: Der Unterlegene hat oft eine Verstärkerfunktion durch sein Verhalten, nämlich Ruhe, Entspannung und klare Regeln, die Sicherheit vermitteln – also all das, was sich ein Hund wünscht. Bedenken Sie auch, dass die Stresshormone bei Hunden, die weniger Verantwortung tragen, geringer sind – ein Pluspunkt für das Wohlbefinden, der aufzeigt, dass ein vermeintlich »unterlegener« Hund gar nicht so leidet, wie man vielleicht denkt.

2. Anführer-Gefolgschaft-Beziehung – oder »Star und Groupie«

Auch in dieser Konstellation folgt die Gruppe freiwillig ihrem »Anführer«. Dieser setzt jedoch nicht einfach seine Interessen durch, sondern teilt die Rolle des Leittiers, wenn es erforderlich erscheint. Die wichtigsten Erkenntnisse ausgiebiger Untersuchungen ergaben:

- Oft sind es die älteren und ranghöheren Tiere, die die Rolle des Leittiers übernehmen, doch es können genauso gut auch mal rangniedrigere Tiere sein.
- Leithunde leiten häufig Aktivitäts- und Ortswechsel ein.

Leithunde sind ein wenig vergleichbar mit »Stars«, denen ihre »Fans« aus Sympathie heraus folgen. Die Kommunikation untereinander

Andere Reize können attraktiver sein, sodass der Hund das Gruppengefüge kurz mal verlässt.

ist freundlich gestimmt und zugewandt. Der Leithund mischt sich unter die anderen, und auch ein sehr enges Beieinanderliegen mit Körperkontakt, das sogenannte Kontaktliegen, kommt in Ruhephasen häufig vor.

3. Emotionalc Bindung und Freundschaft

Dies ist die schönste Beziehungsform zwischen Hunden und Menschen, denn die meisten Menschen wünschen sich eine starke und tiefe Bindung zu ihrem Vierbeiner. Natürlich möchten sie, dass ihr flauschiger Freund ebenso empfindet. Dabei sollten wir uns aber auch die Rolle des Hundes betrachten, denn oft stehen für den Halter ganz andere Werte, die eine Bindung ausmachen, im Fokus als für seinen Liebling.

Wo stehen Sie und Ihr Hund?

Fühlen Sie einmal in sich hinein. Wo sehen Sie sich und Ihren Hund? Lassen Sie sich dabei nicht von dem Begriff »Dominanz« beirren – er ist nicht negativ gemeint, sondern beschreibt nur eine Beziehung zwischen zwei Individuen.

Beziehungen sind flexibel, was sich als Riesenvorteil für die Verbesserung des Zusammenlebens erweist. Es geht in diesem Fall auch nicht darum, dass die eine oder andere Beziehung besser oder schlechter ist. Alle haben ihre Qualitäten und Notwendigkeiten. Schauen Sie also, ob Sie zukünftig die verschiedenen Beziehungen erkennen können. Welche bevorzugen Sie und Ihr Hund? Welche kommt am häufigsten vor, und wie sieht das Ganze bei anderen Hund-Mensch-Teams auf der Hundewiese aus? Blicken Sie über den Tellerrand und beobachten Sie andere Beziehungen und Umgangsformen miteinander. Sie werden sehen, wie vielfältig die Kommunikation ist. Gleichzeitig versteht es sich so leichter, warum andere Menschen vielleicht anders mit ihrem Hund umgehen und anders kommunizieren.

Fassen wir zusammen: Beziehungen bauen wir zu anderen Menschen, zu Hunden und zu anderen Tieren auf – erst recht, wenn wir ein gemeinsames Ziel verfolgen und durch die Gemeinsamkeit ein Vorteil besteht. In diesem Fall wäre es beispielsweise eine rein funktionale Beziehung, doch auch dabei muss jeder Beziehungspartner seinen Teil dazu beitragen. Kommen noch tiefere Emotionen mit ins Spiel, nähern wir uns dem Thema »Bindung«.

Gut zu wissen

Dominanz

Joep Wensik, ein niederländischer Forscher, unterschied in einer Studie die situative von der formalen Dominanz. Während Erstere Ausdruck eines momentanen Bedürfnisses ist – der Hund pöbelt einen Artgenossen an, beißt in die Leine, schnappt nach seinem Menschen usw. –, stellt Letztere eine über Monate oder Jahre hinweg stabile Langzeitstruktur dar, die langfristig eine Dominanzbeziehung beschreibt.

Dabei gilt: Wenn Ihr Hund Ihnen mit Handlungen aus der situativen Dominanz mitteilt, dass ihm gerade etwas nicht gefällt, brauchen Sie deshalb nicht zu befürchten, dass er Ihre Beziehung infrage stellt oder kurz davor ist, die Weltherrschaft zu übernehmen.

DER HUND UND **SEIN SOZIALVERHALTEN**

Nun haben wir durch die Betrachtung der sozialen Strukturen das Große und Ganze kennengelernt. Schauen wir uns im Folgenden weitere wichtige Punkte im Sozialverhalten an.

Soziale Gemeinschaften

Hunde leben in sozialen Gemeinschaften. Für uns sind sie Teil unserer Familie, und wir bilden so etwas wie eine »Ersatzfamilie« für sie, vor allem wenn ein Leben ohne weitere Artgenossen nicht stattfinden kann. Doch der Trend geht zur Mehrhundehaltung, und so leben viele Hunde mit Menschen und anderen Hunden im selben Haushalt. Damit das problemlos gelingen kann, müssen Mensch und Hund »mehrsprachig« unterwegs sein – und dies nicht nur im Bereich der direkten Kommunikation im Sinne von »Mach mal Sitz« usw., sondern vor allem im Bereich des Sozialverhaltens.

Sowohl der Hund als auch sein Halter müssen ihr eigenes Verhalten und das der artfremden Art verstehen und lernen, es anzupassen.

Sozialverhalten bezieht sich auf die Art und Weise, wie Menschen und Tiere in sozialen Situationen miteinander interagieren und wie sie sich in Gruppen oder Gesellschaften verhalten. Es umfasst eine breite Palette von Verhaltensweisen, die auf Kommunikation, Kooperation, Konfliktlösung und soziale Bindungen abzielen. Sozialverhalten ist wichtig, damit das Gruppengefüge langfristig erfolgreich funktioniert, das (Über-)Leben in der Gruppe gesichert ist und jedes Individuum profitieren kann.

Beleuchten wir im Folgenden die einzelnen Komponenten des Sozialverhaltens im Detail:

- **Soziale Bindungen:** Soziale Tiere, einschließlich des Menschen, bilden oft enge soziale Beziehungen und Bindungen zu anderen Mitgliedern ihrer Gruppe. Diese Bindungen beruhen auf Freundschaft, Partnerschaft, Verwandtschaft oder anderen Faktoren und dienen dazu, Unterstützung und Schutz zu bieten. Sie tragen wesentlich zur emotionalen Gesundheit und zum Wohlbefinden bei.
- **Soziale Strukturen:** In vielen sozialen Gruppen etablieren sich soziale Strukturen, die die Verteilung von Ressourcen und die Interaktion zwischen den Mitgliedern untereinander regeln.
- **Kommunikation:** Eine zentrale Komponente des Sozialverhaltens ist die Kommunikation. Sie erfolgt oft sowohl verbal als auch nonverbal (bei Letzterem spricht man auch von analoger Kommunikation) und ermöglicht den Austausch von Informationen, Gefühlen und Absichten zwischen Individuen, etwa auch durch das Ausdrucksverhalten.
- **Kooperation:** Sozialverhalten beinhaltet oft die Kooperation zwischen Individuen. Dies kann bedeuten, dass Menschen oder Tiere gemeinsam Ressourcen nutzen, Aufgaben erledigen oder sich gegenseitig unterstützen, um so gemeinsame Ziele zu erreichen.

Auch banale Dinge im Alltag beobachtet der Hund und speichert ab, ob etwas für ihn wichtig sein könnte.

Die Kooperation ist ein wichtiger Faktor für das Funktionieren sozialer Gruppen und Gesellschaften.

- **Konfliktlösung**: In sozialen Gruppen – und in den besten Familien – kommt es zwangsläufig zu Konflikten und Spannungen. Sozialverhalten beinhaltet auch Mechanismen zur Konfliktlösung, sei es durch Kommunikation oder soziale Spielregeln. Die Fähigkeit, Konflikte auf friedliche Weise zu lösen, ist entscheidend für das reibungslose Funktionieren sozialer Gruppen.
- **Imitation und Lernen:** Soziale Interaktionen bieten die Gelegenheit zum Imitieren von Verhaltensweisen und Lernen von anderen. Dies ist ein wichtiger Mechanismus für die Übertragung von Wissen und Verhaltensweisen innerhalb der Gruppen und zwischen Generationen.
- **Empathie und Altruismus:** Sozialverhalten kann auch Empathie und Altruismus umfassen, bei dem Individuen die Bedürfnisse und Gefühle anderer erkennen und bereit sind, ihnen zu helfen, ohne unmittelbaren eigenen Nutzen daraus zu ziehen.

Beobachten Sie nicht nur die Hunde, sondern auch, wie sich die Hundehalter begegnen.

Es ist wichtig zu betonen, dass Sozialverhalten in unterschiedlichen Gruppen und unter verschiedenen Arten stark variieren kann. Was als akzeptables oder erwünschtes Verhalten angesehen wird, unterliegt einer subjektiven Bewertung – die sowohl der Hund als auch der Mensch vornimmt (vgl. auch Kapitel 1 »Die Persönlichkeit des Hundes«, Seite 10 ff.).

Dabei ist die Rolle von Normen, Werten und auch kulturellen Unterschieden von Hundehaltern von großer Bedeutung. Diese Unterschiede entstehen und entstanden, weil es das tägliche Bestreben ist, sich individuellen Situationen anzupassen. Aber auch hier gilt: Die Genetik überbringt uns die Basis, die Verfeinerung des Verhaltens kommt mit der Erfahrung. Je besser wir die Normen und Werte anderer erkennen, desto sensibler können wir uns darauf einstellen und ein positives Sozialverhalten fördern. Im Gegensatz dazu kommt es eher zu Konflikten, wenn wir unser Gegenüber nicht oder nicht in ausreichendem Maße verstehen.

Sie sehen, das Sozialverhalten ist ein faszinierendes und komplexes Thema. Es wird von Forschenden aus verschiedenen Disziplinen, einschließlich Psychologie, Soziologie, Ethologie und Anthropologie, intensiv untersucht.

Der Hund wird den lieben langen Tag über mit zahlreichen Informationen versorgt. Er benötigt Ruhe und Zeit, um alles zu verarbeiten. Gewähren Sie ihm diese.

Special

Lernen durch Nachahmung

Sie stehen am Rand des Hundeparks, umgeben von einer fröhlichen Horde vierbeiniger Wirbelwinde. Hunde, so verschieden in Größe, Farbe und Rasse, doch eines haben sie gemeinsam: die erstaunliche Fähigkeit, durch Nachahmung zu lernen. Tauchen Sie ein in die faszinierende Welt der klugen Caniden, wo jeder Tag zu einem Abenteuer des Erkennens und Kopierens wird!

Ihr Blick schweift über das bunte Treiben, als sich plötzlich ein kleiner flauschiger Welpe zu der Gruppe begibt. Ein erfahrener Hund beginnt, auf eine sich in der Nähe befindliche Parkbank zu springen. Die Augen des Welpen leuchten vor Neugier, und dann geschieht es: Er versucht es selbst und hüpft auf die Bank. Das ist Sozialverhalten par excellence – so schnell kann das Lernen funktionieren.

Hunde sind Meister der Beobachtung

Von klein auf beobachten sie ihre Artgenossen, aber auch uns Menschen. Ein Hund kann sehen, wie sein Kumpel einen Trick ausführt oder wie sein Herrchen oder Frauchen bestimmte Handlungen vornimmt. Dieses visuelle Lernen ist ein Schlüsselmerkmal seiner Intelligenz. Die Vierbeiner ahmen nach, adaptieren und verfeinern ihre Fähigkeiten – ganz so, wie wir es tun.

Auch »pöbeln« will gelernt sein. Auf Hundewiesen wird viel durch Imitation gelernt – wie hier im Spiel.

Soziales Training von Welpenbeinen an sollte auch im Bereich des Komfortverhaltens geschehen.

Haben Sie mehrere Hunde, lassen Sie sie beim Training zusehen, denn auf diese Weise lernen sie.

Ein weiteres Beispiel für die erstaunliche Fähigkeit zum Nachahmen – und ein faszinierender Beweis für die soziale Anpassungsfähigkeit der Hunde – ist das Öffnen der Türen im Haus, das sich die Vierbeiner von uns Menschen abgeschaut haben.

Sogar Emotionen werden imitiert

Doch nicht nur Tricks und Gewohnheiten werden über die Kunst des Beobachtens übertragen. Hunde lernen auch, indem sie das Verhalten ihrer Artgenossen imitieren. Dies geschieht oft auf spielerische Weise. Ein fröhliches Rennen über die Wiese oder ein verspieltes Kämpfen mit dem Gegenüber – Hunde ahmen nicht nur Handlungen, sondern auch Emotionen nach. Dabei ist die Fähigkeit zum Lernen durch Nachahmung nicht nur unterhaltsam, sondern hat auch praktische Anwendungen. In Gruppen können Hunde voneinander lernen, wie sie erfolgreich auf die Jagd gehen oder sich vor Gefahren schützen können. Diese kollektive Intelligenz ist ein Grundpfeiler ihrer evolutionären Anpassungsfähigkeit.

Beobachten Sie weiterhin das bunte Treiben im Hundepark. Ein Terrier schaut interessiert zu, wie ein Golden Retriever geschickt einen Ball apportiert. Nicht viel später sieht man den Terrier stolz mit dem Ball im Maul zurückkehren. Die Magie des Lernens durch Nachahmung hat erneut zugeschlagen!

Die Welt der Hunde ist voller faszinierender Entdeckungen. In jedem wedelnden Schwanz, in jedem verspielten Sprung steckt eine Geschichte des Lernens durch Nachahmung. Es ist eine Welt, in der Neugier belohnt und die Kunst des Beobachtens zu einem lebenslangen Abenteuer wird. Lassen Sie sich von der Schlauheit der Caniden verzaubern und machen Sie es ebenso: Schauen und lernen Sie!

FÜR EIN HARMONISCHES **MITEINANDER**

In diesem Kapitel widmen wir uns dem meist emotionalen Themenkomplex »Beziehung und Bindung«. Sie werden erkennen, dass Ihr Hund Ihnen sehr nahe steht – auch wenn Sie das manchmal vielleicht nicht für möglich halten.

Bei uns auf dem Hundeplatz ...

Neue Kunden zeigen uns oft, wie sie mit ihrem vierbeinigen Liebling zusammenarbeiten. Wir erkennen dann meist, dass es eigentlich ganz gut aussieht. Okay, das »Sitz« könnte etwas zügiger vonstatten gehen, aber dennoch ist es schön zu erkennen, wie konzentriert der Hund Frauchen oder Herrchen dabei ansieht ...

So viel zu unseren Gedanken und somit zu einer eher guten Prognose – und den Rest kriegen wir bestimmt auch noch hin. Doch viele unserer Kunden nehmen die guten Dinge des Alltags gar nicht so wahr. Stattdessen fängt Frauchen vor unseren Augen bitterlich an zu weinen. Der Hund schaut sie fragend an. Es geht gar nicht um ein »Sitz« und auch nicht um das Leinenpöbeln – die Probleme liegen sehr viel tiefer!

Es geht um die Beziehung zueinander und die große Frage, ob die Bindung zwischen dem Hund und seinem Menschen stabil bzw. überhaupt vorhanden ist. Klappt etwas nicht, sind viele Hundehalter schnell in Sorge, dass die Bindung zu ihrem Vierbeiner im Argen liegt. Am liebsten möchten sie nun die »richtige« Antwort von uns haben – schließlich können andere Menschen auf der Hundewiese ja auch meist recht schnell etwas zu diesem Thema sagen. (In der Regel diagnostizieren Hundehalter binnen dreißig Sekunden über andere Hund-Mensch-Teams, dass die Bindung überhaupt nicht vorhanden ist, wenn der Hund sich gerade mal nicht aus der spielenden Hundegruppe abrufen lässt). ABER: So schnell geht es nicht, ganz abgesehen davon, dass es so einfach auch nicht ist!

Daher entspannen Sie sich erst einmal. Lassen Sie uns gemeinsam einen Blick auf das große Thema »Beziehung und Bindung« werfen und zunächst die Begrifflichkeiten definieren.

Beziehung und Bindung sind nicht dasselbe!

Täglich erleben wir Beziehungen – mit zig Menschen und anderen Lebewesen. Der Unterschied zwischen Beziehung und Bindung liegt in ihrer Natur und Tiefe. Obwohl die beiden Begriffe oft miteinander verwechselt werden, beschreiben sie unterschiedliche Aspekte von Interaktionen.

Eine Beziehung ist eine soziale Verbindung zwischen zwei oder mehreren Personen. Sie kann verschiedene Formen annehmen, etwa romantisch sein oder Freundschaften und Arbeitsbeziehungen umfassen. Beziehungen basieren auf einer bewussten Entscheidung oder dem gegenseitigen Interesse, Zeit und Aufmerksamkeit füreinander aufzubringen. Die Gestaltung und die Qualität einer Beziehung hängen stark von der Kommunikation, den geteilten Interessen und der persönlichen Chemie zwischen den beteiligten Partnern ab.

Beschäftigen Sie sich mit den Bedürfnissen Ihres Hundes, um Ihre Bindung zu stärken.

Beziehungen können sich im Laufe der Zeit verändern, sowohl in positiver wie auch in negativer Hinsicht, und sie können in vielen Fällen ganz unproblematisch enden, wenn sich die Umstände oder die Gefühle der Beteiligten verändern.

Die Bindung hingegen ist ein tief verwurzelter emotionaler und psychologischer Prozess, der sich entwickelt, wenn enge Beziehungen zwischen Menschen entstehen, etwa zwischen Eltern und Kindern oder auch zwischen Hundehaltern und ihren vierbeinigen Freunden. Sie ist eine Art emotionaler Anker, der uns befähigt, uns sicher und geborgen zu fühlen. Es gibt verschiedene Arten von Bindung, wie beispielsweise eine sichere Bindung, eine unsichere Bindung oder eine desorganisierte Bindung, die sich durch unterschiedliche Merkmale und Verhaltensweisen auszeichnen.

Im Gegensatz zu Beziehungen sind Bindungen etwas Exklusives – das ist ein sehr wichtiges Kriterium einer Bindung. Das bedeutet, dass der Bindungspartner nicht einfach austauschbar, sondern einzigartig ist. Bindung beruht auf dem Vertrauen, dass die Bezugsperson in Zeiten der Not und Unsicherheit für uns da sein wird. Die Bindung kann sehr stark sein und bleibt oft über lange Zeiträume bestehen, auch wenn die äußeren Umstände sich ändern.

Beziehungen können kommen und gehen, doch Bindungen haben eine langfristige Wirkung auf unser Leben. Kurz zusammengefasst könnte man auch sagen: Jede Bindung ist eine Beziehung, aber nur wenige Beziehungen sind echte Bindungen.

Schauen wir uns nun im Folgenden ein paar Übungen an, mit denen Sie die Beziehung und die Bindung zu Ihrem Hund überprüfen können.

Entscheiden Sie für Ihren Hund, ob ein Kontakt zu einem Artgenossen eher unerwünscht ...

... oder aber erlaubt ist. Selbstverständlich sollten sich hierüber alle Beteiligten einig sein.

Test

Der 20-Meter-Teamtest

Diese Übung gibt Aufschluss über den Ist-Zustand Ihrer Beziehung zu Ihrem vierbeinigen Liebling. Die Fragestellung lautet: Wie gut können Sie Ihren Hund begeistern, bei Ihnen zu bleiben? Diese Übung empfehlen wir als Hausaufgabe in unserer Hundeschule, sodass sie die Hundehalter in einer vertrauten Umgebung bei sich zu Hause absolvieren und sich dabei möglichst unbeobachtet fühlen können. Ansonsten würden wir Gefahr laufen, dass sich der sogenannte Performance-Effekt einstellt und der Halter sich durch unsere Anwesenheit gehemmt fühlt.

Zweck der Übung

Viele Hunde haben durch Erfahrung gelernt, dass es beim Menschen eher langweilig ist. Wenn sich Ihr Vierbeiner auf dem Spaziergang von Ihnen entfernt, kann er sich beim Schnuppern nach den Hinterlassenschaften von Artgenossen, auf der Suche nach Fressbarem oder beim Verfolgen einer Wildfährte wunderbar und mit großer Freude die Zeit vertreiben. Diese Lernerfahrung ist oft eine der Grundursachen, weshalb Ihr Hund draußen nicht so gut abrufbar ist. Die Umgebungsreize sind einfach zu groß. Dennoch hat dieses Verhalten keine Aussagekraft über die Bindung zu Ihnen.

Um herauszufinden, ob Sie in der Lage sind, Ihren Hund zu begeistern, und womit Ihnen das gelingt, können Sie mit Ihrem Vierbeiner den 20-Meter-Teamtest absolvieren. Die Übung lässt sich ganz einfach umsetzen.

Das brauchen Sie

Eine mindestens drei Meter lange leichte Leine, um den Hund abzusichern, und gegebenenfalls zwei Pylonen.

Testaufgabe

Einmal eine Strecke von 20 Metern mit dem Hund laufen.

Wiederholungen

Höchstens einmal im Monat, um Veränderungen sichtbar werden zu lassen.

Bleibt Ihr Hund bei Ihnen? Mit und ohne Ablenkung?

Und so geht's

- Suchen Sie sich draußen zwei Punkte, die etwa 20 Meter voneinander entfernt liegen. Diese werden sichtbar markiert, etwa durch die beiden Pylonen. Einer dieser Punkte ist der Startpunkt, der andere das Ziel.
- Gehen Sie mit Ihrem Vierbeiner zum Startpunkt und fokussieren Sie den Hund auf sich. Vielleicht lassen Sie ihn zusätzlich absitzen.
- Belohnen Sie ihn durch soziale Zuwendung. Leckerchen und Co. wären kontraproduktiv, es gibt in diesem Moment nur Ihren Vierbeiner und Sie.
- Können Sie nicht sicher sein, dass Ihr Liebling bei Ihnen bleibt, sichern Sie ihn mit einer leichten Leine ab, die nicht spannen sollte.
- Orientieren Sie sich zum Zielpunkt und merken Sie sich die Richtung, denn auf dem folgenden Weg könnte es recht bald sehr turbulent werden, wobei die Richtung verloren gehen könnte.

Auch Ablenkung im Straßenverkehr kann im Teamtest den Ist-Zustand offenbaren.

- Nun geht es los, Sie starten. Halten Sie Ihren Hund in permanenter Konzentration zu sich. Dabei wird KEIN Futter, KEIN Spielzeug und auch NICHT der Name des Hundes verwendet! Gehen, Laufen oder Hopsen sind erlaubt, Locken und Spielaufforderungen können erfolgen und auch Geräusche wie Quieken oder Quietschen dürfen eingesetzt werden. Anfänger dieser Disziplin starten häufig unter Ausschluss der Öffentlichkeit – Sie können sich bestimmt denken, warum!
  Geben Sie alles, um Ihren Hund bei sich zu halten, und beobachten Sie, was passiert: Geht Ihr Vierbeiner auf die Spielaufforderung ein oder erschrickt er sich davor? Wie reagiert er?
- Im Ziel: Haben Sie es geschafft, den Hund konzentriert bei sich zu halten, und sind Sie tatsächlich mit ihm zusammen am Zielpunkt angekommen?

In drei Schwierigkeitsstufen üben

Diese Übung lässt sich in drei Schwierigkeitsstufen absolvieren:

1. Sie starten in der leichten Stufe und sorgen dafür, dass der Hund keinen Ablenkungen ausgesetzt ist. Absolvieren Sie die Übung dafür am besten im Garten oder auf einer bereits bekannten Wegstrecke auf Ihrem Spaziergang.
2. Die zweite Schwierigkeitsstufe wartet mit leichten Ablenkungen auf. Sie machen es Ihrem Hund ein bisschen schwerer und bauen Verlockungen an der Wegstrecke ein – ein Stück Futter, ein menschlicher Helfer, der den Hund lockt, usw. Oder Sie suchen sich ein Umfeld, das etwas ablenkungsreicher ist.

Trotz all Ihrer Bemühungen kann es sein, dass Ihr Hund andere Dinge spannender findet. Macht nichts – weiter üben!

3. Die dritte Stufe bietet Ablenkungen, die jetzt im Moment für Sie bereits Herausforderungen darstellen, obwohl der Hund angeleint ist. Diese schwierigste Stufe wird ganz zum Schluss ausprobiert. Sie dient auch dazu, den Trainingserfolg zu überprüfen.

Bitte filmen Sie die Übung. Das erste Video ist Ihr Status quo. Das zweite Video gibt es frühestens einen Monat später, sodass Sie vergleichen können.

Auswertung des Tests

Dieser Test offenbart verschiedene Details im Zusammenleben und gibt Hinweise darauf, woran in der Beziehung gearbeitet werden könnte. Achten Sie auf konkret messbares Verhalten sowohl von Ihnen als auch von Ihrem Hund. Genauso können Sie Ihre Gedanken und Gefühle in den jeweiligen Situationen reflektieren:

- Wie gut kann ich meinen Hund animieren?
- Womit kann ich meinen Hund animieren?
- Wie stark orientiert sich mein Hund an mir?
- Was muss ich tun, damit ich interessant für meinen Hund bin und bleibe?
- Bei welchen Reizen und mit welcher Intensität kann ich meinen Hund bei mir behalten?
- Was empfinde und denke ich, wenn mein Hund sich mir zu- bzw. von mir abwendet, und wie wirkt sich das Erlebte auf mein Verhalten aus?

Durch Bewertung und Selbstreflexion von Gedanken und Gefühlen können dann Entscheidungen getroffen werden. Dazu zählen beispielsweise Spaziergänge mit mehr Achtsamkeit zu absolvieren, den Hund körperlich und/oder geistig besser auszulasten, an der eigenen Körpersprache zu arbeiten, die Art der Kommunikation zu optimieren und vieles mehr.

Test

Wie sieht das Spielverhalten Ihres Hundes aus?

Das gemeinsame Spiel hält viele Vorteile für Sie und Ihren Hund parat. So wirkt sich etwa freies Spiel sehr positiv auf die Beziehung und die Bindung aus. Wir Hundetrainer unterscheiden übrigens freies Spiel von Regelspiel. Während Letzteres eine Absicht verfolgt, wie Training zu Erziehungszwecken, ist freies Spiel im Moment des Tuns völlig zweckfrei und kann als wirkliches Spiel gesehen werden.

Ihre Testaufgabe

Spielen Sie mit Ihrem Hund zwei bis vier Minuten lang und schlüpfen Sie dabei in verschiedene Rollen. Seien Sie also mal Jäger, Verfolger, Angreifer, Unterlegener usw.

Auswertung des Tests

Was tun, wenn Ihre erreichte Punktzahl niedrig ausfällt oder Sie sie für verbesserungswürdig erachten? Dann betrachten Sie diesen Test als »Hausaufgabe« und versuchen Sie, die Spielqualität in Zukunft und auf Dauer zu optimieren. Das gelingt Ihnen am besten, wenn Sie genaue Kenntnisse über das Spielbedürfnis Ihres Hundes haben. Rennt er beispielsweise leidenschaftlich gern, so bauen Sie auf Ihren Spaziergängen gemeinsame Laufelemente ein. Vielleicht spielt er aber auch lieber, indem er kleine Rätsel löst. Dann erstellen Sie einen Hindernisparcours oder verstecken sein Spielzeug usw.

Manche Hunde können sich ganz wunderbar allein beschäftigen und spielen, während es …

… anderen hingegen größeres Vergnügen bereitet, gemeinsam mit ihrem Menschen aktiv zu sein.

Testen Sie sich und Ihren Vierbeiner: Wie steht es um Ihr Wissen hinsichtlich des Spielbedürfnisses Ihres Hundes und wie gut sind Ihre Teamqualitäten? Von Vorteil ist es, wenn Sie sich dabei auf Video aufnehmen. Analysieren Sie anschließend Ihr gemeinsames Spiel mithilfe des Auswertungsbogens. Dabei steht die 1 für »wenig vorhanden« und die 10 für »am meisten vorhanden«. (Vorlage zum Downloaden → Seite 7)

Spielgeschehen	**1**	**2**	**3**	**4**	**5**	**6**	**7**	**8**	**9**	**10**
Wechseln Sie die Rollen?										
Darf es wild werden und wälzen Sie sich mit Ihrem Hund auch einmal auf dem Boden?										
Zeigt der Hund einem Artgenossen gegenüber Schwächen, um das Spiel aufrechtzuerhalten (Handicap-Effekt)?										
Wird von Ihnen der Handicap-Effekt gezeigt?										
Ist es freies Spiel?										
Fühlen Sie sich beide wohl?										
Wie intensiv ist der Blickkontakt von Ihnen zum Hund?										
Wie intensiv ist der Blickkontakt vom Hund zu Ihnen?										
Reagiert der Hund positiv auf Ihre Spielaufforderung?										
Können Sie das Spiel, auch wenn es wild ist, beenden?										
Können Sie ohne Spielzeug oder Hilfsmittel mit Ihrem Hund spielen?										
Wenn Sie mit Spielbeute spielen, darf Ihr Hund gewinnen?										

Test

Welche Rolle nimmt Ihr Hund ein?

Wenn die emotionale Nähe zum Hund sehr groß ist, erfüllt der Vierbeiner die Aufgaben eines Sozialpartners. Bedingt durch typisch menschliche Bedürfnisse und durch unsere Erfahrungen projizieren wir Merkmale auf ihn, die ansonsten andere Menschen erfüllen würden. Hunde nehmen dann die Rollen von Menschen ein – oder besser gesagt: Wir weisen ihnen diese Rollen zu. Unten sehen Sie Beispiele für die unterschiedlichsten Rollen, die wir Menschen unseren treuen Vierbeinern zugestehen, und auch unsere Bedürfnisse, die sich dahinter verbergen.

Es ist dabei übrigens vollig unerheblich, ob diese Mensch-Hund-Beziehung durch einen Mangel an sozialer Nähe zu anderen Menschen entstanden ist oder ob es sich um eine Ergänzung zu bestehenden sozialen Gefügen handelt. Auf jeden Fall ist dieses Phänomen völlig normal. Somit klingt der Ausspruch: »Der behandelt seinen Hund ja wie ein Kind!« oder »Die haben den Hund doch nur als Kindersatz!« zwar meist ungewollt ein wenig vorwurfsvoll, ist aber inhaltlich meist zutreffend.

Solange dieses modifizierte Eltern- und Kumpelverhalten für alle (!) Beteiligten gewinnbringend ist, lässt sich dagegen nichts einwenden. Sollte aber der Hund darunter zu leiden beginnen, so entsteht eine krankhafte Beziehung und damit Handlungsbedarf. Umgekehrt gilt das ebenso, denn auch für den Halter kann eine krankhafte Beziehung ungesund werden.

Rolle, die der Hund einnimmt bzw. aus der Sicht vieler Hundehalter einnehmen soll	**Damit erfülltes Bedürfnis**
Freund/Kumpel oder Freundin	Bedürfnis nach Freundschaft, Loyalität, Vertrautheit und Zusammengehörigkeit
Kind	Bedürfnis danach, Fürsorge zu tragen
Krankes Kind, Sorgenkind	Bedürfnis danach, zu helfen
Beschützer	Bedürfnis nach Unterstützung oder Sicherheit
Partner	Bedürfnis nach (bedingungsloser) Liebe und Loyalität

Testen Sie sich und Ihren Vierbeiner: Damit Sie einen Überblick über die Rollenverteilung in der Beziehung zu Ihrem Hund bekommen, beantworten Sie folgende Fragen möglichst rasch. Denken Sie am besten gar nicht groß darüber nach, was sie bedeuten, sondern formulieren Sie frisch von der Leber weg. Nachher können Sie sich dann gern Gedanken darüber machen. (Vorlage zum Downloaden → Seite 7)

1. Wenn Ihr Hund ein Mensch wäre, wie alt wäre er?

____

2. Sie leben mit Ihrem Hund zusammen. Wäre er ein Mensch, wer wäre er für Sie – beispielsweise ein Gast, ein Kind, ein Freund, ein Mitbewohner ...?

____

3. Wenn Sie Ihrem Hund einen Namen aus einem Adjektiv und einem Substantiv geben sollten, wie würden Sie ihn nennen? (Beispiel: Adjektiv = süße, Substantiv = Maus)

____

4. Welche Pflichten und Rechte Ihres Hundes Ihnen gegenüber verbinden Sie mit den Antworten aus Frage 2 und 3?
(Beispiel 1: Kind = ***Pflicht:*** Anweisungen Folge leisten, um Erlaubnis fragen;
Recht: Bedürfniserfüllung, keine Verantwortung tragen müssen.
Beispiel 2: verschmuste Prinzessin = ***Pflicht:*** auf den König und die Königin hören;
Recht: Streicheleinheiten einfordern dürfen)

____

____

5. Ihr Hund lebt mit Ihnen zusammen. Als was sieht Sie Ihr Hund? Wer sind Sie für ihn – beispielsweise ein Gast, ein Elternteil, ein Freund, ein Mitbewohner, ein Dosenöffner ...?

____

Grundsätzliche Überlegungen nach dem Test

Wir möchten Sie ausdrücklich dazu ermuntern, mit der Beantwortung dieser Fragen verborgen liegendes Wissen an die Oberfläche zu holen, um bei Ihnen gewisse Erkenntnisse auszulösen. Hat es geklappt? Wie würden Sie nun nach dem Test Ihre Beziehung aufgrund der Rollenverteilung ehrlich einschätzen? Ist dies in Ordnung oder möchten Sie etwas ändern?

Test

Wie lenkbar ist Ihr Hund?

Als Hundehalter wünschen wir uns, dass wir unsere vierbeinigen Lieblinge lenken und leiten können. So lassen sie sich nicht nur gut in die Gesellschaft integrieren, sondern auf diese Weise können in den meisten Fällen auch Verletzungen und Schäden von vornherein vermieden werden.

Können Sie die Lenkbarkeit Ihres Hundes einschätzen? Wir haben dazu wieder einen Test vorbereitet.

Ihre Testaufgabe

Beantworten Sie zunächst die beiden Fragen, die Ihre Beziehung zum Hund verdeutlichen, und beurteilen Sie anschließend die Lenkbarkeit Ihres Vierbeiners. Hierzu tragen Sie Ihre Bewertung in die jeweilige Grafik auf der rechten Seite ein.

1. **Wenn Sie mit Ihrem Hund unterwegs sind: Wer ist Ihr Hund für Sie?** Wie würden Sie Ihren Hund in der Beziehung zu Ihnen beschreiben? Benutzen Sie ein Adjektiv, d. h. wie ist Ihr Hund, z. B. klein, groß, schnell, zickig, ignorant, liebevoll, sensibel, schlau usw. Verwenden Sie als zweites Wort ein Substantiv, d. h. was ist Ihr Hund, z. B. Prinzessin, Räuber, Zicke, Bombe, Fuchs usw.

   Mein Hund ist für mich ein/eine

   ____

2. **Wenn Sie mit Ihrem Hund unterwegs sind: Wer sind Sie für Ihren Hund?** Wie würde Ihr Vierbeiner Sie in der Beziehung zu ihm beschreiben? Benutzen Sie zunächst ein Adjektiv, das heißt, *wie* sind Sie für Ihren Hund – beispielsweise clever, schnell, langweilig, spannend, überraschend, berechenbar usw. Verwenden Sie als zweites Wort ein Substantiv, das heißt, *was* sind Sie für Ihren Hund, etwa Beschützer, Kumpel, Königin, Schnarchnase, Bespaßer, Leinenhalter usw.

   Ich bin für meinen Hund ein/eine

   ____

Auswertung des Tests: Wie gut ist Ihr Hund momentan durch Sie lenkbar?

Ziehen Sie abschließend das Resümee, ob Sie mit dem Ergebnis zufrieden sind oder vielleicht doch lieber etwas ändern möchten. Benutzen Sie die Diagramme, um sich einen Überblick über die derzeitige Lenkbarkeit Ihres Hundes zu verschaffen. 10 bedeutet dabei eine hohe Lenkbarkeit. Diese erkennen Sie daran, dass Ihr Vierbeiner sofort auf Ihre Signale reagiert und sehr gut ansprechbar ist. Wenn Sie die 0 eintragen, so bedeutet dies keine Lenkbarkeit – der Hund ist nicht ansprechbar und reagiert nicht auf Signale von Ihnen.

Testen Sie Ihren Vierbeiner: Beantworten Sie bei diesem Test die Frage, wie gut sich Ihr Hund derzeit von Ihnen lenken und führen lässt. Verwenden Sie dafür am besten unsere Vorlagen zum Downloaden (→ Seite 7). Sie finden für jedes hier genannte Beispiel eine eigene Grafik mit Werten, die Sie entsprechend ausfüllen können. Sind Sie mit dem Ergebnis nicht zufrieden und möchten Sie daher etwas ändern, hilft nur eines: üben, üben, üben!

Im Haus:
- ohne Ablenkung
- mit anderen Menschen
- mit anderem Hund
- mit Futter als Ablenkung
- mit Spielzeug als Ablenkung

Jeweils zur Bewertung:

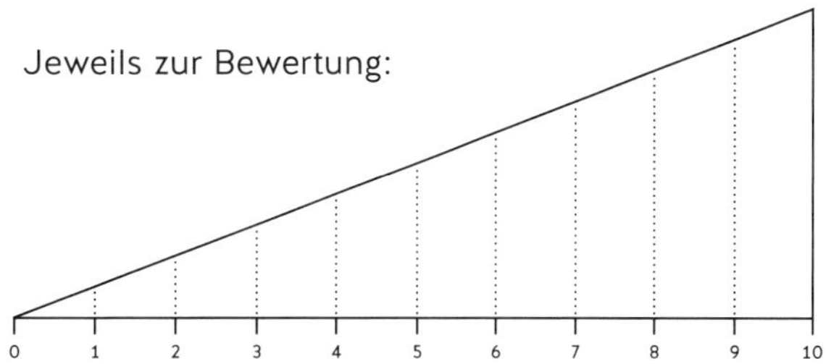

Im Garten:
- ohne Ablenkung
- mit anderen Menschen
- mit anderem Hund
- mit Futter als Ablenkung
- mit Spielzeug als Ablenkung

Jeweils zur Bewertung:

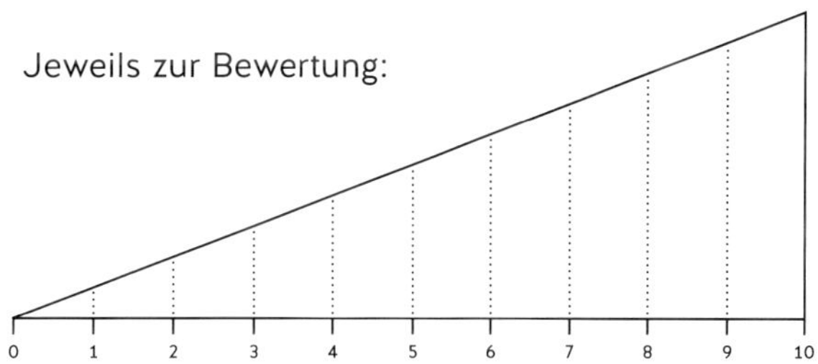

Auf dem Spaziergang:
- an bekannten Orten
- an neuen Orten
- im Wald
- auf dem Feld/der Wiese
- bei Wildgerüchen
- bei anderen Hunden + Entfernung
- bei anderen Menschen + Entfernung
- bei Vögeln + Entfernung
- bei Rehen + Entfernung
- bei Hasen + Entfernung

Jeweils zur Bewertung:

an der Leine

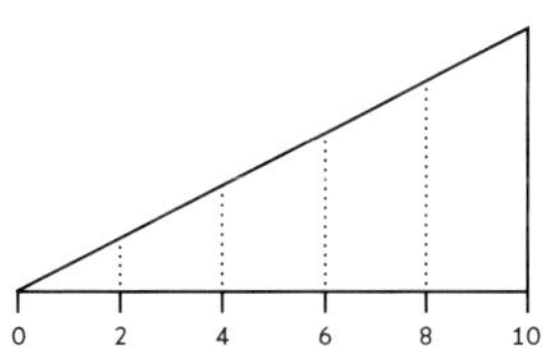

ohne Leine

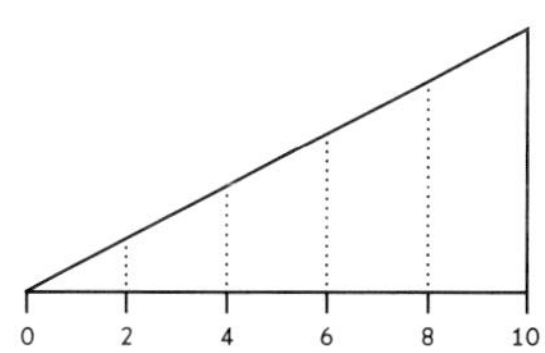

Können sich Hunde vom Menschen »entbinden«?

Eine Sorge vieler Hundehalter besteht darin, dass sie keine oder zumindest keine besonders gute Bindung zu ihrem Hund haben könnten. Folglich liegt die Frage – häufig sehr emotional gestellt – nahe, ob der Vierbeiner völlig unabhängig vom Menschen leben könnte. Auch wenn dem Hundehalter klar ist, dass sein Liebling nicht gleich ins nächstbeste Tierheim abwandert, sobald ihm etwas nicht passt, fragt er sich dennoch insgeheim, ob es der Hund nicht vielleicht doch tun würde, wenn er es könnte …

Vielleicht haben Sie ja einen Vierbeiner, der ausgesprochen autark wirkt – und daher kommt diese bange Frage »Mag mich mein Hund überhaupt?« auf. Wir können Sie beruhigen. Es gibt Hunderassen, die extra dafür gezüchtet werden, selbstständig zu arbeiten. Doch auch diese Tiere können Bindungen eingehen, und sie befinden sich aus ihrer Sicht auch in einer Bindung. Sollte ein Hund wirklich schlecht behandelt werden, so tritt meistens das Phänomen ein, dass die Bindung eine andere Qualität bekommt. Eine Bindungsstörung macht sich bemerkbar, indem die Bindung selbst unsicher wird, zum Beispiel weil der Mensch sich ambivalent verhält. Die Bindung ist in diesem Fall nicht mehr so hochwertig, aber dennoch vorhanden. Um sich zu entbinden, müsste ein Mensch jeglichen Kontakt zu seinem Hund über einen langen Zeitraum verhindern.

Sind Sie der sichere Hafen für Ihren Hund, müssen Sie sich nicht sorgen, dass er lieber woanders wäre.

Woran erkennen Sie eine sichere Bindung?

Vielleicht haben Sie sich die Bindung zu Ihrem Hund anders vorgestellt, dennoch existiert eine Beziehung. Worin besteht der Unterschied? Stellen Sie sich vor, Sie gehen mit dem besten Freund oder der besten Freundin auf eine Feier. Dort ist viel los, und Sie treffen viele Bekannte. So verbringen Sie den Abend meistens getrennt voneinander und plaudern eher mit den anderen Gästen. Sie sehen sich kaum und haben im Moment auch gar nicht das Bedürfnis, zusammen auf einem Sofa zu sitzen. Plötzlich riechen Sie Rauch, und ein Feuermelder ertönt. An wem orientieren Sie sich jetzt? Nach wem schauen Sie? Der Freund, die Freundin rücken jetzt in den Fokus, und Ihnen beiden wird plötzlich wichtig, sofort und gemeinsam in Sicherheit zu kommen. Das ist die Wirkung von Bindung.

Anzeichen für eine sichere Bindung zu Ihrem vierbeinigen Freund erkennen Sie an folgenden vier Merkmalen:

Auch wenn andere Hunde kurzfristig attraktiver erscheinen, Ihr vierbeiniger Freund wird bei Ihnen bleiben wollen.

Sie sind der sichere Hafen: Bei unterschiedlichsten Aktivitäten können Ereignisse eintreten, die Ihren Hund verunsichern oder gar ängstigen. Zwei Beispiele: Ihr Hund spielt mit einem Artgenossen. Als dieser zu wild wird, kommt Ihr Liebling zu Ihnen und sucht Schutz. Oder: Sie gehen spazieren, und laute Geräusche irritieren Ihren Vierbeiner, der daraufhin Ihre Nähe sucht. All dies sind Anzeichen dafür, dass Ihr Hund Sie als seinen sicheren Hafen betrachtet und Ihnen vertraut.

Sie sind die sichere Basis: Sie betreten mit Ihrem flauschigen Freund einen eingezäunten Hundeplatz mit vielen Gerüchen von Artgenossen. Ihr Vierbeiner entfernt sich und dreht sich ab und an zu Ihnen um. Nach einer Schnüffelrunde kommt er wieder zu Ihnen, ist aber jederzeit offen dafür, sich wieder von Ihnen wegzubewegen, um sein Umfeld weiter zu erkunden, immer in dem Wissen, dass Sie seine sichere Basis sind.

Der Hund sucht Ihre Nähe: Die meisten Vierbeiner suchen offensichtlich die Nähe ihrer Menschen. Betrachtet man die Bewegungsabläufe eines Hundes im Tagesablauf, lässt sich erkennen, dass eine Annäherung – etwa sich zum Menschen (oder in denselben Raum) legen, dem Menschen (manchmal sogar bis zur Toilette) folgen oder immer wieder den Blickkontakt suchen – sehr häufig auftritt. Auch selbstständige Hunde zeigen diese Verhaltensweisen, kommen ihrem Menschen dabei aber manchmal nicht so nah.

Der Hund zeigt eine Trennungsreaktion: Eine Trennungsreaktion gehört zur Bindung wie Wasser zum Fisch. Auch wenn Sie sich morgens ohne große Schwierigkeiten von Ihrem Lieblingsmenschen trennen, um den Tag an verschiedenen Arbeitsplätzen zu verbringen, gab es mal eine Reaktion, die mit negativen Gefühlen bei der Trennung verbunden war. Erst durch die Gewöhnung an den Zustand und der Gewissheit, sich wiederzusehen, verschwinden die negativen Emotionen. Genauso geht es Ihrem Hund. Einen Hinweis auf die Trennungsreaktion Ihres Vierbeiners bekommen Sie, wenn Sie beispielsweise Freunde besuchen und mit Ihrem Hund in deren Garten gehen. Nachdem der Hund den Ort kurz erkundet hat, gehen Sie ohne ihn zu Ihren Freunden ins Haus und schließen die Eingangstür. Wie reagiert Ihr vierbeiniger Freund? Eine zu erwartende Trennungsreaktion wäre etwa, dass er zur Tür geht und versucht, Sie zu orten oder auf Sie zu warten.

Integrieren Sie Ihren vierbeinigen Freund in Ihren Alltag, so ist er Ihnen nah.

Dies gilt auch für gemeinsame Lernzeiten, die Sie hoffentlich gemeinsam genießen.

Kehren Sie zu ihm zurück, zeigt er leichte bis riesige Freude, nur um sich danach wieder anderen Aktivitäten, wie der weiteren Erkundung des Gartens, zu widmen.

So optimieren Sie die Bindung zu Ihrem Hund

Bevor Sie eine Kontaktanzeige wie »Jung, haarig, sucht ...« schalten, sollten Sie schauen, was der Hund benötigt, damit Sie zu einem guten Bindungspartner für ihn werden. Dann können Sie mit dem Geben anfangen. Auch zu diesem Thema gibt es einige aussagekräftige Untersuchungen. Unter anderem versuchte man im Max-Planck-Institut Seewiesen, Bedingungen für eine erfolgreiche Beziehungsbildung darzulegen. Heraus kam das »Seewiesener Modell«. Die Arbeitsgruppe zu diesem Modell saß allein über Jahre hinweg immer wieder zusammen, bevor sie die wichtigsten vier Einflussfaktoren auf eine qualitativ hochwertige Beziehung zusammenstellte. Sie lauten wie folgt:

Attraktivität

Der Hund sucht sich – im Gegensatz zu dem einen oder anderen Menschen – seinen Bindungspartner nicht nach körperlicher Attraktivität aus. Nein, wir müssen nicht schön sein, sondern allein die inneren Werte zählen! Folglich braucht der Hundehalter nur so »attraktiv« zu sein, dass er die Bedürfnisse des Hundes befriedigen kann. Sicherheit ist ein wichtiger Aspekt, die er seinem Vierbeiner vermitteln können sollte. Dies vermag er, indem er seine Führungsqualitäten unter Beweis stellt. Gelingt es ihm, den Hund zu lenken und zu führen? Kann er umgekehrt mit seinem vierbeinigen Liebling entspannen und Spaß haben? Der Spaß sollte tatsächlich nicht zu kurz kommen.

Wichtig sind auch die Umweltbedingungen, die der Hundehalter seinem Vierbeiner bietet. Wie schaut es mit dem Territorium aus? Ist es attraktiv, sodass sich der Hund entspannen kann und gut versorgt ist? Und hat es im besten Fall genügend Platz für (möglichen) Nachwuchs?

Unser Tipp für Ihren Alltag: Bieten Sie Ihrem vierbeinigen Liebling eine gute Mischung aus liebevoller Konsequenz, um ihm Orientierung zu geben, gleichzeitig aber auch entspannte Auszeiten, in denen Sie mit ihm gemeinsam die Seele baumeln lassen. Sie können Ihren Hund durch ein paar Minuten Toben auf der Wiese schon glücklich machen.

Vertrauenswürdigkeit und Verlässlichkeit

Das Vertrauen des Hundes muss sich jeder Hundehalter erarbeiten. Für den Hundehalter ist es ein wichtiger Maßstab, der die Beziehung zwischen ihm und seinem Vierbeiner beschreibt. Dabei wird jedoch häufig mit zweierlei Maß gemessen. Der Hundehalter wünscht sich, dass ihm sein vierbeiniges Familienmitglied zu 100 Prozent vertraut. Allerdings liegt es an ihm selbst, ob der Hund das tut. Er sollte seine Vertrauenswürdigkeit und Verlässlichkeit unter Beweis stellen – konsequent. Der Hund wird nur so weit Vertrauen fassen, wie er sich durch den Hundehalter sicher fühlen kann.

Umgekehrt wünschen sich Hundehalter, dass sie sich auf ihren Hund verlassen können. Kommt es zu einem negativen Ereignis, wie etwa einem Beißvorfall, kann es sein, dass der Halter die Verlässlichkeit seines Vierbeiners infrage stellt. Diese allerdings – das darf man nie außer Acht lassen – ist stets mit Vorsicht zu genießen, da Hunde nicht im menschlichen Ermessen handeln können, sie bleiben nun mal

Erleben Sie zusammen mit Ihrem Vierbeiner ein gemeinsames Hobby, ist das gesund für Sie und Ihren Liebling.

Gut zu wissen

Bindung und ihre wichtigsten Hormone

Hormone spielen für das Thema Bindung eine große Rolle. Schauen wir uns daher diese im Überblick an.

Oxytocin kennen Sie schon als »Kuschelhormon«. Es besagt, dass zum Kuscheln Nähe, Kontakt, Berührung und Vertrauen gehören. Bereits Blickkontakt zum Vierbeiner kann in einer stabilen Bindung Oxytocin ausschütten und dem Hund (sowie auch dem Menschen) Sicherheit geben.

Bei einer Untersuchung wurde festgestellt, dass die Qualität der Bindung in Zusammenhang mit der Oxytocin-Ausschüttung steht. Somit können Sie aktiv werden:

- Blickkontakt suchen und erwidern
- Spielaufforderungen machen und darauf eingehen – am besten wild auf der Wiese tollen und sich ruhig dabei dreckig machen, dabei viel lachen und sich viel berühren! Das erhöht die Oxytocin-Ausschüttung weiterhin.
- kraulen, massieren, gemeinsam entspannen
- Leckerchen im Training gegen soziale Zuwendung austauschen
- der sichere Hafen für den Hund sein

Oxytocin ist auch als Botenstoff im Gehirn unterwegs. Dort fungiert das Hormon als Gegenspieler zum Cortisol. Somit senkt es den Stresspegel des Hundes. Daher sind die oben genannten Punkte sehr wichtig, denn dadurch können Sie eigenständig Stress beim Hund reduzieren.

Vasopressin wird gern als »Eifersuchtshormon« bezeichnet und hat somit immer einen leicht negativen Touch. Allerdings ist das Hormon sehr wichtig, um Beziehungen zu schützen und den Partner wiederzuerkennen. Somit bedeutet Eifersucht an dieser Stelle, dass durch die Unterscheidung verschiedener Merkmale und Verhaltensweisen ein Hund bestimmte Verhaltensweisen nur in der Beziehung mit A umsetzt und eben nicht mit B.

Ein Beispiel: Ein fremder Hund wird von einem Hundehalter gestreichelt. Der eigene Hund bekommt das mit und läuft nun zu seinem Menschen, um sich so gut es geht »dazwischenzudrängeln«. Dadurch muss der fremde Hund auf Abstand gehen, oder er macht zumindest genug Platz, damit der Hundehalter seinen eigenen Vierbeiner in dem Moment ebenfalls streicheln kann.

stets Hunde. Daher liegt und bleibt die Verantwortung immer beim Hundehalter.

Unser Tipp für den Alltag: Verlässlichkeit zeigt sich dadurch, dass Sie in für Ihren Hund schwierigen Situationen Entscheidungen für ihn treffen. Entscheiden Sie in ähnlichen Kontexten ähnlich, so kann Ihr Vierbeiner daraufhin Rituale ableiten und ein Muster erkennen. Er kann erkennen, dass, dass Sie einen Plan haben, diesen vorgeben und ihn konsequent durch eine stressige Situation führen. Ihr Hund wird Ihnen zukünftig mehr vertrauen können, wenn Sie das Zepter liebevoll und entscheidungsfreudig in die Hand nehmen.

Auch bei Männern wird im Verlauf des gemeinsamen Spiels jede Menge Oxytocin ausgeschüttet.

Erträglichkeit

Was für ein hartes Wort! Sofort kommen Gedanken hoch wie: »Ich möchte nicht nur erträglich für meinen Hund sein, sondern er soll mich vergöttern. Ich will sein Hundeheld sein!« Für unsere Ohren ist der Begriff nicht perfekt geeignet. Wir können ihn gern durch »Sympathie« ersetzen. Viele Dinge beeinflussen die Erträglichkeit oder Sympathie. Somit ist es verständlich, dass sich dieser Punkt nur schwer untersuchen lässt, um eine möglichst gesicherte Aussage zu treffen.

Sie können sich merken, dass der Status des Hundes, der Charakter, die äußeren Umweltbedingungen sowie Sympathie und Antipathie eine große Rolle spielen und über alle fünf Kommunikationskanäle (taktil, akustisch, gustatorisch, olfaktorisch und optisch) kommuniziert werden.

Unser Tipp für Ihren Alltag: Sollten Sie das Gefühl haben, dass Ihre Beziehung im Bereich der Sympathie einen kleinen »Booster« bräuchte, so ist weniger meist mehr. Buhlen Sie nicht mit aller Gewalt um die Sympathie des Hundes und machen Sie sich nicht zu viele Gedanken darum. Genau das Gegenteil vom Gewünschten würde eintreten. Denn je mehr auch emotionaler Druck aufgebaut wird, umso mehr Distanz stellt sich oft ein. Gewähren Sie Ihrem Hund emotionalen Freiraum und bewerten Sie etwa sein Abwandern abends vom Sofa ins eigene Körbchen nicht dahingehend, dass er Sie nicht mehr mag. Es reicht, wenn Sie es akzeptieren.

Wir sind uns sicher: Ihr Hund mag Sie, und aus solchen oder ähnlichen Verhaltensweisen lässt sich nicht die Sympathie ableiten, die Ihnen Ihr Hund entgegenbringt. Kurz gesagt: Nähe durch Distanz – Distanz durch Nähe. Oft beginnt Distanz bei uns im Kopf ...

Verfügbarkeit

Wer ist für den Hund da? Was kann der Hundehalter bieten? In einem normalen Alltag ist man eingespielt. Je mehr Personen im Haushalt wohnen, desto mehr Menschen sind zwar körperlich verfügbar, doch der Rahmen wird insofern wieder eingeschränkt, als dass Bindungen Exklusivität besitzen. Dies ist besonders interessant, wenn der Bindungspartner mal ausfällt.

Der Hundehalter sollte also darauf achten, selbst in einem gesunden und hohen Maß für den Hund verfügbar zu sein, aber dennoch zusätzlich Unterstützung in petto zu haben – für den Fall der Fälle. Dabei wird diesen Personen empfohlen, den Hundehalter nicht zu imitieren. Denn wie heißt es so schön: Eine Kopie ist nie so gut wie das Original – und in unserem Fall fehlt authentisches Auftreten, wenn jemand sich als Kopie versucht.

Einfach da sein – oft reicht das schon aus, damit sich Ihr Hund wohl und sicher fühlt.

Ein Beispiel: Würde eine Halterin regelmäßig verfügbar sein, mit ihrem Hund gewisse Rituale pflegen und nun ihren Ersatzmann derart briefen: »Jeden Abend bei der Tagesschau kraule ich Jasper ganz langsam in den Schlaf«, dann könnte Folgendes passieren: Schon während die Halterin diesen Satz ausspricht, verdreht der Ersatzmann die Augen, weil er weder auf die Tagesschau noch auf langsames Kraulen steht. Vielmehr sieht er sich, wie er gemeinsam mit dem Hund lange Spaziergänge macht und mit ihm auf der Wiese tobt.

Die Verfügbarkeit der Halterin bei der Tagesschau ist wichtig. Bei der Ersatzperson ergibt es keinen Sinn, weil der gute Mann nur körperlich verfügbar, nicht aber emotional bei der Sache wäre. Folglich ist die Verfügbarkeit beim Spaziergang die wesentlich bessere Alternative für den Hund. Würde der Ersatzmann nur dem Rat folgen und gegen sein Naturell handeln, würde dem Hund die Möglichkeit erschwert, langfristig eine eigene und gute Bindung zur Ersatzperson aufzubauen. Von Anfang an wäre eine Sperre zu erkennen, unter der die Qualität der Beziehung leidet und durch die es mitunter nicht zu einer so festen Bindung wie zur Halterin kommen kann. Die Weichen sind jedoch sehr wohl dafür gestellt, wenn sich die Ersatzperson authentisch verhalten kann.

Unser Tipp für Ihren Alltag: Auch wenn Sie »the one and only« sein wollen, schauen Sie immer, dass Ihr Hund im Alltag gut eingebunden wird und im Notfall genügend Personen da sind, die ihn verwöhnen, wenn Sie einmal ausfallen sollten. Sie vermeiden damit auch, dass es für Sie belastend ist, wenn Sie ihn – sollte Ihnen etwas passieren – nicht in besten Händen wüssten.

Gemeinsam durch dick und dünn – unsere vierbeinigen Freunde haben einen festen Platz in der Familie.

Warum es so gut klappt zwischen Mensch und Hund

Wir wissen inzwischen, dass die enge Verbindung zwischen Mensch und Hund auf einer faszinierenden Geschichte der Koevolution basiert. Ursprünglich teilten unsere Vorfahren denselben Lebensraum mit den Wölfen, und obwohl die genauen Details verborgen bleiben, entstand eine Annäherung aufgrund zahlreicher Gemeinsamkeiten. Beide Arten lebten in Gruppen, passten sich der Umwelt an, jagten Großwild, waren hochsozial, arbeiteten gemeinsam und pflegten starke Bindungen.

Jahrtausende später leben Mensch und Hund harmonisch zusammen, und das ist bemerkenswert, denn selbst unsere nächsten biologischen Verwandten können nicht so nahtlos in unsere Gesellschaft integriert werden. Diese erstaunliche Harmonie basiert auf gemeinsamen sozialen Strukturen und einer ganzen Reihe von genetischen Anpassungen.

Die Evolution zeigt uns das Konzept der Präadaption, bei dem zunächst neutrale Eigenschaften plötzlich von entscheidendem Vorteil werden, wenn sich die Umwelt ändert. In diesem Fall entwickelten einige Vorfahren unserer Hunde eine gewisse Toleranz gegenüber Menschen, was später zu einer Schlüsselqualität wurde, als die Vierbeiner in unsere Gesellschaft eingebunden wurden.

Die enge Bindung zwischen Mensch und Hund, geprägt von sozialer Übereinstimmung, hat sich im Laufe der Zeit verstärkt. Diese Beziehung basiert auf angeborenen Eigenschaften und gegenseitiger Auswahl. Menschen und Hunde haben gemeinsame Bedürfnisse: Sie leben in Familien, kommunizieren auf ähnliche Weise, benötigen emotionale Beziehungen, kooperieren, unterstützen sich gegenseitig und zeigen Altruismus. Hinzu kommt, dass sich die Kernemotionen sowie die Mimik von Mensch und Hund durchaus vergleichen lassen.

Dabei sind es oft viele Kleinigkeiten, die es vollkommen machen: Die Hundeexpertin Dorit Feddersen-Petersen bestätigte etwa, dass das Lachen der Menschen Bindungen stärkt und Menschen und Hunde in Spiellaune versetzt. Das »Lächeln« der Hunde setzt Endorphine frei. Ein Schlüsselpunkt in der sozialen Interaktion zwischen Mensch und Hund ist der Augenkontakt und die Fähigkeit des Hundes, die innere Augenbraue zu heben. Dieses Merkmal wurde während der Domestizierung verstärkt und trug zur erfolgreichen Koevolution bei.

4

Verhalten beobachten und beschreiben – **die Ausdrucksmittel des Hundes**

Um festzustellen, wie es dem Hund geht, müssen wir schauen, wie er sich gerade zeigt.

DER HUND UND **SEINE KÖRPERSPRACHE**

Für uns Hundehalter ist das Ausdrucksverhalten des Vierbeiners einer der wichtigsten Schlüssel, um ihn und seine Stimmung zu verstehen. Daran erkennen wir auch, ob es ihm gut geht.

Alles hat seine Bedeutung

Selbst Gefühle lassen sich über das optische Ausdrucksverhalten eines Hundes ablesen, denn jede Bewegung und jede Körperhaltung haben eine bestimmte Bedeutung. So können beispielsweise eine aufgerichtete Rute oder leicht aufgestellte Nackenhaare auf Imponierverhalten hinweisen, während eine eingezogene Rute und ein geduckter Körper Zeichen von Angst oder Unterwürfigkeit sein können. Allerdings – und dies gilt es stets im Hinterkopf zu behalten – ist es ist nicht in Stein gemeißelt, sondern nur eine mögliche Interpretation von Ausdrucksverhalten. Der Hund kann sich trotz gleicher oder ähnlicher Körpersprache in einer ganz anderen Stimmung befinden – je nach Situation, in der er sich gerade aufhält.

Es reicht also nicht, nur einen Teil des Hundekörpers zu betrachten – etwa die wedelnde Rute – und daraus abzuleiten, wie es dem Vierbeiner gerade geht und was er uns mitteilen will. Vielmehr müssen wir

- die einzelnen Körperteile im Gesamtbild erkennen und
- den äußeren sowie inneren Kontext mit in die Beobachtung einbeziehen.

Nur so kann das Verhalten richtig interpretiert werden. Aus der Summe der Einzelbeobachtung von Körperteilen formt sich das Ausdrucksverhalten, aus dem sich schließlich die Stimmung des Hundes ableiten lässt.

Lernen Sie, Ihren Hund zu »lesen«

Um Ihren eigenen Blick auf die Körpersprache Ihres Vierbeiners zu schulen, lohnt es sich, unsere kleine Schritt-für-Schritt-Anleitung zu verinnerlichen und aktiv umzusetzen. Diese systematische Herangehensweise unterstützt Sie dabei, Ihren Hund richtig zu verstehen.

1. Um welche Hunderasse handelt es sich? Wie sieht ihre normale und entspannte Körperhaltung aus? Warum das wichtig ist, erläutert dieses Beispiel: Ein Schäferhund hält seine Rute im entspannten Modus komplett anders als ein Mops. Möpse haben rassebedingt eine sogenannte doppelt geringelte Posthornrute. Sie wird in angespannteren Situationen auf dem Rücken getragen. Wenn ein Mops nun seine Rute wirklich hängen lässt, hat das eine andere Bedeutung, als wenn ein Schäferhund dies tut. Kennen Sie die individuelle Grundposition, können Sie die Abweichungen später besser wahrnehmen und interpretieren. Schauen Sie sich dazu gleich mehrere Hunde unterschiedlicher Rassen an.

Auch ein »nur« sitzender Hund kommuniziert. Achten Sie auf jedes Sinnesorgan.

2. Lernen Sie zu beobachten, indem Sie sich in einer Situation zunächst auf nur ein einziges Körperteil beschränken. Dieses betrachten Sie ganz genau.
3. Nehmen Sie 30 Sekunden bis zu einer Minute eine Verhaltenssequenz Ihres Hundes mit der Videokamera auf. Es sollte sich dabei allerdings nicht um eine gestellte Szene handeln, sondern einfach nur um eine Situation, die sich gerade ergibt.
4. Welche Verhaltensweisen bemerken Sie an diesem Körperteil?
5. Welche Verhaltensweisen an diesem Körperteil werden besonders ausgeprägt gezeigt?

Auch durch Fühlen und Anfassen lernen Sie viel über Ihren vierbeinigen Liebling.

6. Schreiben Sie Ihre Beobachtungen auf. Beachten Sie dabei jedoch, dass Sie nur gesehene Fakten notieren. Eine Interpretation ist noch nicht möglich, weil Sie ja erst dabei sind, sich ein Körperteil anzusehen. Das lässt, wie Sie wissen, noch längst keine Interpretation des Zusammenhangs zu.
7. Schauen Sie sich die Videosequenzen ruhig immer und immer wieder an. Je häufiger Sie das Video betrachten, desto mehr Details erkennen Sie und können daraus auf das Verhalten schließen.
8. Sobald Sie eine Liste zu einem Körperteil erstellt haben, schauen Sie sich das Video erneut an und beobachten Sie ein anderes Körperteil. Auch hier gilt: immer und immer wieder anschauen. Wiederholen Sie die Punkte 3 bis 6 und werden Sie so mit jedem Körperteil des Hundes vertraut.
9. Haben Sie die einzelnen Körperteile genau betrachtet, werfen Sie einen genauen Blick auf das Gesamtbild. Beschreiben Sie in zwei bis drei Sätzen, was Sie erkennen. Sie werden merken, dass der Ausdruck der einzelnen Körperteile ein sinnvolles Gesamtbild ergibt. Jedes Körperteil ergänzt sich zu einem vollkommenen Verhalten, das exakt situationsadäquat in den Gesamtkontext passt. Die Natur hat an dieser Stelle etwas wirklich Großartiges entwickelt.
10. Apropos Gesamtkontext: Schauen Sie sich das Video in Bezug auf das Umfeld an, in dem der Hund das Verhalten zeigt. Welche Situationen erkennen Sie? Welche Menschen und Tiere sind involviert? Welchen Einfluss nehmen Sie auf das Verhalten des Hundes? Dies zu wissen ist sehr hilfreich, da Sie abgleichen können, ob Ihre Interpretation des Verhaltens korrekt ist und passt.

Ein Beispiel: Hunde spielen ausschließlich, wenn sie entspannt sind. Ist der äußere Kontext aber angespannt, beengend oder Ähnliches, wird es sich sehr wahrscheinlich nicht um Spielverhalten handeln. Durch das Einbeziehen des Kontextes wird Ihnen die Interpretation leichter fallen.

Ziehen Sie den Videobeweis zurate

Schauen Sie sich alle Videoaufzeichnungen auch mehrfach in Zeitlupe an. Indem Sie sie immer wieder betrachten, werden Sie Dinge sehen, die Sie in Echtzeit niemals bemerkt hätten.

Ein Beispiel: Ihr Hund orientiert sich auf dem Spaziergang mit der Nase an einer Geruchsquelle. Sie sehen, dass er schnuppert. Auf dem Video sehen Sie jetzt, dass sich beim Schnüffeln die Rute ein paar Zentimeter nach unten bewegt. Ein Hinweis darauf, dass Ihr Vierbeiner vom Absender der Geruchsnote beeindruckt ist. Solch eine feine Rutenbewegung übersehen wir schnell im Alltag. Zwar können wir bei unserem Hund erkennen, wenn er bei großer Angst seine Rute zwischen die Beine klemmt, bei den feineren Ausdrücken aber müssen wir unsere Sinne sehr viel besser schärfen, um sie auch erkennen zu können.

Oder ein anderes Beispiel: Sie bekommen Besuch von Kindern. Ihr Hund geht zur Begrüßung zu den Gästen. Sehen Sie wirklich die leicht nach hinten gezogenen Ohren, die leicht mandelförmigen Augen und das leichte Vibrieren der linken Lefze, wenn er die Kinder ansieht? Dieser Hund hat zwei Motivationen: Er möchte sich den Kindern zwar annähern, um sie zu erkunden und zu begrüßen, doch gleichzeitig möchte er, dass die Kinder eine gewisse Distanz zu ihm wahren und nicht einfach auf ihn zukommen. Hätten Sie dies bemerkt?

Dank der Zeitlupe können Sie Bewegungen nacheinander …

… und in Ruhe hintereinander analysieren. Das hilft Ihnen bei der Auswertung.

Nasenrücken
Stirn
Auge
Ohr
Nase
Nackenhaare
Zähne
Zunge
Maulspalte
Lefzen
Haare
Pfoten

Rumpf
Kruppe
Rute

DIE OPTISCHEN KOMPONENTEN **DER KOMMUNIKATION**

Schauen wir uns zunächst die optischen Komponenten an. Im Folgenden stellen wir die Ausdrucksformen der wichtigsten Körperteile im Überblick vor, sodass Sie einen Eindruck von der Körperhaltung in verschiedenen Stimmungen bekommen.

Klare Ansage

Das Ausdrucksverhalten eines Hundes ermöglicht es ihm, Informationen vielfältiger Art zu übermitteln. Dabei sind die optischen Ausdruckssignale nicht notwendigerweise an einen speziellen Adressaten gerichtet, sondern sie können durch ganz unterschiedliche und für uns sogar belanglos erscheinende Vorkommnisse wie beispielsweise Umweltgeräusche ausgelöst werden.

Interessanterweise ist die Mimik von Haushunden gegenüber der von Wölfen eingeschränkt, was sich auf die Selektion während des Domestikationsprozesses zurückführen lässt. Hinzu kommt, dass es bestimmte angezüchtete körperliche Veränderungen erschweren können, optisches Ausdrucksverhalten rechtzeitig oder überhaupt wahrzunehmen. Das stellt sowohl Sie als Hundehalter als auch den Vierbeiner selbst das eine oder andere Mal vor eine Herausforderung.

Das Ausdrucksverhalten des Hundes entsteht durch viele einzelne Signale. So runden die taktilen, akustischen, olfaktorischen, gustatorischen und optischen Möglichkeiten die ganzheitliche Kommunikation ab Erst die Gesamtheit der Signalkomponenten ergibt das Ausdrucksverhalten.

Betrachten wir nun die einzelnen Körperteile, die an der Kommunikation beteiligt sind. Wie immer gilt: Es sind die Extreme der Körperformen, die wir auf den folgenden Seiten beschreiben. In Wirklichkeit gibt es natürlich ein Kontinuum dazwischen, sodass auch unterschiedlichste Mischformen gezeigt werden.

Position, Bewegung und Körperhaltung

Um den Ausdruck Ihres Vierbeiners beschreiben zu können, schauen Sie zunächst, in welcher Position er sich befindet und welche Bewegung er gerade ausführt. Verschiedene Kontexte bieten genügend Optionen für den Hund, sich unterschiedlich zu positionieren oder zu bewegen. Durch diese Fähigkeit und große Bandbreite kann der Hund seinem Gegenüber und somit auch Ihnen direkt mitteilen, wie es ihm geht. Nutzen Sie dazu Verhalten aus dem Alltag.

Einen großen Vorteil hat Ihr Hund, wenn er bereits in frühen Lebenswochen und -monaten viele Situationen erleben konnte, in denen er mit und durch Artgenossen lernen durfte, was es bedeutet, überlegen, unterlegen oder in guter Balance zu sein. Dann kann er nämlich zu den Kontexten nicht nur die entsprechenden Gefühle durchleben, sondern diese auch durch das Ausdrucksverhalten zeigen. Wie im Inneren, so auch im Äußeren – könnte das Motto lauten.

Beobachten Sie verschiedene Momente im Alltag, etwa wenn Ihr vierbeiniger Liebling mit

Schauen Sie sich auch mal den Schwerpunkt des Hundes an, wenn er sitzt.

Gut zu wissen

Verhalten interpretieren

Das Verhalten unseres Hundes richtig zu interpretieren, ist aus verschiedenen Gründen gar nicht immer so einfach, ...

- weil die Intensität der Wahrnehmung von Hund und Mensch nicht identisch ist und wir keine Vorstellung von seinen Empfindungen haben. Die Sinnesleistungen von Hunden unterscheiden sich von den unseren – und damit auch die Wichtigkeit der einzelnen Sinne. Wie fühlt es sich wohl an, die Welt zu »riechen«? Wir wissen es nicht!
- weil wir einzelnen Verhaltenssequenzen oftmals mehrere Bedeutungen beimessen. Denn der Hund zeigt uns bestimmte Dinge, wie beispielsweise Augen aufreißen, Maul öffnen, mit der Rute wedeln usw., in verschiedenen Zusammenhängen.
- weil bei vielen Hunden bestimmte Verhaltenssequenzen aufgrund von Behaarung oder züchterischer Veränderung nicht klar zu erkennen sind.
- weil Hunde sehr schnell reagieren können, und daher viele Handlungen so schnell erfolgen, dass wir sie nur mit technischen Hilfsmitteln erfassen können (Sequenzen filmen und in Zeitlupe ablaufen lassen).

Artgenossen kommuniziert. Welche Position nimmt er dabei ein? Welche Bewegungen sind zu erkennen, und wie sieht seine Körpersprache aus? Unterteilen Sie Ihre Beobachtung in diese drei wichtigen Abschnitte:

Position: Beobachten und beschreiben Sie, in welcher Position sich Ihr Hund befindet. Bleibt er etwa stehen? Läuft er von einem Reiz weg oder zu einem Reiz hin? Liegt er vielleicht unter einem anderen Hund oder steht er auf oder über dem Artgenossen?

Bewegung: Welche Bewegungen können Sie an Ihrem Vierbeiner ausmachen? Bewegt sich der ganze Hund oder nur Teile seines Körpers, wie etwa einzelne Sinnesorgane? Wie setzt er seine Pfoten ein? In welcher Geschwindigkeit setzt er seine Bewegung fort? Die Gangart eines Hundes lässt beispielsweise Rückschlüsse auf seinen Gemütszustand zu. So deutet etwa ein flüssiger, lockerer Gang mit erhobenem Kopf in der Regel auf ein entspanntes und selbstbewusstes Verhalten hin. Ein steifer oder unsicherer Gang mit gesenktem Kopf hingegen könnte auf Nervosität, Unterwürfigkeit oder auch Drohverhalten schließen lassen. Achten Sie unbedingt auch auf eventuelle Lahmheiten oder Auffälligkeiten im Gang, die Anzeichen körperlicher Probleme sein könnten. Ist dies der Fall, so ersuchen Sie bitte umgehend tierärztlichen Rat.

Hunde können übrigens vier Gangarten zeigen: Schritt, Trab, Galopp und Passgang. Letzteren erkennen Sie oft kurz als physiologischen Zustand von Schritt in Trab.

Körperhaltung: Die Körperhaltung des Hundes ist ein weiterer wichtiger Indikator für sein Befinden. Hierbei gehen Sie zuerst nur der Frage nach, wie Ihr Vierbeiner seinen Körper »hält«. Ein aufrechter und gestreckter Rücken

Verstärken Sie Ihren Hund, wenn er entspannt ist. Er lernt dadurch, dass dies gut für ihn ist.

signalisiert oft Selbstbewusstsein und Klarheit. Ein abgesenkter Rücken mit eingezogener Rute kann auf Unsicherheit oder Angst hinweisen. Beschreiben Sie bei Ihren Beobachtungen auch die Körperhaltung der einzelnen Sinnesorgane und Körperteile, wie beispielsweise der Augen, der Schnauze, der Ohren, der Pfoten usw. Wo liegt der Schwerpunkt des Körpers?

Sie werden sehen, dass es bei vielen Hunden in ein und derselben Situation zu Mischmotivationen kommt. Das bedeutet, dass es in der Körperhaltung Wechsel geben kann, indem Sie etwa mal einen aufrechten und mal einen abgesenkten Rücken beobachten können.

Die entspannte Körperhaltung

Auf den Seiten 164/165 sehen Sie einen neutral entspannten Hund in seiner natürlichen und normalen Körperspannung. In diesem Modus muss sein Körper kaum Energie aufbringen – alles ist weich, locker und entspannt. Erst wenn wir wissen, wie die wichtigsten Körperteile des Hundes im entspannten Modus aussehen, sind wir in der Lage, Stimmungsveränderungen wahrzunehmen. Die wichtigsten Komponenten einer entspannten Körperhaltung stellen sich wie folgt dar:

- Der Hund geht aufrecht, ohne dass die Beine durchgedrückt werden oder der Gang steif wird.
- Der Schwanz hängt (je nach Rassezugehörigkeit) locker herab.
- Das Gesicht und die Lefzen sind entspannt.
- Die Ohren werden zur Geräuschwahrnehmung bewegt, eventuell unabhängig voneinander, und beim Beschnuppern von Gegenständen leicht zurückgelegt.
- Das Fell liegt locker auf der Haut auf.
- All diese Ausdrucksformen vergeuden keine Energie, sondern schmiegen sich gemäß ihrer Natur an den Körper an.

Unser Tipp: Fotografieren Sie Ihren Vierbeiner in einer entspannten Stimmung und betrachten Sie die einzelnen Körperteile, wie sie sich mit einem Stimmungswechsel verändern.

Zwei Beispiele aus der Praxis

Damit Sie zukünftig unmittelbar erkennen, welches Verhalten Ihr Hund zeigt, können Sie die drei Punkte schnell kategorisieren und beschreiben, was Sie sehen. Um zu verdeutlichen, wie Sie vorgehen können, üben wir dies anhand zweier Beispiele aus unserer Praxis.

Beobachten Sie, wie sich Ihr Hund hinlegt. Dies kann Aufschluss darüber geben, ob …

… das Hinlegen ganz entspannt erfolgt oder unter Stress. Erkennen Sie vielleicht sogar Schmerzen?

Beispiel 1: Sie sehen auf der Freilauffläche drei Hunde, die miteinander spielen. Ihr Vierbeiner läuft frei. Wie reagiert er? Folgendes können Sie beobachten:

› **Position:** Ihr Hund verändert die Position, indem er auf die Gruppe zusteuert.
› **Bewegung:** Ihr Hund läuft schneller als vorher, nämlich auf direktem Weg im gestreckten Galopp und mit gleichmäßigen Bewegungen. Je näher er zu der Gruppe kommt, desto langsamer wird er, bis er schließlich aus dem Trab in den Schritt und in einem Abstand von etwa 20 Zentimetern in den Stand übergeht.
› **Körperhaltung:** Ihr Hund spannt seine Muskeln an, die er zur Fortbewegung benötigt. Pfoten, Rumpf und Kopf sind angespannt und auf die anderen Hunde ausgerichtet. Der Kopf wird hoch getragen, die Rute wedelt dem Kontext angepasst mit. Die Hängeohren sieht man im Galopp in der Luft »fliegen«. Die Körperhaltung verändert sich: Je näher er den Artgenossen kommt, desto langsamer wird er und spannt nun andere Muskeln an, die nicht mehr das Ankommen bei der Gruppe fördern, sondern eine Körperhaltung zeigen, die nun wichtig ist, um das Ziel des Kennenlernens und der Integration in die Gruppe zu fördern. Sie werden nun eine lockere Anspannung und Aufmerksamkeit des Hundes erkennen.

Beispiel 2: Sie gehen mit Ihrem Hund spazieren, und plötzlich kommt der Erzfeind Ihres vierbeinigen Lieblings um die Ecke gebogen. Legen Sie den Fokus nicht auf das eigene Verhalten, sondern wechseln Sie in die Beobachterposition. Folgendes können Sie erkennen:

- **Position:** Kaum sieht Ihr Hund den Erzfeind, bleibt er an Ort und Stelle abrupt stehen und verändert seine Position nicht mehr.
- **Bewegung:** Seine Bewegungen stellt er ein, einzig die Rute bewegt sich in langsamer Taktung.
- **Körperhaltung:** Ihr Vierbeiner richtet sich und ebenso wichtige Sinnesorgane wie Ohren, Blick usw. zum anderen Hund hin aus. Auch sein Körperschwerpunkt orientiert sich nach vorn, zum Erzfeind hin.

Der Körperschwerpunkt

Im zweiten Beispiel sprechen wir den Körperschwerpunkt des Hundes an. Dieser zeigt, wohin der Körper ausgerichtet ist. Das kann nach oben, unten, hinten oder vorn sein. Die gegenteiligen Ausrichtungen deuten gegenteilige Stimmungen und Absichten an.

Grundsätzlich weisen Schwerpunktverlagerungen nach oben und vorn auf ein offensives, Verlagerungen nach unten und hinten auf ein defensives Verhalten hin. Sehr einfach ist es, wenn wir eine einheitliche Ausrichtung erkennen können, wie beispielsweise in folgendem Fall: Ein Fotograf soll schnell ein Bild von einem Hundehalter machen, der seinen vierbeinigen Liebling eng umarmt. Oft ist auf solchen Fotos zu sehen, wie der Vierbeiner aus dem Gleichgewicht heraus seinen Körperschwerpunkt vom Menschen abgewandt verlagert, weil er in diesem Moment die ungewohnte Nähe mit dem Umarmen als unangenehm empfindet.

Etwas komplexer wird es, wenn Elemente wie eingezogene Rute und abfallende Kruppe auf ein defensives Verhalten deuten, sich gleichzeitig aber Hals und Kopf mit einer Schnappbewegung nach einem Gegner aus-

Sie merken an der Körperspannung Ihres Vierbeiners, ob er Umarmungen mag.

Das Ohr richtet sich dem Reiz gegenüber nach vorn aus, genauso wie auch das Gesicht.

richten. Solche Mischmotivationen können wir häufig beobachten. Die sich scheinbar widersprechenden Elemente drücken 1:1 die innere Gestimmtheit aus.

Achtung, Leinenreaktivität!

Eine Fehlinterpretation der Schwerpunktverlagerung kann im Falle einer Leinenreaktivität eintreten. Es gibt Hunde, die an der Leine zu Artgenossen hinziehen und dabei ihren Körperschwerpunkt in Richtung des anderen Hundes verlagern, dieses Verhalten aber nicht zeigen würden, wenn sie im Freilauf wären. Grund dafür ist häufig der Oppositionsreflex: Oft ziehen Menschen ihren Vierbeiner in angespannten Situationen zurück bzw. halten dagegen, um selbst standhalten zu können. Mit dem gedanklichen Fokus auf den anderen Hund gerichtet, nimmt unser Vierbeiner dies nur unbewusst wahr und lehnt sich automatisch auch gegen die Leine. Die Ausrichtung des Schwerpunkts muss in diesem Fall nichts mit seiner eigentlichen Absicht zu tun haben.

Probieren Sie das einmal bei einem Menschen: Kündigen Sie an, dass Sie einen kleinen Versuch vorhaben, und drücken Sie mit Ihrer Hand gegen die Schulter der anderen Person. Damit die Person nicht glaubt, Sie wollten sie in eine bestimmte Position rücken, machen Sie es am besten mit jemandem, der auf einem Stuhl sitzt. Zunächst drücken Sie ganz leicht, später aber gern auch mal etwas stärker. Die meisten Menschen werden nun automatisch ihren Körper gegen Ihre Hand nach vorn schieben – und zwar mit einer gewissen Intensität, damit sie in ihrer ursprünglichen Position verbleiben können.

Mimik und Gestik des Hundes

Das Gesicht des Vierbeiners dient dem Hundehalter oft als primäres Instrument, um den Gemütszustand seines Lieblings abzuleiten. Dabei ist es hilfreich, dass die Mimik aller Säugetiere große Ähnlichkeiten miteinander aufweisen. Offensive Aggression oder große Angst beim Hund können wir intuitiv erkennen, selbst wenn wir keine Erfahrungen mit Hunden haben.

Das schnelle Erkennen von Ausdrucksverhalten führt dazu, dass auch Sie flinker in Ihren Reaktionen werden und sowohl frühzeitig als auch auf Distanz positiv eingreifen können. So gelingt es Ihnen, das Verhalten Ihres Hundes rechtzeitig und entspannt umzulenken.

Die Ohrstellung

Das sichtbare Hundeohr besteht aus der Ohrmuschel, die mit der Basis beweglich am Kopf anliegt. Das Ohr kann an der Basis nach vorn und hinten sowie zur Kopfmitte gezogen werden oder seitlich sinken. Ebenso kann sich die Ohrmuschel um die senkrechte Achse drehen. Um verschiedenen Geräuschquellen gleichzeitig nachzugehen, drehen sich beide Ohren unabhängig voneinander in verschiedene Richtungen.

Das Erscheinungsbild der Bewegungen wird durch die Ohrform stark beeinflusst. Steh-, Hänge- und Kippohren sind die häufigsten Varianten. Beim sogenannten Rosenohr (Englische Bulldogge, Whippet usw.) kann trotz

Die Ohrstellung beim Hund

Die Ohrstellung eines Vierbeiners lässt sich mit der eines anderen nicht pauschal vergleichen. Bedenken Sie bei der Beobachtung zudem, dass die Ohrstellung extrem schnell wechseln kann.

Ohrstellung	Mögliche Bedeutung
Die Ohren sind in der Grundposition.	Der Hund ist entspannt/neutral.
Die Ohren sind nach vorn gerichtet, angespannt, eventuell vibrieren sie leicht.	Der Hund ist angespannt, aufmerksam, fokussiert, etwa beim Beobachten von Beutereizen oder Wahrnehmen eines Feindes.
Die Ohren drehen sich in verschiedene Richtungen.	Der Hund orientiert sich.
Die Ohrbasis und die Ohrlappen sind nach hinten gezogen, die Ohren liegen an.	Unsicherheit, Angst, Unterwürfigkeit
Die Ohren sind in Kombination mit anderen Drohsignalen, wie Lefzen heben usw., seitlich nach hinten geklappt.	Defensives Drohen
Die Ohren sind in Kombination mit anderen Drohsignalen steif nach vorn gerichtet.	Offensives Drohen
Die Ohrenbasen ziehen sich zur Kopfmitte, die Ohren sind nach vorn aufgestellt, kombiniert mit einem freundlichen Ausdruck und einem erhobenen Kopf. Hals und Nacken sind zu einem Bogen geformt.	»Sexöhrchen«, ein Rüde imponiert einer Hündin.

Schauen Sie sich diese Aufnahmen an, die nacheinander …

… der Reihe nach fotografiert wurden.

Sie erkennen, dass die Ohren immer passend zum gesamten Körper …

… hin ausgerichtet sind. Nichts ist Zufall.

Hängeohr das Innere der Ohrmuschel gesehen werden. Ebenso können die Ohren weiter oben und seitlicher am Kopf angesetzt sein.

Nun wird verständlich, dass man nicht eine Fotoaufnahme seines Hundes in einer bestimmten Situation analysieren kann, wenn man nicht die entspannte Grundposition als Ausgangsstellung des Hundes kennt. Doch wofür könnte es nun wichtig und nützlich sein, die Ohrstellung seines Vierbeiners richtig zu interpretieren?

- Halter eines Rüden können eher einschätzen, ob die Reaktion ihres Hundes auf eine Hündin »normal« ist oder ob diese eventuell für den Rüden paarungsbereit wirkt.
- Im Falle einer Aggressionsäußerung des Hundes lässt sich erkennen, ob der Vierbeiner Angst vor dem Auslöser hat oder ob er diesen mit hohem Selbstwertgefühl vertreiben möchte. Diese Analyse dient als Grundlage für ein Training bei Problemverhalten wie Leinenreaktivität oder Aggression.
- Nimmt der Hundehalter im Training oder in der Kommunikation wahr, dass ein Ohr des Hundes in eine andere Richtung zeigt, kann er davon ausgehen, dass sich ein Teil seiner Konzentration in diese Richtung fokussiert.

Kopfhaltung und Hals

Kennen Sie die »Normalstellung« des Hundes in seiner Ausgangssituation? Der Hals kann aufgerichtet oder gesenkt werden. Das Aufrichten kann eher gerade oder mit einem Bogen nach oben und unterschiedlich stark akzentuiert werden. Die Haare im Nackenbereich können sich aufstellen, wodurch die Wirkung verstärkt wird.

Ein Hund, zwei Situationen. In der Feinheit erkennen Sie, dass die Nackenhaare der Situation …

… angepasst werden: entspannte Kommunikation mit etwas Bekanntem und vorsichtiges Erkunden.

Kopf und Hals des Hundes

In der folgenden Übersicht erhalten Sie einige oft vorkommende und typische Haltungen für Kopf und Hals des Hundes.

Kopf und Hals	Mögliche Bedeutung
Normale, entspannte Haltung des Halses	Entspannt, neutral
Der Hals ist etwas mehr aufgerichtet, angespannt und in Kombination mit den Ohren, die aufgerichtet in dieselbe Richtung deuten.	Der Hund ist auf einen Reiz ausgerichtet.
Der Hals wird deutlich aufgerichtet, der wird Kopf bewegungslos auf den Reiz ausgerichtet.	Hohe Anspannung und starke Fokussierung auf einen Reiz. Der Hund befindet sich in der Orientierung oder im Übergang zu einer nächsten Handlung wie Flucht, Angriff, Verfolgen von Beute, Annäherung zum Spiel usw.
Der Kopf wird tief gehalten, eingezogen und/oder weggedreht.	Defensives Verhalten, meistens in der Kommunikation mit anderen; drückt auch Angst und Unsicherheit aus
Der Kopf wird zunächst tief gehalten, dann schräg nach oben in Richtung des Kopfes des anderen Hundes gerichtet.	Defensives Verhalten, Beschwichtigung, aktive Unterwerfung
Der Hals wird weit aufgerichtet, und der Kopf wird in Kombination mit durchgestreckten Beinen und erhöhter Körperspannung steif gehalten.	Imponierverhalten. Beim gegengeschlechtlichen Imponieren des Rüden wird der Hals leicht gebogen.
Der Kopf wird nach vorn gestreckt, der Hals wird aufrecht getragen, hinzu kommen weitere Merkmale der Mimik.	Offensives Drohen
Drohmerkmale der Mimik mit nach hinten gestrecktem oder zurückgezogenem Kopf	Defensives Drohen
Auflegen des Kopfes auf den Rücken eines Artgenossen oder Schoß eines Menschen. Der Fachbegriff heißt »Chin resting«.	Das Auflegen des Kinns wird häufig beim Imponieren gezeigt, kann aber im Rahmen einer Annäherung eine sozio-positive Handlung sein.

Der Kopf kann in verschiedene Richtungen gedreht, gestreckt, eingezogen oder weggedreht werden. Er zeigt, wenn er nicht offensichtlich weggedreht wird, in die Richtung, aus der die für den Hund wichtigsten Reize kommen. Es kann sein, dass Ohren oder Augen zuerst einen wichtigen Reiz wahrgenommen haben und sich zuerst in die entsprechende Richtung drehen. Der Kopf folgt zeitlich kurz versetzt, wenn dem Reiz eine bestimmte Bedeutung beigemessen wird.

Die Augenregion

In der Augenregion lenken wir unsere Aufmerksamkeit auf viele unterschiedliche Details. Zunächst erkennen wir die muskuläre Anspannung, mindestens der Augenbrauen und deren Bewegungen. Weiterhin kann sich die Augenform, die Größe der Augenöffnung, die Pupille und der Blick verändern. Blinzeln oder Nicht-Blinzeln wie auch mehr oder weniger Weiß im Auge sind weitere Ausdruckselemente.

Augenform und Augenöffnung

Um die Augen herum liegen viele verschiedene Muskeln, die die Augenform und -öffnung verändern. Diese Muskeln koordinieren sich zusammen mit der Muskulatur anderer Regionen des Gesichts. Wenn etwa bei einem Demuts- oder Angstverhalten die Ohren nach hinten gehen, ziehen sich die Augenränder in die Länge und werden schlitzförmig oder zumindest mandelförmig, wenn sie vorher rund waren.

Wenn Sie zukünftig also Veränderungen der Augenform bemerken, dann gehen damit auch automatisch Veränderungen in anderen Bereichen einher. Behalten Sie dies bitte im Hinterkopf, wenn Sie sehen, dass die Augen runder,

Beobachten Sie nicht nur die Blickrichtung, sondern auch die Größe der Pupille und des gesamten Augenbereichs.

mandelförmiger oder schlitzförmig werden. Die Augen können auch unterschiedlich weit geöffnet sein. Wenn Sie dies bemerken, beobachten Sie auch andere Ausdruckselemente und ziehen Sie Rückschlüsse über die Motivation, mögliche Schmerzen, Müdigkeit, Aufregung oder Entspannung.

Der Blick

Der Blick des Hundes ist nach vorn, seitlich, nach unten und (im Gegensatz zum Wolf) nach oben möglich. Er kann – je nach Anspannung der Augenmuskulatur – weicher oder härter wirken. Neben der Muskulatur hat das Blinzeln hierauf eine Auswirkung: Wenig oder kein Blinzeln lässt den Blick härter und fixierend wirken, häufigeres Blinzeln dagegen weicher.

Die Blickrichtung bestimmt die nächste Aktion des Hundes. Egal, in welcher Situation sich Ihr Vierbeiner gerade befindet, sein Blick deutet an, in welche Richtung er seine nächste Aktion plant.

Eine offensive Drohung wird mit einem fixierenden oder starren Blick begleitet. Die Augenform ist eher rund. Im Gegensatz dazu ist der Blick bei defensivem (beschwichtigendem, submissivem oder ängstlichem) Verhalten abgewandt, die Augen werden schlitzartig. Sie sind halb geschlossen und blinzeln. Beim gleichgeschlechtlichen Imponieren geht der Blick oft seitlich am Kopf vorbei über den Rücken oder über die Kruppe des anderen Hundes hinweg.

Die Pupille

Die Größe der Pupillen hängt vom Lichteinfall und der Erregungslage ab. Die Aufgabe der Pupille besteht zunächst darin, den Lichteinfall ins Auge zu regulieren. Bei hellem Licht ziehen sich die Pupillen zusammen, bei Dunkelheit weiten sie sich, damit mehr Licht ins Auge eindringt. Gehirnaktivitäten und Emotionen beeinflussen die Pupillengröße. Das sympathische Nervensystem sorgt bei Erregung für die Erwei-

Schwarzer Hund und dunkle Augen – der Blick des Vierbeiners ist nur schwer zu erkennen.

Bei hellen Hunden und dunklen Augen lässt sich die Größe der Augen zumindest leichter erkennen …

terung der Pupillen, wie bei Angst oder Stress. Es kann ein Hinweis darauf sein, dass sich der Hund unwohl fühlt und möglicherweise in die Verteidigung oder in den Fluchtmodus übergehen könnte. Eine starke Vergrößerung der Pupillen in Kombination mit anderen Anzeichen von Angst, wie dem Zurückziehen der Ohren oder dem Einziehen der Rute, deutet darauf hin, dass der Hund gestresst und/oder ängstlich ist und Ihre Unterstützung benötigt.

Würden Sie beispielsweise versuchen wollen, einen Hund mit Schmerzen zu berühren und dieser will das nicht, würden in einer langsamen Annäherung der Hand kurz vor der Abwehrreaktion des Hundes die Pupillen größer werden. Bei Ekel dagegen zieht sich die Pupille eher zusammen.

Große Pupillen, trotz genügend Licht, deuten auf eine größere Erregung hin. Dies muss allerdings nicht nur mit Angst und Aggression zu tun haben, sondern kann sich zum Beispiel auch auf Sex beziehen.

Was ist ein »Whale-Eye«?

Haben Sie schon einmal den Begriff »Whale-Eye« oder »Walauge« im Zusammenhang mit dem Hund gehört oder gelesen? Damit ist gemeint, dass das Weiße im Auge Ihres Vierbeiners zu sehen ist. Dieser Effekt entsteht, wenn Ihr Liebling seinen Blick in eine andere Richtung dreht als die Richtung, in der sich der Kopf befindet.

Dieses Phänomen tritt in unterschiedlichen Situationen auf, etwa wenn ein Hund seinen Kopf auf seinen Kauknochen legt und dabei zu einem anderen Artgenossen blickt, um zu schauen, wie dieser sich weiterhin verhält. Oder ein anderes Beispiel: Ein müder Hund liegt in seinem Körbchen und wird angesprochen. Statt den ganzen Kopf zu heben, dreht er nur seine Augen in Richtung Mensch, sodass das Weiße im Auge sichtbar wird. Je nach Situation kann es sich um ein Stressanzeichen handeln, weil der Hund sich eventuell in einem Konflikt befindet.

... doch geben Sie nicht auf – Ihr Liebling dankt es Ihnen, wenn Sie seinen Blick richtig deuten können.

Egal, welche Fell- und Augenfarbe – mit ein bisschen Übung werden Sie alle Hunde analysieren können.

Beobachten Sie den Gesichtsausdruck des Golden Retrievers, der sich durch die Distanzverringerung des Viszlas verändert. Diese Aufnahmen entstanden zusammen in weniger als drei Sekunden, und Sie erkennen deutliche Stressanzeichen als sofortige Reaktion auf das Verhalten des Viszlas.

Die Schnauzenregion

Beobachten Sie die verschiedenen Details an der Schnauze. Wir betrachten den Nasenrücken, der glatt oder gekräuselt sein kann, die Öffnung des Mauls, die Position der Lippen und die dadurch bedingte Sichtbarkeit der Zähne sowie die Maulspalte und die Zunge.

Nasenrücken und Lefzen

Das Kräuseln des Nasenrückens ist die Folge des Anhebens der Lefzen. Je nachdem, wie stark diese angehoben werden, kann sich der Nasenrücken kräuseln. Die häufigsten Situationen, in denen die Kräuselung auftreten, sind Ekel, Niesen und Drohverhalten.

Im entspannten Zustand sind die Lefzen ebenfalls locker und entspannt. Die Lippen können leicht geöffnet sein und die Zunge sichtbar machen. Die Lippen sind rassespezifisch mehr oder weniger stark ausgeprägt. Das Hochziehen der Lippen ist bei dem einen Hund kaum bemerkbar, während beim anderen Vierbeiner bereits die Zähne gut sichtbar sind. Und dies, obwohl beide Hunde sich in der gleichen Gefühlslage befinden und die gleiche Absicht verfolgen. Das Zeigen der Zähne stellt im Kontext des Drohens eine Demonstration der Waffen dar. Besonders gut erkennen Sie, dass das Aggressionsverhalten in der Intensität abgestuft gezeigt wird: Bevor mit den Zähnen wirklich zugebissen wird, werden sie erst einmal gezeigt – ähnlich wie der Revolvermann im Actionfilm seine Jacke zur Seite zieht, um seine Knarre zu zeigen. Das soll beeindrucken und den anderen in seinen Handlungen hemmen oder vertreiben. Je höher der Hund die Lefzen zieht, desto höher ist die emotionale Beteiligung.

Die unterschiedliche Motivationslage beim Drohen zeigt sich in der Muskelbewegung des ganzen Kopfes. Da sich bei defensivem Verhalten alles nach hinten zieht (die Ohren wandern nach hinten, die Augen werden schlitzartig), gehen auch die Lippen nach hinten. Bei geschlossenem Fang wird die Lippenlinie dadurch länger in Richtung Ohr. Bei geöffnetem Fang entsteht eine langgezogene Maulspalte. Damit ist der Mundwinkel gemeint, der spitz zuläuft. Anders verhält es sich beim offensiven Drohen. Dabei richtet sich alles nach vorn. Beim Öffnen des Fangs bleiben die Lippen an der Stelle, und die Maulwinkel bekommen eine runde Form.

Furchtgrinsen

In Situationen, in denen sich ein Hund äußerst unwohl fühlt und Hilflosigkeit ausdrückt, kann das Furchtgrinsen oder *submissive grin* gezeigt werden. Dies geht einher mit einer langen Maulspalte bzw. nach hinten gezogenen Lippen, seitlich abgespreizten Ohren, glatter Stirn und schlitzförmigen Augen. Die Stirn wirkt dadurch höher, und es entsteht ein kindlicher Eindruck.

Lächeln oder Lachen

Im Gegensatz zum Zähneblecken mit der Absicht des Drohens können einige Hunde Zähne mit einer anderen Intention zeigen. Dies noch nicht ganz erforschte »Lächeln des Hundes« wird nicht von allen Vierbeinern präsentiert. Wenn es gezeigt wird, erkennen wir es in einem freundlichen Kontext, wie beispielsweise zur Begrüßung oder Kontaktaufnahme oder aber auch im Spiel mit dem Menschen. Es wird vermutet, dass dieses Verhalten eine Anpassung an die menschliche Kommunikation darstellt. Das Zeigen der Zähne kann so intensiv sein, dass sich manche Menschen, denen dieses Verhalten nicht vertraut ist, vom Hund sogar bedroht fühlen.

Die Anspannung der aus dem Maul hängenden Zunge kann auf den Stresspegel hinweisen.

In Kommunikation mit seinem Gegenüber hingegen bleibt die Zunge meistens im Maul.

Die Zunge

Die Zunge befindet sich im Maul oder hängt aus diesem heraus. Ein ständiges Heraushängen kann bei älteren Hunden auf einen Schlaganfall oder fehlende Zähne zurückzuführen sein. Sie kann unterschiedlich stark angespannt sein, was wir natürlich nur sehen können, wenn der Fang geöffnet ist.

Eine Anspannung der inneren Zungenmuskulatur erkennen wir, wenn sich die Ränder der Zunge nach oben und sich die Zunge selbst nach innen wölbt. Die Spannung der Zunge gibt uns beispielsweise Hinweise darauf, ob das Hecheln des Hundes vor allem der Wärmeregulation dient oder womöglich auf Stress zurückzuführen ist.

Lecken der eigenen Schnauze

Es gibt zwei Hauptgründe, weshalb sich Hunde die eigene Schnauze lecken. Im ersten Fall geschieht dies nach einer Mahlzeit, höchstwahrscheinlich aus dem Antrieb heraus, sich zu säubern. Die Zunge wird von vorn seitlich zum Maulwinkel gezogen.

Im zweiten Fall handelt es sich um Verhalten, das in Stress- und Konfliktsituationen gezeigt wird. Die Zungenbewegung bezieht sich dabei oft nur auf den vorderen Bereich in Richtung Nasenspiegel. Obwohl es eine beschwichtigende Wirkung auf andere Vierbeiner hat, kann es auch zur Selbstberuhigung eingesetzt werden.

Viele Hunde zeigen ein häufiges kurzes Lecken über die vorderen Lippen, wenn ihnen ein Geschirr angezogen wird. Die eigentliche Abneigung des Anziehens und die gleichzeitige Freude über den Spaziergang fördern dieses Verhalten. Ob es vom Hund bewusst eingesetzt werden kann oder nur reflexartig gezeigt wird, ist noch nicht erforscht.

Auch die Vibrissen sind beweglich. Über diese Tasthaare werden jede Menge Reize aufgenommen.

Die Vibrissen

Als Vibrissen werden die Tasthaare, die vorwiegend im Gesicht eines Tieres wachsen, bezeichnet. Bei Hunden sind sie unterschiedlich deutlich ausgeprägt, auch Dicke und Wuchsrichtung unterscheiden sich individuell. Die Vibrissen befinden sich seitlich am Fang, unter dem Fang, an den Augenbrauen und den Wangen. Sie sind offiziell als Sinnesorgan anerkannt und dürfen nicht einfach abgeschnitten werden, weil dies nach gesetzlichen Maßstäben einer Amputation gleichkäme. Ihre Aufgabe ist zwar die Übermittlung von Informationen über Berührung und Wahrnehmen von Vibrationen, uns dienen sie in erster Linie als Informationsquelle über eine eventuelle Erregung des Hundes. Dies erkennen wir daran, dass der Vierbeiner seine Vibrissen deutlich abspreizt.

Die Stirn

Die Stirn kann sich kräuseln oder besonders glattgezogen werden. Dies hängt meist mit der Ohrstellung, den Augenbrauen und der Kopfausrichtung zusammen und resultiert somit aus den Bewegungen anderer Muskelgruppen. Bei den meisten Hunden führt eine entspannte Ohrstellung zu einer glatten Stirn. Bei einigen Rassen liegt die normal entspannte Stirn mehr oder weniger in Falten. Ziehen sich die Ohren nach hinten, wird die Stirn (noch) glatter. Eine Faltenbildung der entspannten Stirnhaut entsteht durch einen angehobenen bzw. nach vorn geschobenen Ohransatz, wie dies beispielsweise beim Imponieren oder vor allem beim Drohen geschieht.

Die Rute

Je nach Haltung und Bewegung verrät die Rute viel über die Erregungslage des Hundes. Allerdings wollen wir an dieser Stelle gleich betonen, dass es ein verbreitetes Missverständnis ist, Schwanzwedeln würde stets Freude bedeuten. Dem ist nicht so! Eine wedelnde Rute besagt erst einmal nur, dass der Hund Interesse zeigt, in welcher Form auch immer …

Wir unterscheiden zwischen der Rutenstellung und der Rutenbewegung.

Die Rutenstellung

Die Stellung der Rute kann von Über-den-Rücken-getragen bis Unter-den-Bauch-gezogen sein. Um Veränderungen in der Rutenstellung wahrzunehmen oder zu benennen, dient die Rückenlinie des Hundes als Anhaltspunkt.

Schauen Sie sich die Rutenhaltungen beider Hunde an. Sie sind mit Spielen beschäftigt und durch die Synchronizität erkennen Sie, dass die Hunde in gleicher Stimmung sind. Beobachten Sie Ihren eigenen Vierbeiner, ob Sie ein ähnliches Stimmungsbarometer auch bei ihm und seinem Gegenüber zeitgleich erkennen können.

Aussagen wie »über der Rückenlinie« oder »über dem Rücken getragen« sind hilfreiche Beschreibungen der Position.

In einer imponierenden, aggressiven Stimmung wird die Rute höher als normal über der Rückenlinie getragen. Je größer die Anspannung, desto steiler wird die Rute gehalten. In ängstlicher oder submissiver Stimmung dagegen wird sie tiefer gehalten als normal oder zwischen die Beine oder unter den Bauch eingezogen.

Die Rutenbewegung

Die Rutenbewegung wird unterschieden in Wedelamplitude und Wedelfrequenz. Erstere sagt aus, wie weit die Rute ausschlägt, Zweitere gibt an, wie schnell die Rute wedelt. Je nach physiologischem Aufbau können Hunde die ganze Rute bewegen oder nur die Schwanzspitze. Inzwischen wurde sogar herausgefunden, dass das Wedeln stärker links- oder rechtsseitig ausfallen kann. Dies soll in der jeweiligen Stimmung andeuten, welche Gehirnhälfte in dem Moment mehr beansprucht wird. Einen wirklichen Nutzen zur Dechiffrierung des Verhaltens bringt dies allerdings nicht.

Die Rute als Stimmungsbarometer

Je nachdem, in welcher Stellung die Rute gehalten und wie sie bewegt wird, kann dies als Anhaltspunkt für die Gemütslage des Hundes dienen. Dabei drückt die Rute die unterschiedlichsten Stimmungen aus:

- **Entspannung und Gelassenheit:** Hängt die Rute eines Hundes locker und in neutraler Position herab, deutet dies auf Entspannung und Gelassenheit hin. Der Vierbeiner fühlt sich wohl und hat keinen Grund zur Sorge. Eine entspannte Rute signalisiert einen ausgeglichenen und zufriedenen Zustand. Erkennen Sie an der Rutenhaltung einen entspannten Hund, verstärken Sie ruhig diesen Augenblick, um Ihrem Vierbeiner mitzuteilen, dass seine Stimmung und das Verhalten gut sind. So kann er lernen, dass ruhiges und entspanntes Verhalten lohnenswert für ihn ist. Oft legen wir Hundehalter den Fokus auf angespanntes Verhalten. Nun aber können Sie dank Ihres geschulten Auges diese Situationen erkennen und gezielt markern.
- **Unsicherheit oder Angst:** Zieht ein Hund seine Rute ein oder legt diese eng an seinen Bauch an, kann dies auf Unsicherheit oder Angst hinweisen. Eine niedrig gehaltene Rute könnte ein Zeichen dafür sein, dass er sich unwohl oder bedroht fühlt. Seien Sie einfühlsam und geben Sie Ihrem Liebling die Sicherheit, um sein Vertrauen zu stärken und Bewältigungsstrategien zu entwickeln. Ein Hinweis auf aktive Demut ist langsames bis schnelles Wedeln mit hoher Amplitude bei tiefem oder eingezogenem Schwanz.
- **Aggressionsverhalten:** Eine hoch oder in Verlängerung der Rückenlinie gerade getragene und steife, manchmal sogar aufrechte Rute kann ein Anzeichen für aggressives Verhalten sein. In Kombination mit anderen Signalen, wie gesträubtem Fell und knurrendem Verhalten, kann dies darauf hinweisen, dass der Hund sich in einer Verteidigungshaltung befindet. Die Rutenbewegung zeigt langsames bis stakkatoartiges, steifes Wedeln.

Sie erkennen, dass es im Falle einer (aus medizinischer Indikation) amputierten Rute für Hunde untereinander als auch für den Menschen leichter zu Fehlinterpretationen kommen kann, wenn ein wichtiges Ausdrucksmittel fehlt.

Special

Rute, Ohren, Vibrissen und Co.

Laut Tierschutzgesetz ist die Amputation von Organen und Körperteilen bei Hunden verboten. Eingriffe bedürfen einer medizinischen Indikation, und eine Verbesserung des Zustands nach einem Eingriff ist die Grundlage für diese Entscheidung. Dies hat sich mittlerweile in Deutschland, Österreich und der Schweiz herumgesprochen. Doch dies gilt nicht für alle Länder, und so kommt es vor, dass man immer noch Vierbeiner sieht, deren Ohren, Ruten und Vibrissen kupiert wurden.

Bitte machen Sie sich unbedingt bewusst, dass diese Amputationen große Auswirkungen auf den Hund haben:

Trauma

Der operative Eingriff führt womöglich zu einem Trauma für den Hund. Außerdem muss sich der Körper in den nächsten Wochen erst einmal neu ausrichten. Fehlen dann auch noch die wichtigen Kommunikationsmittel wie Rute und Ohren, so kann dies sehr stressig für den Vierbeiner sein.

Wirkung auf Artgenossen

Werden dem Hund Teile seiner Sinnesorgane entfernt, können Missverständnisse in der Kommunikation mit Artgenossen auftreten. An einer kupierten Rute lässt sich die Stimmung eines Hundes nicht so ablesen wie an einer, die die Natur ursprünglich proportional passend zum restlichen Körper erschaffen hatte. Es fehlen wichtige Merkmale, und damit steigt auch die Wahrscheinlichkeit, Aggressionen zu zeigen.

Eigene Wahrnehmung

Wurden dem Hund beispielsweise die Vibrissen abgeschnitten, so wird er in seiner eigenen Wahrnehmung in seiner Umwelt gestört. Dinge, die er vorher wie selbstverständlich aufnehmen konnte, sind in der Folge nicht mehr möglich. Sowohl die Logik dahinter – also warum das plötzlich nicht mehr geht – als auch die Aufnahme der Sinnesempfindungen selbst fehlen dem Hund nach dem Eingriff.

Bitte im Vorfeld bedenken

Versetzen Sie sich immer in die Lage, wie es einem Hund gehen muss und was er erdulden musste, wenn diese Amputationen oder das Kupieren aus Schönheitsidealen heraus durchgeführt wurden. Unterstützen Sie grundsätzlich nur gesunde Züchtungen und einen tierschutzkonformen Umgang mit Hunden – von Beginn an.

Achten Sie daher bitte auch unbedingt bei der Auswahl Ihres Hundes darauf, dass Sie einen Züchter suchen, der eine tierschutzkonforme Zucht unterstützt. Kaufen Sie niemals einen Vierbeiner aus Mitleid, auch wenn Ihnen dies vielleicht sehr schwer fällt.

Der Hund fühlt sich in seiner eigenen Haut am wohlsten. In einigen Ländern können Implantate aus Schönheitsidealen eingesetzt werden – zum Glück ist der Trend in Deutschland durch das Tierschutzgesetz verboten.

Gut zu wissen

Alles hängt miteinander zusammen …

Die Stirnhaut wird durch die Stellung der Ohren beeinflusst, und so können aus der Spannung bzw. Straffung der Gesichtshaut Erkenntnisse über die Stimmung des Hundes gewonnen werden. Nach hinten gezogene Ohren lassen die Haut glatt und ohne Falten aussehen, während nach vorn aufgestellte Ohren Falten sichtbar werden lassen. Bei Rassen mit weicher, stets in Falten gelegter Stirnhaut verliert die Stirn jedoch ihre Signalfunktion.

Selbst die Augenregion steht mit der Ohrstellung in Zusammenhang: Bei nach hinten gezogenen Ohren werden die Lidspalten weit geöffnet, umgekehrt nähern sich die Lider um so mehr an, je mehr die Ohren nach vorn gestellt sind. Bei Hunden mit besonders lockerer Haut um die Augen, wie etwa beim Bloodhound, kann der Ausdruck nur erschwert gedeutet werden.

Nasenrücken und Lefzen zählen zur Ausdrucksregion der Schnauze. Werden die Lefzen hochgezogen und dabei Zähne sichtbar, kräuselt sich gleichzeitig der Nasenrücken. Je nach emotionaler Gemütslage wird dann die Maulspalte lang oder kurz.

Sie sehen also: Im Ausdrucksverhalten bedingt eins das andere.

Die Haare

Erkenntnisse aus der Betrachtung des Fells lassen sich oft nur bei kurz- oder stockhaarigen Hunden ableiten. Die Vierbeiner können ihre Haare an verschiedenen Stellen aufstellen; im entspannten Zustand liegt das Fell flach an. Das Aufstellen der Haare sehen wir vornehmlich im Nacken- und Rückenbereich. Grundsätzlich wird dadurch zunächst Erregung ausgedrückt, woraus sich aber nicht generell ableiten lässt, in welcher Stimmung sich der Hund genau befindet. Es kann in Spielsituationen, bei Hundebegegnungen, beim Imponieren und vielen anderen Gelegenheiten geschehen.

Grundsätzlich lässt das Aufrichten der Haare einen Hund größer erscheinen und ist somit dem Demonstrieren bzw. dem Imponieren zuzuordnen. Nur weil ein Hund »gut aussehen« will, heißt dies aber nicht, dass er grundsätzlich aggressiv gestimmt ist. Es handelt sich um eine nicht willentlich gesteuerte Reaktion auf einen erregend wirkenden Reiz. Allerdings fällt auf, dass die Vierbeiner je nach Situation vermehrt die Haare auf dem vorderen und/oder aber auf dem hinteren Rücken aufstellen. Ob dies eine tiefere Bedeutung hat, wird unter Hundeexperten noch diskutiert.

Eine nicht bestätigte Hypothese lautet, dass aufgestellte Haare vornehmlich im vorderen Bereich eher auf eine selbstsichere und offensive Stimmung schließen lassen, während sie im hinteren Rücken eher auf eine Unsicherheit des Hundes hindeuten.

Stress am Fellzustand erkennen

Punktuelle Wellenbildung oder aber auch die Kräuselung einzelner Fellstellen kann auf kleinere Veränderungen im darunter liegenden Gewebe hinweisen, etwa auf Verspannungen.

Special

Wichtige Tags zu Körperteilen und Verhalten

#Pfoten

Tastwahrnehmung: Die Pfoten sind mit zahlreichen Nervenenden ausgestattet, die es dem Hund ermöglichen, seine Umgebung zu erfühlen und Informationen über den Boden, auf dem er läuft, zu erhalten. Durch das Tasten und Erforschen der Oberflächen mit den Pfoten kann der Hund Unebenheiten, Hitze, Kälte oder Feuchtigkeit wahrnehmen.
Temperaturregulierung: Die Pfoten spielen eine Rolle bei der Temperaturregulierung. Durch die Polster wird Wärme aufgenommen oder abgegeben, je nach den klimatischen Bedingungen. Dies hilft dem Hund, die Körpertemperatur aufrechtzuerhalten.

#Nase

Geruchsvermögen: Der Geruchssinn eines Hundes ist außergewöhnlich gut entwickelt und weitaus empfindlicher als beim Menschen. Die Nase enthält Millionen von Riechzellen, die winzigste Duftmoleküle aufnehmen und interpretieren können. Dadurch ist der Hund in der Lage, Gerüche zu identifizieren, zu verfolgen und Informationen über seine Umgebung zu sammeln. Auf diese Weise »liest« er Gerüche, die mit emotionalem Zustand, Fortpflanzung, Territorium oder sozialer Ordnung verbunden sind.
Orientierung: Die Nase hilft dem Hund, sich zu orientieren und seinen Weg zu finden. Hunde haben die Fähigkeit, bekannte oder markante Geruchsspuren wiederzuerkennen. Dies ermöglicht es ihnen, ihren Weg nach Hause zu finden, verlorene Gegenstände zu suchen oder Beute zu verfolgen. Sie können stereo riechen und somit die Richtung bestimmen, in die sich der Verfolgte bewegt.
Gesundheit: Die Nase eines Hundes kann wichtige Informationen über seinen Gesundheitszustand liefern. Veränderungen in der Farbe, Textur oder Feuchtigkeit der Nase können auf Krankheiten hinweisen.

#Zähneknabbern

Imponiert ein Rüde einer Hündin gegenüber, hören Sie das Aufeinanderschlagen der Schneidezähne nach Beriechen oder Belecken ihres Urins.

#Spielbellen

Hunde setzen im Spiel gern die Lautäußerung »Bellen« ein. Das Lautsystem »Bellen« ist durch den Umgang mit dem Menschen hoch entwickelt. So gibt es etwa eigene Spiellaute.

#Allelomimetisches Verhalten

Hunde zeigen »Mach-mit-Verhalten«, das andere Hunde oder Menschen animiert und dafür sorgt, dass sich Gruppenmitglieder im Verhalten synchronisieren sollen. Es hat eine ansteckende Wirkung. Dazu gehören das Kontaktliegen, aber auch freundliches Umeinanderlaufen, gemeinsames Schnuppern oder Chorheulen.

Häufig gehen diese subtilen Anzeichen im Alltag unter. Betrachten Sie daher immer wieder das Fell Ihres Lieblings. Erkennen Sie Kräuselungen oder Wellenbildung, können Sie zum Lösen von Verspannungen zunächst kleine Massagen oder die Tellington-TTouch®-Methode einsetzen. Dies sind Berührungen, die durch das Einmassieren einer bestimmten Eineinviertelkreis-Bewegung auf die Haut sehr gute Dienste leisten.

Durch verschiedene Druckstärken, Schwerpunkte usw. werden Sie erkennen, dass sich auch zeitnah die Struktur der Haare wieder dem Gesundheitszustand anpasst. Sollten Sie jedoch feststellen, dass sich die Verspannungen und damit auch die betroffenen Fellbereiche nicht lockern lassen, bitten Sie Ihren Tierarzt oder Tierphysiotherapeuten, sich die Stellen ganz genau anzusehen.

Gut zu wissen

Lang oder kurz?

Beachten Sie, dass nicht alle Hunde über ausgeprägte oder leicht erkennbare Nackenhaare verfügen, wie etwa kurzhaarige Rassen. Bei Hunden mit längerem oder dichterem Fell kann das Aufstellen der Nackenhaare schwierig zu sehen sein. Bei zu langem Fell ist eine Interpretation knifflig, da das lange Fell lediglich in den Ansätzen aufgestellt werden kann, jedoch der Ansatz durch die Länge und Schwere der Haare überdeckt wird.

Je länger das Haarkleid, umso genauer müssen Sie schauen, was Ihr Hund über sein Fell mitteilt.

Mysteriöse Spontanschuppung

Beim Thema Stress sprachen wir bereits an, dass Haarausfall und Spontanschuppung zu den Symptomen gehören (→ Seite 52). Hierbei verlieren die Vierbeiner eine Menge Haare, die entweder ausfallen, wenn die Hunde gestreichelt werden, oder die auf ihrem Liegeplatz zu finden sind. Die Schuppung lässt sich am ehesten bei kurzhaarigen und/oder dunklen Hunden erkennen. Ihr Rücken sieht dann aus, als sei er wie mit Mehl bestäubt. Die Schuppen sind winzig klein.

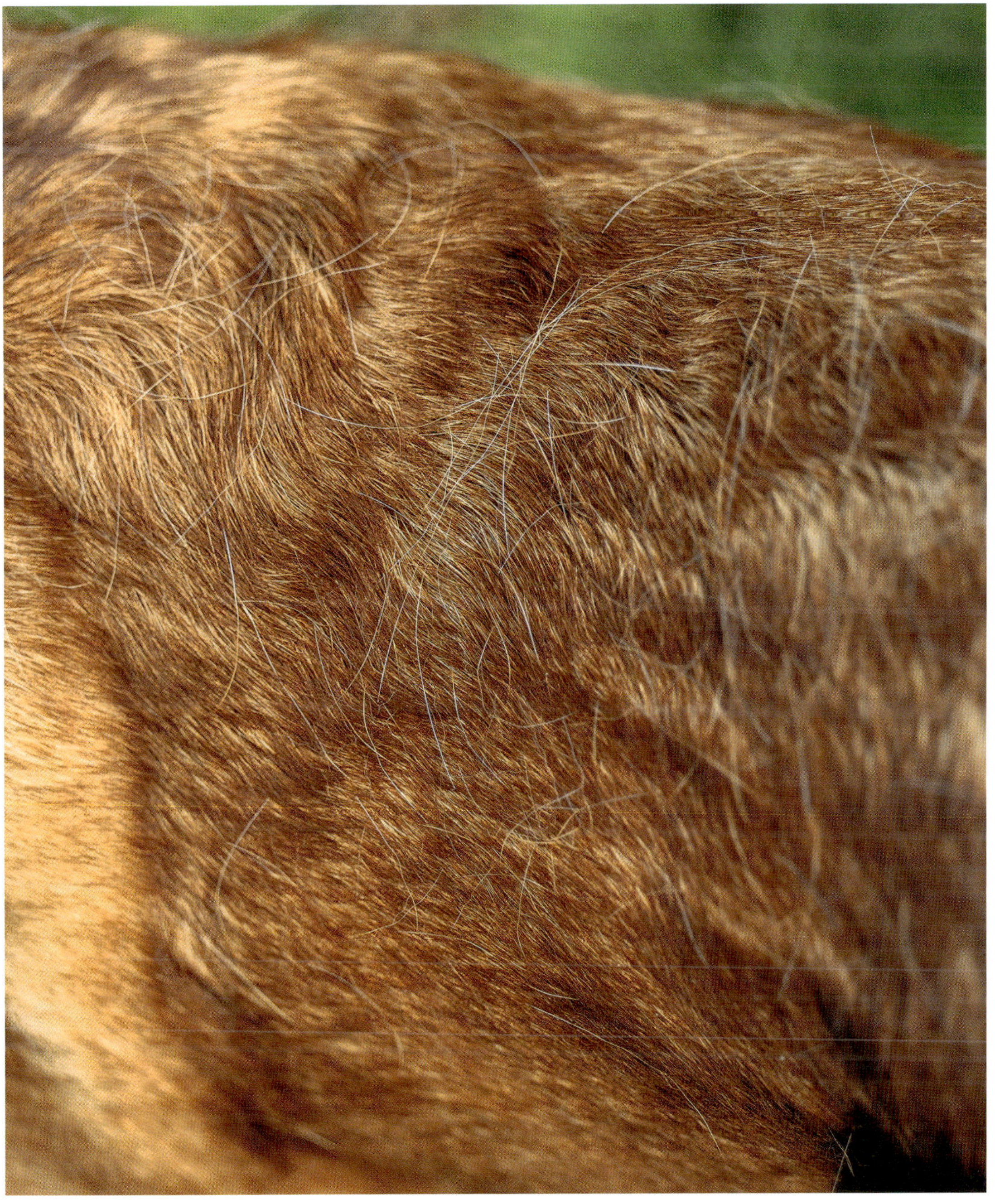

Prüfen Sie bei Ihrem Hund regelmäßig folgende Parameter: die Dichte des Fells. Ist es stumpf oder glänzend? Gekräuselt oder glatt? Sind Schuppen zu sehen? Gibt es Haarausfall?

Special

Die vier Grundstimmungen eines Hundes

Betrachten wir nun all diese Einzelsignale von Kopf, Rute und den anderen Körperregionen und fügen sie zu einem Bild zusammen. Auf diese Weise lassen sich die vier Grundstimmungen eines Hundes darstellen.

1. Der neutrale Hund

Ist der Vierbeiner entspannt, zeigt er einen neutralen Ausdruck, der als Normalausdruck bezeichnet wird. Entsprechend seiner Rasse und der individuellen Körperform verteilt der neutrale Hund sein Gewicht auf alle vier Gliedmaßen, trägt seine Rute und die Ohren je nach Rasse in typischer Art und nimmt dabei eine entspannte Grundhaltung ein. Dies ist auch die Position, in der der Organismus am energieschonendsten agiert. Weiter vorn im Buch haben wir bereits den neutralen Hund vorgestellt (→ Seite 164/165) – und dieser kann uns immer als Ausgangsposition dienen.

2. Der aufmerksame Hund

Bei einem aufmerksamen Vierbeiner hat irgendetwas sein Interesse geweckt. Die Muskulatur spannt sich leicht an, und das Objekt der Begierde wird in Augenschein genommen. Dazu wendet der Hund seinen Kopf, eventuell sogar den ganzen Körper in die entsprechende Rich-

Neutraler Hund: Beobachten Sie im Alltag, wie oft sich Ihr Hund in entspannter, neutraler Position befindet.

Aufmerksamer Hund: Sogar nur einzelne Körperteile können Aufmerksamkeit signalisieren.

tung und stellt die Ohren auf. So kann er das Objekt mit all seinen Sinnen wahrnehmen. Der Körper ist offen und empfangsbereit für sämtliche Reize, die auf ihn einströmen. Die Rute wird auf halber Höhe hin- und herbewegt, je nachdem wie erregt der Vierbeiner in dieser Situation ist.

3. Der sichere Hund

Ein sicherer Vierbeiner geht aufrecht, verlagert sein Gewicht mehr auf Vordergliedmaßen und Vorderkörper, richtet die Ohren nach vorn und nimmt oft Blickkontakt zu seinem Gegenüber auf, ohne ihn dabei zu fixieren. Der Blick ist klar, die Gesichtshaut leicht angespannt und die Maulspalte etwas verkürzt. Der sichere Hund trägt die Rute hoch oder bewegt sie in erhobener Position locker hin und her. Sicher bedeutet nicht, dass der Hund übermütig reagiert, sondern auch hier gilt die Devise: nur so viel wie nötig!

4. Der unsichere Hund

Ein unsicherer Hund hingegen wendet sich vom furchtauslösenden Reiz weg, wobei er sein Gewicht auf die Hintergliedmaßen verlagert, die dabei oft eingeknickt sind. Er trägt die Rute tief und zieht die Ohren zurück. Während die Gesichtshaut glatt ist, stellen sich bei manchen Hunden die Rückenhaare auf. Diese Unsicherheit kann sich steigern und zu Angstverhalten werden. Die Körperhaltung bei Angst ähnelt dem beim Fluchtverhalten. Der Vierbeiner beugt dann seine Gelenke und macht sich klein. Er zieht den Schwanz unter den Bauch und den Hals ein und senkt den Kopf. Die Mimik fällt durch große Augen und geweitete Pupillen auf, die Gesichtshaut ist so weit wie möglich geglättet. Bei einem angstmotivierten Hund kann die Stimmung in aggressives Verhalten umschlagen. Ein solches Tier benötigt Unterstützung durch einen Halter, der seinen Vierbeiner sicher lenken und führen kann.

Sicherer Hund: Bei jedem Vierbeiner lässt sich sicheres Verhalten erkennen – wann zeigt es Ihr Hund?

Unsicherer Hund: Auch unsicheres Verhalten gehört zum Leben dazu und ist völlig normal.

DIE AKUSTISCHEN KOMPONENTEN **DER KOMMUNIKATION**

Die akustische Kommunikation hat bei Hunden eine große Bedeutung. Lautes Gebell, bedrohliches Knurren, herzerweichendes Winseln – all diese Lautäußerungen gehören zum Alltag mit Vierbeiner dazu. Verstehen Sie, was Ihr Liebling Ihnen mitteilen möchte?

Die Stimme erheben

Neben dem Einschätzen des optischen Ausdrucksverhaltens ist auch die akustische Kommunikation für Sie als Hundehalter wichtig, da diese von Hunden immer wieder eingesetzt wird. Folglich sollten Sie in der Lage sein, die Lautäußerungen des Hundes zu unterscheiden und richtig zu interpretieren.

Die akustische Kommunikation hat einen großen Vorteil: Selbst in der Dunkelheit können die Laute des Hundes vom Empfänger erfasst werden, während visuelle Signale in dieser Umgebung verblassen. Die akustische Kommunikation bewährt sich somit in unwirtlichen Umgebungen.

Heutzutage wird das Verhalten der Lautäußerungen bei Hunden nach wie vor unterschiedlich interpretiert und spiegelt oft die emotionale Bewertung und Stimmung des Halters wider. Schauen wir uns nun im Detail an, zu welchen akustischen Geräuschen Hunde imstande sind und was sie bedeuten.

Bellen

Das Bellen ist die vielseitigste und häufigste Lautäußerung von Hunden, die in verschiedensten sozialen Situationen gezeigt wird – so etwa zur Begrüßung, zur Spielaufforderung, zur Verteidigung oder zur Kontaktaufnahme. Hunde bellen in einem bestimmten Rhythmus. Sind sie erregt, passen sie die Laute der beschleunigten Atmung an, was kürzere Abstände und häufigere einzelne Laute zur Folge hat. Auf jeden Fall bellen Hunde häufiger als Wölfe.

Diese Tatsache lässt vermuten, dass das Bellen eine Anpassung an das Zusammenleben mit dem Menschen darstellt. Eine Hypothese lautet, dass Bellen vor allem dem Menschen gilt. Quittiert ein Hund an der Tür ein verdächtiges Geräusch mit Bellen, ist damit, dieser Idee folgend, vor allem der Mensch gemeint, damit er etwas unternehmen kann. Allerdings bellen manche Vierbeiner auch, wenn sie wissen, dass ihr Mensch nicht anwesend ist. Inwieweit Hunde bewusst bellen oder dies unbewusst geschieht, ist (noch) nicht erforscht. Schwierig scheint die Tatsache zu sein, dass Hunde so ein unterschiedliches Bellverhalten besitzen. Vieles deutet darauf hin, dass während des Domestikationsprozesses Bellen häufiger auftrat, und Menschen die Vierbeiner nach ihrem Bellen selektierten. Auf jeden Fall gibt es bellfreudige Rassen wie den Spitz und bellunfreudige Rassen wie die Englische Bulldogge.

Was das für Sie bedeutet

»Störendes« Bellen ist ein sehr häufiges Ärgernis von Menschen mit Hund. Daher sollten Sie unbedingt bereits bei der Rassenauswahl

Beachten Sie, dass ausdauerndes Bellen Stress für den Hund bedeutet. Unterstützen Sie ihn.

mitentscheiden, wie bellfreudig Ihr zukünftiges Familienmitglied sein darf.

Bellen ist aber auch Ausdruck einer Emotion. Es einfach zu verbieten und den Hund zu bestrafen, wenn er bellt, funktioniert entweder oft nicht oder führt zu Folgeproblemen. Die Lösung von störendem Bellverhalten liegt fast immer darin, die Emotionen Ihres Hundes in dieser Situation zu verändern. Hierfür gibt es eine Reihe guter Trainingsansätze. Lassen Sie sich von Ihrer Hundetrainerin beraten. Auf jeden Fall wird es eine individuelle Lösung geben, da jedes Bellen eines Hundes aus individuellen Beweggründen gezeigt wird.

Winseln und Fiepen

Sowohl das Winseln wie auch das Fiepen sind Lautäußerungen aus der Welpenzeit. Bei älteren Hunden wird das Winseln häufig bei sozialer Isolation gezeigt. Soziale Unsicherheit, körperliche Anstrengung, Angst, Schmerz und starke Erregung lassen Hunde winseln.

Das Fiepen wiederum wird als verstärktes Winseln gewertet und ist bei Welpen ein Unmutslaut. Erwachsene Hunde fiepen bei aktiver und passiver Unterwerfung und nehmen dabei allgemein eine unterwürfige Pose ein. Erfahrungsgemäß hören wir auch fiepende Laute, wenn ein Hund unsicher oder ungeduldig oder aber wenn ein Rüde sexuell erregt ist.

Wie immer schwingt auch beim Bellen der ganze Körper im Gleichtakt mit.

Knurren

Hunde knurren relativ häufig. Schon Welpen knurren sehr zeitig, etwa wenn sie von Wurfgeschwistern gezwackt werden. Später nutzen sie diese Laute spielerisch bei nachgeahmter Aggressivität oder als Spielaufforderung. Es wird in Angriffs- und Abwehrsituationen geknurrt, kann als Drohung verstanden werden und distanzvergrößernde Wirkung haben. Erwachsene Hunde knurren spielerisch und setzen dies bei ihren Menschen ein, die diese Botschaft als Spiel verstehen. Hingegen wird das Knurren von Nichthundehaltern des Öfteren missverstanden.

Heulen

Viele nordische Hunde zeigen eine verstärkte Neigung zum Heulen. Zahlreiche andere Rassen heulen dagegen überhaupt nicht. In Hundegruppen kommt es regelmäßig nach Heulkonzerten zu einer freudig erregten Stimmung. Viele Vierbeiner, die zum Heulen neigen, sind durch eine Sirene, Vorsingen oder bestimmte andere Geräusche leicht dazu zu motivieren. Wenn Hunde allein gelassen oder von ihrer Familie getrennt werden, kann es ebenfalls zu Trennungsheulen kommen.

Schreien und Kreischen

Diese Laute geben Hunde nur bei großer Angst von sich. Empfindet ein Tier Schmerzen, kommt es zu einem einmaligen Aufschrei, während das Schreien längere Zeit anhalten kann. Es wird auf Bisse, schmerzhafte Verletzungen oder bei starker Bedrohung gezeigt. Mitunter wird prophylaktisch geschrien, wenn ein Hund durch einen Biss in der Vergangenheit schlechte Erfahrungen gemacht hat. Einige Vierbeiner lernen auch, dass ihr Mensch ihnen bei diesen Lauten Zuwendung gibt, und schreien daher schneller. Schreien kann im Rahmen der passiven Unterwerfung gezeigt werden, hier prophylaktisch, wenn ein aggressiver Angriff befürchtet wird. Der Hund schreit in diesem Fall, bevor sein Gegenüber ihn erreicht. Das Schreien als Teil der Unterwerfung hat den Zweck, die Aggression des anderen zu hemmen.

Was Sie beachten sollten

Lernen Sie hinzuhören. Die Vokalisation Ihres vierbeinigen Lieblings verrät Ihnen – ebenso wie das optische Ausdrucksverhalten – wie es Ihrem Hund geht. Schauen Sie beim Bellen oder bei anderen Lautäußerungen auch einmal bewusst weg, um sich nur auf Ihr Ohr zu verlassen. Können Sie lediglich anhand des Gehörten erklären, wie es Ihrem Vierbeiner geht?

Sie werden merken, dass kleine »Hörproben« Ihr Gehör schärfen und Sie die Töne besser interpretieren lassen. So werden Sie etwa in einer spielenden Hundegruppe allein an der Art des Knurrens hören, ob es sich noch um Spielverhalten handelt oder das Spiel schon gekippt ist und Ihr Liebling zum »Drohbären« ins Aggressionsverhalten gewechselt ist. Nutzen Sie Ihr Ohr als Quelle, um die Kommunikation Ihres Hundes besser verstehen und nutzen zu können.

Selbst beim Spielverhalten können Sie oft jede Menge Vokalisation wahrnehmen.

ANALOGE VERSUS **DIGITALE KOMMUNIKATION**

Die Kommunikation zwischen Hunden und Menschen ist eine ganz besondere. Oft klappt sie erstaunlich gut – auch wenn wir das eine oder andere Mal vielleicht kommunikativ aneinander vorbeischlittern. Aber wie kommt das?

Verschiedenartige Kommunikationsformen

Hunden fehlt ein Sprachzentrum, sodass sie sich nicht der Sprache, wie wir sie kennen und benutzen, im eigentlichen Sinne bedienen können. Und natürlich vermögen sie auch nicht zu schreiben. Diese Fähigkeiten sind allein dem Menschen vorbehalten, weshalb wir in diesem

Fall von digitaler Kommunikation sprechen, also der Fähigkeit, uns in Wort und Schrift auszudrücken. Aber Hand aufs Herz: Wie oft ertappen wir uns eigentlich dabei, dass Missverständnisse entstehen, wenn wir mit anderen Menschen kommunizieren? Würde es die Smileys in unseren Handys nicht geben, würde die eine oder andere Kurznachricht sicherlich in einem Desaster enden, weil der Empfänger der Botschaft diese missverstanden hat. Eigentlich wissen wir es: Kommunikation gelingt am besten, wenn wir die Botschaft in der Gänze ihrer nötigen Feinheit transportieren. Und doch hapert es daran – von der korrekten Rechtschreibung und Grammatik mal ganz zu schweigen.

Kommunikation mit einer anderen Art

Und nun wollen wir mit unserem Hund kommunizieren – einer anderen Art und einer anderen Kommunikationsform, nämlich der analogen Kommunikation. So ist unser Hund unterwegs: analog. Doch halt, wir auch! Uns Menschen liegt die analoge Kommunikation. Wir können sie! Wir müssen uns nur wieder erinnern bzw. sie wieder mehr in den Fokus rücken. Kleinkindern und älteren Menschen fällt dies leichter. Am Lebensanfang und am Lebensende benutzen wir die digitale Kommunikation noch nicht oder deutlich weniger, vielmehr besinnen wir uns auf den Ursprung. Vielleicht ist dies ein möglicher Grund, warum Hunde mit Kindern und älteren Menschen oft so gut klarkommen ...

Sprich, Menschen und Hunde haben einen gemeinsamen Nenner bzw. ein gemeinsames Sprachrohr, das wir zur Kommunikation nutzen können. Da wir Menschen sowohl digital als auch analog unterwegs sind, Hunde aber nur analog, ist es nur selbstverständlich und höflich ihnen gegenüber, dass wir die analoge Kommunikation wählen und diese im Umgang mit unseren vierbeinigen Lieblingen nutzen.

Aus was setzt sich die analoge Kommunikation zusammen?

Die analoge Kommunikation besteht aus fünf Bereichen, die eingesetzt werden können, um seinem Gegenüber etwas mitzuteilen. Dabei handelt es sich um die taktile, akustische, gustatorische, olfaktorische und optische Wahrnehmung, die wir uns im Folgenden ansehen.

Kommuniziert wird auch beim Spielen – und zwar mit allen Sinnen.

1. **Taktil:** Durch Berührungen kann der Hund seine Bedürfnisse und Stimmungen mitteilen. Wir möchten dies anhand des folgenden Beispiels veranschaulichen: Sie sitzen ganz vertieft in einen Arbeitsprozess am Schreibtisch. Plötzlich ist Ihr Hund mit einer leichten Berührung an Ihrem Knie unter dem Schreibtisch präsent. Was tun Sie? Na klar, Sie greifen intuitiv in sein Fell und erwidern an der Stelle genauso diese taktile wie auch taktische Strategie Ihres Vierbeiners. War das Zufall? Nein, wo denken Sie hin! Ihr kleiner Liebling weiß genau, zu welchem Zeitpunkt er aufstehen muss, um zu Ihnen zu gelangen und sich seine Streicheleinheit abzuholen. Das Ganze geschieht in einem Maße, dass er den wenigsten Aufwand betreiben muss, aber zu 100 Prozent erfolgreich ist. Sie können davon ausgehen, dass er niemals Streicheleinheiten von Ihnen einfordern wird, wenn Sie sich gerade am Telefon lauthals mit einer Person streiten – in diesem Fall ist Distanz sicherlich der bessere Pakt.

Durch Berührungen kommunizieren Hunde miteinander und fühlen sich dabei in den anderen hinein.

2. **Akustisch:** Hunde unterhalten sich und uns auf dem akustischen Weg. Auf diesen werden wir im weiteren Verlauf noch eingehen, weil Sie vom akustischen Verhalten auch die Stimmung des Hundes ableiten können.
3. **Gustatorisch:** Ihr Vierbeiner vermag durch den Geschmack zu kommunizieren. Blitzschnell erkennt der Körper, welche Informationen etwa eine Nahrungsquelle für ihn bereithält. Der biologische Nutzen dahinter besteht darin, dass der Hund am besten schon vor der Aufnahme der Nahrung weiß, ob es sich um etwas Giftiges (gefährlich!) oder Essbares (ungefährlich!) handelt.
4. **Olfaktorisch:** An den Geschmack ist auch das Riechen des Hundes gebunden. Darin ist er uns um Meilen voraus! Er besitzt zig Millionen mehr Riechzellen als wir Menschen – daher kann der Vierbeiner das ganze System »Riechen« so geschickt einsetzen, dass seine Welt durch den Geruch für ihn dreidimensional und real erscheint. Zudem kann der Hund stereo riechen, was bei der Verfolgung oder der Suche von vermissten Menschen durchaus sinnvoll ist. Das Gehirn verarbeitet die Informationen, die durch beide Nasenlöcher einströmen, unabhängig voneinander und kann anhand der Zusammensetzung der Duftstoffe Richtungen usw. bestimmen. Auch verliert der Vierbeiner die Geruchsspur nicht, im Gegensatz zu uns Menschen. Wenn wir einen neuen Geruch bemerken, verflüchtigt sich dieser in der Regel sehr schnell wieder – ein Hund dagegen kann ihn gut halten.

5. **Optisch:** Hunde nehmen ihre Umwelt auch über ihr Sehvermögen wahr. Sie sehen zwar nicht so scharf und farbenfroh wie wir Menschen, dennoch können sie gut mit uns mithalten. Dreidimensionalität erfassen sie durch Bewegung, und auch ihre Nachtsicht ist ausgezeichnet – das hat die Natur optimal für sie eingerichtet. Gleichzeitig sorgen die Vierbeiner durch ihr eigenes optisches Ausdrucksverhalten dafür, dass sie von anderen nicht nur gut gesehen werden, sondern auch eins zu eins mitteilen können, wie es ihnen geht. Diese optischen Komponenten des Ausdrucksverhaltens haben wir ab Seite 166 ausführlich besprochen, sodass Sie mit allem Wissenswerten gut gerüstet sind, um die Stimmungen Ihres Hundes anhand seines Körpereinsatzes zu erkennen.

> **Gut zu wissen**
>
> ### *Alle Sinne im Einsatz!*
>
> **Hunde nutzen alle fünf Sinne** zur Kommunikation. Dabei werden das Riechen und das Schmecken (olfaktorische und gustatorische Kommunikation) oft unter dem Begriff chemische Kommunikation zusammengefasst. Vielleicht haben Sie Ihren Hund schon mal beim Beschnüffeln und Belecken einer besonders spannenden Urinstelle beobachtet? Er sammelt über Geruch und Geschmack des Fremdurins Informationen über dessen Verursacher. Was für uns Menschen vielleicht ein wenig ekelig anmutet, ist für Hunde ein sehr wichtiger Kommunikationskanal.

Was steckt hinter der Kommunikation?

Wenn wir uns fragen, was sich die Natur nur dabei gedacht hat, so viele verschiedene Kommunikationsmöglichkeiten anzubieten, ist die Antwort nur logisch: Bedürfnisse!

Durch Kommunikation kann der Hund sich mitteilen, um seine Bedürfnisse zu stillen. Diese Bedürfnisse sind recht eindeutig, denn es geht um ein Leben in Balance. Der Körper ist stets damit beschäftigt, die Homöostase, also ein entspanntes Gleichgewicht, herzustellen. Nur dann hat ein Lebewesen langfristig die besten Chancen, seine individuelle Fitness zu stärken. Sie wissen schon, es läuft stets auf dasselbe hinaus: Nahrung, Territorium und Sexualpartner!

Das Glücksrad

Welche Bedürfnisse sorgen dafür, dass Ihr Hund in Balance ist? Hier präsentieren wir Ihnen das »Glücksrad«. Es symbolisiert die verschiedenen Bedürfnisse des Hundes. Sind sie allesamt erfüllt, läuft es rund! Merken Sie umgekehrt, dass in der Kommunikation mit Ihrem Liebling gerade etwas schiefgeht, so prüfen Sie, welche Speichen des Rads bzw. welche Bedürfnisse nicht erfüllt werden. Natürlich gilt auch hier: Alle Speichen des Rads greifen ineinander.

1. **Konzentration:** Sie wünschen sich einen konzentrierten Hund, der sich auf Sie fokussiert, sobald Sie etwas von ihm wollen? Kein Problem – das wird Ihnen gelingen, wenn Sie selbst auch zu 100 Prozent konzentriert sind. Probieren Sie es einfach aus. Sie spiegeln sich gegenseitig.

2. **Klarheit:** Ja, nein, vielleicht? Wenn das Ihr Gefühl ist, wird auch Ihr Hund im Modus von »ja, nein, vielleicht« reagieren. Bringen Sie daher Klarheit in Ihre Kommunikation.
3. **Innere Balance:** Sind Sie ruhig und entspannt, wird es auch Ihr Vierbeiner sein. Die Stresshormone sinken, und der Hund kann sich sicher fühlen. Verschieben Sie also besser Training und Co., wenn Sie einmal keinen guten Tag haben sollten.
4. **Lenken:** Doch, Hunde möchten gelenkt werden und sind unglaublich gute »Mitarbeiter«. Sie freuen sich, wenn wir sie lenken und sie sich in diesem Rahmen sicher fühlen können. Übernehmen Sie die Verantwortung im Alltag Ihres Vierbeiners für sein Handeln. Mögliche Leitplanken, die Sie aufstellen müssen, sind zum Schutz des Hundes da. Er wird sich innerhalb seines Spielraums frei entfalten und das Beste aus sich herausholen können – vorausgesetzt, er kann sich auf Ihre Führung verlassen.
5. **Soziale Position:** Stellen Sie Ihrem Hund eine Position in Ihrem gemeinsamen Leben zur Verfügung, indem Sie ihm eine Rolle zuweisen und sich auch. Dadurch werden Aufgaben, Verantwortung, Rechte und Pflichten definiert. Zudem wird einer Überforderung Ihres Lieblings vorgebeugt.
6. **Raum:** Kommt der Vierbeiner in einen neuen Raum (wir meinen hier einen richtigen Raum mit vier Wänden und einer Decke), so interessiert nur eine Frage: Bin ich sicher oder bin ich unsicher? Auch draußen ist ein Raum, dessen »Wände« sehr viel weiter auseinanderstehen. Das bedeutet, dass mehr Reize auf den Hund einströmen und der Stresspegel sowie das eine oder andere »interessante« Verhalten zu erkennen ist. Special effects kommen also nicht einfach so, sondern es bedarf immer eines Auslösers. Viele unserer Kunden sagen oft: »Drinnen ist er der liebste Hund der Welt, aber draußen benimmt er sich wie ein Rowdy.« Woran liegt das? Meistens einfach nur daran, dass ihm der Raum zu groß ist. Geben Sie ihm also Sicherheit, indem Sie wahrnehmen, welche »Raumgröße« und Abstände zu Reizen und Co. nötig sind. Jeder hat ein anderes Gefühl für Raum, Nähe und Distanz. Es gibt Hunde, die sich sicherer in der Nähe ihres Halters auf dem Spazier-

Ob Nähe erwünscht ist, hängt manchmal einfach nur von der momentanen Stimmung ab.

gang fühlen und sich dadurch besser lenken lassen, während andere Sicherheit durch etwas Distanz zu ihrem Halter gewinnen. Übrigens: Wenn Sie Ihren Hund anleinen, so verkleinern Sie den Raum durch das Vorgeben eines gewissen Radius. Testen Sie mithilfe verschiedener Leinenlängen, welche von ihnen das Bedürfnis Ihres Hundes am stärksten befriedigt, sodass er sicher und entspannt an der Leine laufen kann.

7. **Regel und Rituale:** Führen Sie klare Regeln ein. Daran kann sich Ihr kleiner Liebling orientieren. Sofern Sie diese Regeln dann auch konsequent umsetzen, wird Ihr Hund diese nicht infragestellen. Das bedeutet ganz allgemein: weniger Stress für den Hund. Wiederholen Sie Regeln, so werden daraus Rituale. Das Gehirn kann auf Autopilot stellen, und schon läuft es von allein. Das ist höchste Energieeffizienz. Ein ewiges Hin und Her und mal Hü oder Hott bringen die Balance des Hundes nur durcheinander. Sorgen Sie daher lieber für einen ritualisierten Alltag.
8. **Körpersprache:** Drücken Sie über Ihren Körper aus, was Sie sagen wollen. Richten Sie ihn klar und deutlich aus, sodass sich Ihr Hund auch daran gut orientieren kann. Denken Sie daran, er ist Meister auf dem Gebiet der Körpersprache – machen Sie es ihm nach.
9. **Glaubwürdigkeit:** Seien Sie glaubwürdig für Ihren Hund, denn wie soll er Ihnen sonst eine Übung oder einen Auftrag abnehmen, wenn Sie selbst nicht daran glauben! Probieren Sie es aus: Rufen Sie Ihren Vierbeiner zu sich und denken Sie dabei immer wieder: »Der kommt eh nicht.« Und richtig, er kommt nicht! Also diesen Gedanken schnell wieder löschen! Wenn Sie wollen, dass Ihr Liebling zu Ihnen kommt, richten Sie sich und Ihre Gedanken genau so aus, dass der Hund fest daran glauben kann, dass Sie an ihn glauben! Durch gezielte Atemübungen lässt sich der eigene Herzrhythmus regulieren, und gleichzeitig wirkt sich dies synchronisierend auf den Sympathikus und Parasympathikus aus. Auch ist es möglich, seine Stimmung und den Herzrythmus auf sein Gegenüber zu übertragen. Sie können also problemlos durch Ihre ehrliche Ausrichtung Scheitern und Erfolg mitbestimmen! Lassen Sie sich das nicht nehmen und seien Sie glaubwürdig für Ihren Hund! Ein Beispiel gefällig? Wenn Sie feststellen, dass eine Übung aus der Hundeschule für Ihren Alltag absolut ungeeignet ist und Sie diese deshalb nur halbherzig umsetzen und sich dadurch gleichzeitig den Beweis liefern, dass auch Ihr Hund die Übung nur halbherzig angeht, so haben wir einen Tipp für Sie: Streichen Sie die Übung aus Ihrem Repertoire. Stecken Sie Ihre Energie in Dinge, die wichtig für Sie sind und seien Sie authentisch – Ihren Hund machen Sie damit jedenfalls sehr glücklich.

Jetzt haben Sie einige Bedürfnisse kennengelernt, die Ihr Hund gern in Balance wüsste. Schauen Sie ruhig immer mal wieder auf diese Seiten in unserem Ratgeber, wenn Sie merken, dass etwas nicht rund läuft und Ihr vierbeiniger Liebling Unterstützung benötigt. Im Ansatz haben wir ja schon überall kurz beschrieben, wohin die Reise gehen kann.

Im Folgenden schärfen wir nun Ihren Blick für die feine Körpersprache des Hundes, sodass Sie das große Einmaleins der Kommunikation erkennen können. Die Erkenntnisse daraus machen es Ihnen leichter, Ihren Hund zu verstehen und seine Bedürfnisse zu erfüllen.

HUNDEVERHALTEN SITUATIV ERKENNEN UND VERSTEHEN

Aufgrund des gemeinsamen Lebensraums und der ähnlichen Sozialstrukturen hat sich bei unseren Hunden ähnliches Verhalten wie bei uns Menschen ausgeformt. Schauen wir es uns im Folgenden etwas genauer an.

Verhaltensweisen im Überblick

Auf den folgenden Seiten vermitteln wir Ihnen einen kleinen Einblick in den Verhaltenskatalog von Hunden. So können Sie den unterschiedlichsten und komplexen Verhaltensweisen Ihres vierbeinigen Lieblings einen Sinn zuordnen. Schließlich wissen Sie ja: Nichts passiert in der Natur ohne triftigen Grund.

Komfortverhalten

Das Komfortverhalten von Hunden beinhaltet verschiedene Verhaltensweisen und Bewegungsformen, die mit Bequemlichkeit und Körperpflege in Verbindung stehen. Ein Teil dieses Verhaltens ist die eigene Körperpflege, die als »Autogrooming« bezeichnet wird. Sie umfasst Bewegungen wie Schütteln, Reiben und Kratzen, die nicht nur der Körperpflege dienen, sondern auch mit dem Wohlbefinden des Hundes in Zusammenhang stehen. Diese Bewegungen werden oft mit Genuss und einem gewissen Wohlgefühl durchgeführt. Sicherlich kennen Sie Beispiele dafür, etwa wenn sich Ihr Hund auf den Rücken rollt oder gar auf den Rücken schmeißt, begleitet von einem zufriedenen »Schmatzen«.

Interessanterweise kann sich das Autogrooming in ein Allogrooming verwandeln, wenn Hunde ihre Bindungspartner in die Pflege mit einbeziehen. Hierbei pflegen sie sich gegenseitig, was nur zwischen ausgewählten Artgenossen geschieht. Diese gegenseitige Pflege kann dazu beitragen, Bindungen zu stärken und soziale Strukturen aufrechtzuerhalten.

Insgesamt ist das Komfortverhalten von Hunden stark sozial geprägt. Soziale Strukturen werden im wahrsten Sinne des Wortes gepflegt. Das bedeutet im Umkehrschluss für Sie: Die Fellpflege bei Ihrem vierbeinigen Liebling ist nicht nur eine reine Pflegemaßnahme, sondern in erster Linie auch Beziehungsarbeit. Pflegen Sie daher also auch das Fell Ihres Hundes, wenn es sehr kurz ist, und bedenken Sie dabei, dass die soziale und liebevolle Zuwendung Ihrerseits ein wichtiger Bestandteil dieser Prozedur ist. Ein Muss für jeden Menschen, der mit einem ängstlichen, traumatisierten oder emotional instabilen Hund zusammenlebt, sofern der Hund es als entspannend empfindet!

Komfortverhalten am Beispiel des Gähnens

Das Gähnen tritt im Zusammenhang mit Wohlbefinden, Entspannung und sozialem Austausch auf. Außerdem wird es bei Schläfrigkeit, Ermüdung oder Langeweile gezeigt. Ein interessanter Aspekt des Gähnens ist seine ansteckende Natur, weshalb es auch als »soziales Gähnen« bezeichnet wird. Wir kennen das von uns Menschen: Gähnt jemand in unserer Nähe, führt das mitunter dazu, dass wir ebenfalls gähnen. Erstaunlicherweise kann bereits das

Je mehr sich zwei Hunde mögen, desto größere Nähe lassen sie zu.

Komfortverhalten wird schon in der frühesten Welpenzeit gezeigt, ...

Denken an Gähnen oder das Schreiben darüber bei Menschen ansteckend wirken und sie zum Gähnen bringen. Warum allein der Gedanke daran dieses Verhalten auslösen kann, ist bis heute nicht vollständig geklärt.

Gähnen mehrere Menschen oder Tiere in einer Gruppe gleichzeitig, signalisiert dies womöglich eine soziale Verbindung. Dieses sogenannte allelomimetische Verhalten dient dazu, das Verhalten einer Gruppe zu synchronisieren. Doch Gähnen kann bei Hunden unter anderem auch in Konfliktsituationen auftreten und als eine Art Übersprunghandlung fungieren, ähnlich wie andere Verhaltensweisen.

Es wird angenommen, dass Gähnen die Funktion eines Komfortverhaltens hat. So dient es beispielsweise dazu, Spannungen zu lösen, soziale Bindungen zu stärken oder Entspannung und Wohlbefinden zu signalisieren. Ebenso kann es in Verbindung mit anderen Verhaltensweisen auftreten, die zur Kommunikation und sozialen Interaktion beitragen. Ganzheitlich betrachtet, veranschaulicht uns das Gähnen sehr deutlich, dass Verhalten nicht nur eine einfache Handlung ist, sondern oft verschiedene Funktionen und Bedeutungen haben kann, je nach Kontext und Tierart. Es bleibt jedoch weiterhin ein interessantes und faszinierendes Forschungsgebiet, um die genauen Mechanismen und Gründe dahinter besser zu verstehen.

Was bedeutet das für Sie?

Einige Hundehalter sind verunsichert, weil des Öfteren zu hören ist, Gähnen sei ein Stresssymptom. Ja, das stimmt, aber es kann eben auch verschiedene andere Bedeutungen haben. Am häufigsten machen wir uns Sorgen, dass wir unseren Hund stressen könnten, wenn wir uns mit ihm beschäftigen und/oder ihn trainieren. Wir persönlich kennen aus unserer Praxis vor allem zwei Situationen, in denen Gähnen auf Stress hindeutet:

1. Innerhalb einer Trainingssequenz gähnt der Hund mehrmals: In diesem Fall ist wohl tatsächlich irgendwas zu viel – zu viel Konflikt, zu viel Druck von außen, zu lange Zeitdauer oder eine zu große Erwartungshaltung. In diesem Fall entpuppt sich das Gähnen als Stresssymptom. Verändern Sie daraufhin die Art des Trainings.
2. Ihr Hund gähnt, nachdem ein (meist sehr kleiner) Konflikt beendet ist. Beispielsweise wollen Sie Ihren Vierbeiner ins »Sitz« bekommen, obwohl er lieber einen Fahrradfahrer verfolgen möchte. Am Ende setzt sich der Hund jedoch und zeigt ein ausgiebiges Gähnen, oft begleitet von einem Kopfschütteln oder sogar Schütteln des ganzen Körpers. In diesem Fall empfand Ihr Liebling während des Konflikts Stress (wie schon gesagt, es

muss nicht jeder Stress vom Hund ferngehalten werden), doch dieser flaut ab, und das Gähnen ist als Hinweis des Spannungswechsels von Anspannung zu Entspannung zu werten. Sie sollten bemerken, dass es eine größere Anstrengung für Ihren Hund war, sich zu setzen, und sollten ihn aus diesem Grund auch gleich mit einem hochwertigen Verstärker belohnen. Frei nach dem Motto: Wer mehr leistet, bekommt eine größere Belohnung – und die hat er sich verdient!

Aggressionsverhalten

Kennen Sie Sprüche wie »Lassen Sie mal, das machen die schon unter sich aus...«, »Ach was, das ist ein Feigling, der tut eh nichts. Ich hoffe, dass er sich endlich mal wehrt« oder »Oh nein, da hinten kommt der Pudel Piet, den mag mein Hund gar nicht. Das wird gleich Ärger geben!«

Für viele Hundehalter sind solche Aussagen oder Gedanken an der Tagesordnung, und zwar aus einem einzigen Grund: Es geht um die Sorge vor Aggressionsverhalten, das ihr Hund einem Artgenossen gegenüber zeigen könnte oder umgekehrt. Natürlich wünscht sich jeder Hundehalter entspannte Umgangsformen unter den Vierbeinern, die sich auf dem Spaziergang treffen – ob freilaufend oder an der Leine. Für uns gehört ein friedvolles Verhalten einfach zum guten Hundeknigge.

Umso mehr lösen auch Aggressionen, die der Hund gegen den Menschen richtet, beim Hundehalter großen Stress aus. Daher ist es leider zum Standard vieler Frauchen und Herrchen geworden, jegliches Aggressionsverhalten ihrer vierbeinigen Lieblinge zu unterbinden – und das überschattet die entspannte Spazierrunde. Doch warum ist das so?

... genauso wie das Aggresssionsverhalten. Gut ist, wenn der Welpe früh an alles gewöhnt wird.

Aggressionen – und warum sie beim Hundehalter nicht gut ankommen

Hundehalter müssen sich in ihrem Alltag oftmals mit dem Thema Aggressionen auseinandersetzen. Doch das tun sie aus vielen verschiedenen Gründen äußerst ungern:

- Grenzüberschreitungen: Aggressionen zu zeigen bedeutet auch, die Bereitschaft mitzubringen, Grenzen zu überschreiten – seine eigenen und die der anderen. Zwangsläufig eröffnet man einen Konflikt, doch nicht jeder Hundehalter ist bereit, diesen einzugehen. Viele Menschen sind konfliktscheu. Das kann an ihrer Persönlichkeit und ihren erlernten Erfahrungen liegen oder auch an ihrer ganz persönlichen Moralvorstellung. Das eigene Weltbild spielt eine sehr große Rolle bei der Entscheidung, ab wann das Maß sozusagen voll ist.
- Laut ist out: Aggressionen sind oft mit Lärm verbunden. Knurren, bellen und schreien gehören etwa dazu. Viele von uns haben als Kinder gelernt, dass laut zu sein gesellschaftlich nicht geduldet wurde. Es wurde bestraft und unterbunden. Dieser »Knigge« hält sich über Generationen hinweg bis zum heutigen Hundehalter. Der erste Impuls ist also, dass etwas Lautes – und das können Aggressionen nun mal sein – gleichzeitig etwas Unangesehenes und etwas Schlechtes sind.
- Hilflosigkeit: Viele Hundehalter fühlen sich durch Aggressionsverhalten hilflos und den jeweiligen Situationen ausgeliefert. Dieses unschöne Gefühl entsteht dadurch, dass eigene Grenzen durch den anderen nicht gewahrt wurden, die man selbst bei anderen aber respektvoll einhalten würde. Aus diesem Grund fühlt man sich von Aggressionsverhalten anderer oft überrumpelt, gerade wenn man nicht damit gerechnet hat und der Angriff scheinbar »plötzlich aus heiterem Himmel« auftritt. Fehlen einem dann auch noch die nötigen Werkzeuge und Techniken, um aus der heiklen Situation wieder galant herauszukommen, bleibt das Gefühl der Hilflosigkeit lange bestehen.
- Emotionale Bewertung: Wird eines unserer Familienmitglieder verletzt, so ist für viele Schluss mit lustig. Das ist für uns ein Übergriff in den privatesten Bereich, der sofort Gefühle wie Angst und Wut auslöst. Beißt unser Hund hingegen einen Artgenossen,

Aggression hat nichts mit besser oder schlechter zu tun, sondern ist lediglich Kommunikation.

macht sich neben der Angst oft das Gefühl der Scham bemerkbar. Das Gefühlskarussell läuft auf höchster Stufe, während sich unser rationales Denken in Deckung begibt. Leider fällt uns dadurch eine pragmatische Bewertung sehr schwer, und wir verbleiben das eine oder andere Mal vermeintlich gefangen in unserer Gefühlswelt. Dadurch schaffen wir aber weder eine Lösung noch die nötigen Optionen, um solche Situationen zukünftig besser zu bewältigen. Oft versuchen Hundehalter zukünftig ähnliche Situationen zu umgehen, und es entsteht ein Spießrutenlauf – nur leider ohne Lösung.

- Schuldzuweisungen: Kommt es zu einem oder mehreren Vorfällen, so bereitet es Hundehaltern mitunter große Schwierigkeiten, diese zu verarbeiten. Vorfälle mit unseren Vierbeinern bewerten wir zu einem sehr großen und überwiegenden Teil emotional – eben weil wir sie von Herzen lieben. Dadurch, dass wir aber nicht durch die »rationale Brille« schauen, fällt es uns schwer, Lösungsansätze zu finden. Stattdessen verschiebt unser Gehirn den Fokus – wir suchen (und finden meistens auch) einen Schuldigen. In der Tat kann unser Gehirn darüber wieder Stress abbauen, das eigentliche Problem bleibt aber ungelöst. Langfristig baut sich der Stresspegel wieder auf, weil die Lösungsfindung fehlt, und man sich Nachbars Struppi nun zum Feind auserkoren hat …
- Kommt es zu einem Vorfall oder negativen Erlebnis mit dem eigenen Vierbeiner, so stellt der Hundehalter die gesamte Beziehung zu seinem Liebling infrage: »Ich kann ihm nicht mehr vertrauen.« Dies geschieht meist recht schnell, wenn sich etwa ein Beißvorfall gegen die eigenen Familienmitglieder zugetragen

Wird eine bestimmte Distanz unterschritten, droht der Hund.

Er schwächt die Drohstufen aber ab, sobald sich die Distanz wieder vergrößert.

hat. Trotz anschließenden Trainings bleibt doch eine gewisse Distanz zwischen dem Hund und seinem Halter bestehen. Aber wer will das schon? Daher ist dies eine weitere Ursache, warum man das Thema Aggression gern in den Hintergrund schieben mag.

Unser Erste-Hilfe-Set für konfliktbehaftete Situationen

Sie sehen: Es gibt jede Menge Gründe, die erklären, warum wir Hundehalter so abwertend mit dem Thema Aggressionen umgehen. Bereits das Wort löst bei dem einen oder anderen Leser vielleicht schon ein oben in der Liste beschriebenes Gefühl aus. Höchste Zeit also, dass wir Ihnen die guten Seiten von Aggressionsverhalten näherbringen – und ja, davon gibt es viele! Bevor wir das allerdings machen, möchten wir Ihnen nicht vorenthalten, wie Sie, sollte Ihnen die eine oder andere Aufzählung von oben bekannt vorkommen, Lösungsansätze nutzen können. Hier unsere Erste-Hilfe-Liste für Sie:

- Sobald Sie Ihren/den »Erzfeind« Ihres Vierbeiners sehen, richten Sie sich bewusst zu einem Ziel hin aus. Schauen Sie also nicht auf den anderen Hund, sondern beispielsweise auf einen Baum, der sowieso in Ihrer ursprünglichen Laufrichtung steht. Kopf hoch und sich gerade ausrichten. Atmen.
- Kurze Affirmationen können Sie im Geiste so lange wiederholen, bis Sie die Situation gemeistert haben, etwa: Wir beide gehen entspannt an dem anderen Team vorbei. Wir beide gehen entspannt ... usw.
- Wechseln Sie, ohne zu zögern, die Richtung und gehen Sie einen anderen Weg, wenn Sie sich der Situation nicht gewachsen fühlen. Diese Entscheidung treffen Sie bitte individuell und jedes Mal neu, wenn Sie auf einen Hund oder Menschen treffen, in dem potenzieller Zündstoff für Aggressionen steckt.
- Fällt Ihnen ein Vorbeilaufen oder Weggehen schwer, so bringen Sie Ihren Hund in ein sicheres »Sitz« oder »Platz«. Um ein sicheres

Erkennen Sie Anspannung bei Ihrem vierbeinigen Liebling, so gehen Sie ...

... ohne vorher zurechtgelegten Plan nicht weiter auf den Reiz zu.

Sorgen Sie dafür, dass sich Ihr Hund nach anstrengenden Begegnungen ausreichend entspannen kann.

Hinsetzen an Ort zu Stelle zu ermöglichen, ist es wichtig, dass Sie zuvor ausgiebig mit Ihrem Hund – auch unter Ablenkung – trainieren, dass er sich auf Signal hinsetzt, sitzen bleibt und so lange nicht mehr aufsteht, bis Sie das Signal wieder auflösen. Macht er dies von allein, so hilft Ihnen das reine Hinsetzen nicht. Üben Sie daher konsequent!

› Konzentrieren Sie sich auf Ihre Atmung, versuchen Sie tief und ruhig zu atmen. In einer aufgeheizten Stimmung, in der sich alle Beteiligten befinden, ist es sehr zielführend, wenn Sie sich ankern können und in diesem Fall das Zepter in die Hand nehmen. Gelingt es Ihnen, ruhig zu atmen, so wird sich das im nächsten Schritt auf Ihren Vierbeiner übertragen. Damit lenken Sie zudem den Fokus wieder mehr auf sich und Ihr Team als auf das andere Team.

Bitte beachten Sie, dass das Verhalten von Ihnen und Ihrem Hund immer »live und in Farbe« analysiert werden sollte. Aggressionsverhalten ist so nuancenreich, wie es Menschen und Hunde sind. Daher beschränken wir uns hier nur auf Hilfestellungen, die allgemeine Anwendung finden. Kommen in Ihrem Alltag mit Hund konfliktbeladene Situationen sehr häufig vor, würde sich der Weg in eine gute Hundeschule und zu professionellen Hundetrainern als überaus sinnvoll erweisen.

Der biologische Nutzen von Aggressionsverhalten

Wie versprochen, erläutern wir Ihnen nun, warum Aggressionen wichtig und sogar lebensnotwendig sind. Die Natur meint es immer gut, denn durch das Zeigen von Aggressionen hat jedes Lebewesen die Möglichkeit, sich das eigene Überleben in Balance zu sichern.

Versuchen Sie also, Aggressionen als kommunikatives Regulativ anzusehen. Es ist schlicht ein Kommunikationsmittel, mit dem der Hund seine Grenzen abstecken kann. Dabei geht es gar nicht darum, eine Grenze mit aller Macht auszuloten und festzulegen, sondern vielmehr heißt das Zauberwort: Distanzvergrößerung. Das ist eines der großen Ziele durch den Einsatz von Aggressionen. Daran merken Sie schon: Es geht um Abstandsvergrößerung und nicht um das Kämpfen selbst. Dies ist nur das Mittel zum Zweck, wenn es absolut nötig ist.

Um das Ziel zu erreichen, bedarf es aber der Fähigkeit, Aggressionsverhalten einzusetzen und zu nutzen. Als Folge davon muss jedes Lebewesen in der Lage sein, Aggressionsverhalten zu zeigen. Somit bringt diese Fähigkeit jeder mit. Immer wieder hören wir, dass manche Hundehalter denken, Vierbeiner wie Labradore und Retriever wären verhaltensauffällig, wenn sie Aggressionen zeigten. Bei einem Rottweiler hingegen geht man davon aus, dass es »zum guten Ton« gehört, wenn er überdurchschnittlich starke Aggressionen zeigt. Beides können wir nicht bestätigen. Wie gesagt, alle Hunde bringen die Fähigkeit mit, sich aggressiv zu verhalten, die Häufigkeit und Intensität hingegen sind davon abhängig, mit welchen Hundepersönlichkeiten und Lernerfahrungen wir es im jeweiligen Fall zu tun haben.

Könnten Hunde keine Aggressionen zeigen, wären sie nicht überlebensfähig. Sie wären beispielsweise außerstande, überlebenswichtige Ressourcen für sich zu beanspruchen, wie etwa Futter, Sexualpartner oder Territorien. Sie merken schon: Kann der Hund diese Ressourcen langfristig nicht halten, überlebt er nicht, und auch für zukünftige Generationen wäre hier schon das Ende der Fahnenstange erreicht …

Aggressionen verhindern Konflikte!

Die gesunde Notwendigkeit des Hundes, Aggressionen zu zeigen, ist nun sicherlich schlüssig. Was aber passiert, wenn der Vierbeiner es nicht beherrscht, dieses Verhalten punktgenau und in seinen kleinsten Nuancen situativ gerechtfertigt einzusetzen? Dann kann es zu Problemen kommen. Im gesunden Normalfall hat Ihr Hund bereits als Youngster gelernt, seine Körpersprache situativ geschickt und punktgenau einzusetzen – etwa indem er durch Knurren und Zeigen der Lefzen seinem Gegenüber

Verstehen sich Hunde gut, so sind auch Bodychecks vollkommen in Ordnung.

mitteilt, dass dieser besser einen guten Meter Abstand hält. Der andere Hund versteht dies und nimmt sich entsprechend zurück. Somit können sich beide Vierbeiner danach entspannen, und die Situation deeskaliert durch beide Hunde wie von selbst. Ein schönes Beispiel, wie durch den Einsatz gesunden Drohverhaltens ein sich möglicherweise anbahnender Konflikt entschärft wird. Spannend, oder?

Aggressionen bewirken also keinen offenen Konflikt mit gefährlicher Auseinandersetzung, sondern genau im Gegenteil: Sie verhindern ihn. Die Hunde fahren nicht weiter hoch, sondern verhalten sich so, dass keiner verletzt und ein unnötiger Kampf vermieden wird.

Dies gelingt aber nur, wenn der Hund »Fingerspitzengefühl« zeigen kann. Würde er mit Kanonen auf Spatzen schießen, so eskalieren Situationen viel schneller – und beide Hunde laufen Gefahr, verletzt zu werden.

Im Weiteren sprechen wir noch genauer darüber, wie Hunde in der Lage sind, die Aggressionsintensitäten einzusetzen. Doch bleiben wir vorerst noch kurz bei den Vorteilen von Aggressionsverhalten. Neben der Verteidigung von Nachwuchs und Familie, der Vergrößerung des Abstands zu einem Gegner, der Sicherung des eigenen Überlebens und der damit verbundenen Steigerung der eigenen Fitness kann durch das Zeigen von Aggressionen noch ein weiterer Vorteil ausgemacht werden.

Kämpfe bringen das Risiko von Verletzungen mit sich, was die eigene Fitness sehr schmälern würde. Selbstschutz steht also an erster Stelle und wird als hohes Gut gehandelt. Gerade Artgenossen, die in einer Gruppe leben, nutzen die Kommunikation zur Lösung eines Konflikts lieber als einen Kampf. Würden sie bei jedem Konflikt gleich miteinander kämpfen, würde

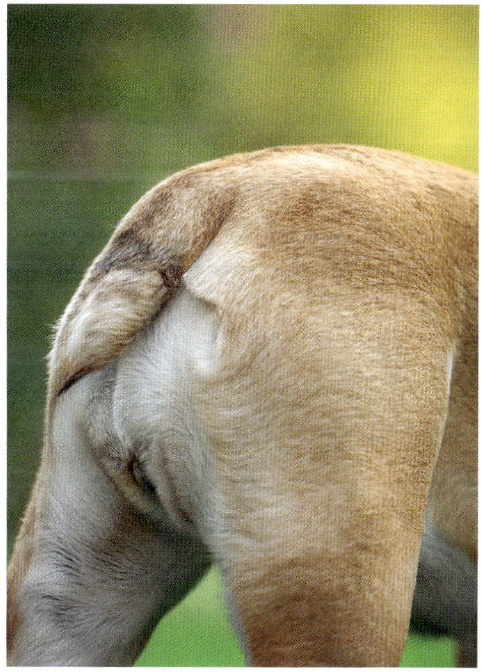

Amputierte Körperteile können sein Gegenüber verunsichern und Aggressionsverhalten fördern.

jedes Individuum häufig verletzt werden, und das Leben in der Gruppe wäre ein viel zu hohes Risiko. Die Kommunikation mit dem Konkurrenten zu Absichten und Ansprüchen birgt ein viel geringeres Verletzungsrisiko und ist letztendlich für beide Kontrahenten von Vorteil. Aus diesem Grund hat sich das fein abgestimmte Droh- und Kampfverhalten bei Hunden entwickelt, sodass vor einem risikoreichen Ernstkampf etliche andere Mittel zur Wahl stehen.

Wären alle nur so sensibel beim Einsatz von Aggressionsverhalten …

Vielleicht klingt die Überschrift auf den ersten Blick ambivalent – aber sie ist es nicht. Ihr Hund verfügt über die Fähigkeit, die Intensität der gezeigten Aggressionen fein und ganz individuell auf den jeweiligen Kontext abzustimmen. Oder einfach formuliert: Er investiert lediglich so viel Energie wie nötig und so wenig wie möglich, wenn es um den Einsatz seiner aggressiv-kommunikativen Fähigkeiten geht. Aggressionen werden lediglich in der Intensität gezeigt, die zum Erreichen des Ziels notwendig sind. Und das ist sehr clever und gut für die eigene Energiebilanz!

Bitte auf feine Nuancen achten

Kleiner Einschub: Für uns Hundehalter wirkt Aggressionsverhalten oft wie eine große Staubwolke, in der sich alle Verhaltensweisen verstecken, die der Hund anwenden kann. Die Folge ist, dass Knurren, Drohen, Beißen, Bellen, Fixieren usw. oft als gleichermaßen schrecklich durch den Halter eingestuft werden. Nuancen der Intensität werden oftmals nicht erkannt. Das erklärt auch, warum uns das Thema so mächtig vorkommt. Wenn Sie aber lernen, Nuancen zu erkennen und diese im Kontext zu interpretieren, so werden Sie merken, wie schön es ist, wenn Ihr Hund es schafft, durch gezielten und möglichst kleinen Einsatz von Aggressionsverhalten eine friedliche Situation zu gestalten. Ja, Aggressionen können Stil haben – Sie werden es erkennen!

Was Sie benötigen, um diesen »Stil« auch zu erkennen, ist das Verständnis um die Logik hinter den Aggressionsstufen. Sie wissen bereits, dass der Hund sein Verhalten abstufen und differenziert einsetzen kann. Wir unterscheiden dabei fünf Stufen: das Imponieren einem anderen gegenüber, das defensive oder das offensive Drohverhalten sowie den gehemmten oder den ungehemmten Angriff.

Oft erkennen Sie durchgestreckte Läufe beim Imponierverhalten eines Hundes.

Auch eine möglichst hoch getragene Rute, die der Vierbeiner beim Imponieren häufig zeigt, ist typisch.

Hunde durchlaufen diese einzelnen Stufen – wobei der Wechsel von einer Stufe in die nächste unter Umständen erstaunlich schnell erfolgen kann. Mitunter können sie die eine oder andere Stufe einfach überspringen und die Stufen sogar wechseln. Dadurch steht ihnen ein sehr großer Spielraum in der Bandbreite ihres Verhaltens zur Verfügung. Um möglichst verletzungsfrei agieren zu können, ist es allerdings sinnvoll, dass sich der Vierbeiner gut im Umgang mit diesen einzelnen Abstufungen des Verhaltens auskennt.

Wir fassen die unterschiedlichen Stufen an dieser Stelle einmal kurz und bündig zusammen, sodass Sie einen Überblick darüber haben, welche Ziele ihnen zugrunde liegen.

Gut zu wissen

Aggressiv = gefährlich?

Jedem Hund ist das Aggressionsverhalten in die Wiege gelegt worden – und wie Sie wissen, aus gutem Grund! Ohne dieses Regulativ wäre das Überleben nicht möglich. Dennoch ist nicht jeder Hund automatisch gefährlich. Aggression und Gefährlichkeit sind nicht miteinander gleichzusetzen.

1. Imponierverhalten

Bei vielen Hunden, die aufeinandertreffen, erkennen Sie häufig ein Imponierverhalten. Nicht alle Wissenschaftler ordnen es dem Aggressionsverhalten zu. Wir nehmen es an der Stelle mit auf, einfach aus dem Grund, weil Sie es im Alltag und bei Begegnungen erkennen können und sollten – egal wie es wissenschaftlich eingeordnet wird.

Ziel ist es, dass der gleichgeschlechtliche andere Hund oder Erzfeind auf Abstand bleibt. Imponierverhalten demonstriert die eigene Stärke, und zwar zunächst in abwartender Haltung. Um das zu erreichen, »plustert« sich der Hund auf und zeigt, was er hat. Ein bisschen so, wie in der alten Sparkassen-Werbung: mein Haus, mein Auto, mein Boot …

Der imponierende Hund verhält sich anschließend abwartend, um zu schauen, ob der andere mithalten kann oder nicht. Es handelt sich hierbei also um ein subtiles Kräftemessen, zunächst noch ohne Körperkontakt.

Imponierverhalten zeigt Ihr Hund im optischen Ausdrucksverhalten. Klassiker, die Sie bestimmt schon mal gesehen haben, sind das Durchstrecken aller Gliedmaßen und die damit verbundene Demonstration von Größe. Ebenso werden Kopf und Rute hoch gehalten. Die Ohren sind nach vorn gerichtet, die Nackenhaare können gesträubt sein. Auffallend ist auch der steifbeinige Gang, der hölzern wirkt. Die Energie steckt der Hund in das Präsentieren seiner selbst. Immer mit Vorsicht und Bedacht, wie sein Gegenüber reagiert. Doch neben diesem klassischen Ausdrucksverhalten werden Sie andere typische Verhaltensweisen erkennen, die die Vierbeiner häufig während des Imponierens zeigen, darunter Imponierscharren nach dem Markieren, dem Gegenüber die Pfote oder den Kopf auf den Rücken legen oder paralleles Nebeneinanderlaufen mit Abdrängtendenzen.

Beobachten Sie auch das Hinterteil, mit dem Ihr Hund gegen andere Artgenossen drücken kann. Oder ein weiterer sehr typischer Klassiker des Imponierverhaltens ist die sogenannte T-Stellung. Der Imponierende stellt sich vor einen Artgenossen in dessen Laufrichtung. Aus der Vogelperspektive würden beide Hunde ein »T« formen. Der Imponierende bildet dabei den oberen T-Balken.

Diese Verhaltensweisen werden übrigens nur dem Imponieren zugeordnet, wenn das Ausdrucksverhalten des Hundes selbst Imponierverhalten dabei zeigt. Einige Verhaltensweisen können somit auch in anderen Situationen vorkommen, die dann aber mit dem Imponieren nichts zu tun haben.

Vermehrtes Markieren dient der Kommunikation und ist beim Imponieren erkennbar.

Gleichgeschlechtliches und ungleichgeschlechtliches Imponierverhalten

Wenn Sie an verschiedene Szenen von der Hundewiese denken, kann es gut sein, dass Sie nun Luft holen und sagen: Die Distanzvergrößerung ist ja gut und schön, aber mein Rüde imponiert auch einer Hündin gegenüber, und dabei scheint es, dass er sich eher über eine Distanzverringerung freuen würde als über eine Distanzvergrößerung. Korrekt! Wir müssen nur ein wenig sortieren. Zurzeit befinden wir uns im Bereich des Aggressionsverhaltens.

Unter gleichgeschlechtlichen Hunden verhindert das Imponierverhalten in der Regel, dass sich ein Ernstkampf entwickelt. Dies hat aber nichts mit der Suche nach einem geeigneten Fortpflanzungspartner zu tun. Das sind zwei getrennte und völlig unterschiedliche Funktionskreise. Das bedeutet, dass das gezeigte Imponierverhalten innerhalb des Aggressionsverhaltens weiterhin auf einer Distanzvergrößerung abzielt. In der Regel erkennen wir das bei gleichgeschlechtlichen Partnern. Bei ungleichgeschlechtlichen Hunden ist dies ebenfalls möglich, meistens wenn es in der Vergangenheit dazu einen Vorfall gab. Da hält man sich sein Gegenüber lieber vom Hals.

Das Imponieren im Bereich der »Partnervermittlung« zielt dagegen eher auf eine Distanzverkleinerung ab. Der Rüde zeigt sich und seinen »Status«, um der Hündin zu imponieren. Ihre Beobachtung ist also richtig, und gleichzeitig widerspricht sich dies auch nicht. Die Natur nutzt ein Verhalten, das sich nicht vermischen kann, doppelt. Entweder will man eine Distanzvergrößerung oder eine Distanzverkleinerung. Somit steht sich aus Sicht der Natur das identische Verhalten in zwei unterschiedlichen Kontexten nicht im Wege.

Sehr eindeutig akzeptiert der Youngster durch das Imponieren des Terriers seine soziale Position.

Zwei Optionen der Reaktion

Wie Sie gesehen haben, ist bereits das Imponierverhalten als geringste Stufe des aggressiven Einsatzes facettenreich und erlaubt dem Hund viele Kommunikationsmöglichkeiten. Aber, wie geht es weiter mit unseren rivalisierenden Hunden? Wir haben einen Vierbeiner, der auf einen Artgenossen mit Imponierverhalten reagiert und seine Karten offen auf den Tisch legt. Nun gibt es zwei Optionen: einseitiges Imponieren, bei dem nur der selbstsichere Hund imponiert, und gegenseitiges Imponieren zweier fast im gleichen Maße selbstsicherer Hunde. Betrachten wir sie uns im Detail:

- **Variante 1:** Der andere Hund schaut sich die Karten seines Gegenübers an, realisiert, dass dieser sehr gut aufgestellt ist, und akzeptiert die Überlegenheit in diesem Kontext. Damit deeskaliert er die Situation, indem er auf Abstand geht, sodass ein Konflikt vermieden wird. Übrigens passiert das häufiger, als dass es bemerkt wird. Oft werden wir als Hundehalter erst aufmerksam, wenn der Hund ins Drohverhalten übergeht. Fokussieren Sie sich einmal darauf, wie viele Situationen bereits durch die Hunde selbst entspannt werden, ohne dass sie die weiteren Drohstufen nutzen.
- **Variante 2:** Der andere Hund hat ebenfalls gute Karten, die er seinerseits präsentiert. Jetzt kann sich die Intensität des Imponierens verstärken – mit anderen Worten, weitere Karten werden gespielt, oder die nächste Runde wird eröffnet, und die Vierbeiner gehen in das Drohverhalten über. Bei Gleichstand gibt es nun mal Verlängerung.

2. Defensives Drohen

In der nächsten Stufe wird der Hund schon etwas direkter. Mit dem reinen Imponierverhalten stößt er offenbar an Grenzen, also wird es Zeit für einen Strategiewechsel. Er muss seinem Gegenüber über einen anderen Weg vermitteln, dass es besser wäre, sein Bedürfnis nach Distanzvergrößerung ernst zu nehmen.

Mit dem Strategiewechsel wechselt auch das optische Erscheinungsbild. Das ist durchaus sinnvoll, denn Drohungen im »Plusterkostüm« auszustoßen, wirken nicht authentisch, zumal sich das Gefühl des Hundes zur Situation ebenfalls verändert. Das defensive Drohen hat seinen Ursprung in der Unsicherheit bzw. Angst. Der Vierbeiner hat also selbst gar kein Interesse

Gut zu wissen

Alles geht – nichts muss …

Wir beschreiben, auf welche Merkmale Sie achten können. Hierzu sei gesagt, dass alle Merkmale auftreten können, einzeln und zusammen oder gemischt. Zudem ist die Stärke der Ausprägung des Verhaltens individuell von der Situation abhängig. Berücksichtigen Sie das immer und beobachten Sie Ihren Hund neugierig. Sie werden an ihm schnell ablesen können, wie ernst es ihm in einem solchen Moment der Konfrontation mit einem Rivalen ist.

an einem echten Kampf, dennoch zeigt er sich durch das Drohverhalten zumindest als verteidigungsbereit. Auch das ergibt, biologisch betrachtet, Sinn: Ist Angst im Spiel, haben wir Sorge, etwas zu verlieren. Aus Angst vor der Wegnahme einer Ressource oder vor einem Übergriff müssen wir Lebewesen aber unseren Mann stehen und verdeutlichen, dass wir kurz davor sind, eine Grenze zu überschreiten, die dafür sorgt, dass wir bereit sind, uns und die Ressource zu verteidigen, auch wenn wir das eigentlich gar nicht wollen.

Drohverhalten ist nichts Schlimmes, sondern die »letzte Chance«, einen Konflikt friedlich zu lösen – also ein sehr faires und schützendes Verhalten. Knurren beispielsweise findet sich häufig im Drohverhalten wieder. Viele unserer Kunden wünschen sich, dass ihr Vierbeiner nicht knurrt und bitten uns Trainer, ihm das »irgendwie abzuwöhnen«.

Theoretisch fänden wir sicherlich Alternativen, aber dann würde der Hund möglicherweise künftig sofort zubeißen, weil er diese Stufe überspringen würde, wenn er durch den Halter gelernt hat, dass Knurren nicht erwünscht ist. Was folgern wir daraus? Freuen Sie sich über einen Vierbeiner, der knurrt! So bemerken Sie, dass er auf einem geringen aggressiven Niveau anzeigt, sich in einer angespannten Situation zu befinden, die Sie sehr wahrscheinlich deeskalieren können. Gelingt Ihnen das, muss Ihr Hund nicht erst die nächste Aggressionsstufe erklimmen, sondern kann sich wieder entspannen.

Wann ist Angriff die beste Verteidigung?

Wenn verständlich geworden ist, dass Angst ein hoher Motivator ist, Ressourcen zu verteidigen, schauen wir ruhig einmal etwas genauer hin. Defensives Drohen ist interessanterweise mit Vorsicht zu genießen und oft ein »stärkerer Gegner« als offensives Drohen, obwohl der Hund bei Letzterem ein viel stärker wirkendes Ausdrucksverhalten zeigt. Auch wenn der Vierbeiner einen Konflikt vermeiden möchte, so ist er verteidigungsbereit.

Hier geht es um essenzielle Faktoren, die dem Vierbeiner genommen werden können. Auch hier greifen die Gesetze der Natur. Sie wissen ja: Futter, Nachwuchs und Territorium. Was würden denn Sie tun, wenn man Ihnen Ihren Grund und Boden nähme, Sie keinen Zugang mehr zu Nahrung hätten und jemand Ihre Familie für sich beanspruchte? Richtig, Sie wären bereit, Ihr letztes Hemd zu geben und alles Nötige für die Herstellung des Normzustands zu tun.

Nachdem der Youngster die Spielregeln akzeptiert hat, kann nach dem Imponieren (siehe Bild auf Seite 217) auch das gemeinsame Spiel losgehen – schließlich sind die Karten gemischt. Jetzt heißt es gemeinsam genießen!

Ganz egal, wie viel Angst Sie hätten, Sie wären bereit, alles zu geben – übrigens auch Ihr Leben. Und genauso sieht Ihr Hund das. Somit kann es passieren, dass Hunde in einem echten Notfall direkt in den ungehemmten Angriff (→ Seite 226 f.) springen. Geht es um die Familie, ist Schluss mit lustig! In diesem Kontext ist der Hund bereit, ungehemmt in die Vollen zu gehen, ohne Vorgeplänkel. Das wäre der Fall, wenn es bei der Ursache für den Konflikt um die Grundsicherung geht – was biologisch völlig verständlich und nicht als krankhaft zu bewerten ist.

Wie sieht ein defensiv drohender Hund aus?

Einen defensiv drohenden Hund erkennen Sie an folgender Körpersprache, wie etwa am Gebissklappern – Sie hören plötzlich das Zusammenschlagen der Zähne des Hundes. Ebenso kann ein Abwehrschnappen zu sehen sein. Zu diesem Zeitpunkt schnappt der Hund absichtlich in die Luft und nicht nach dem Gegner selbst. Auch hier nutzt er die geringsten Drohungen, um seinen Standpunkt zu verdeutlichen, aber nicht zusätzlich zu provozieren. Viele Hundehalter berichten von aufgestellten Nackenhaaren, der sogenannten Piloerektion. Je höher die Haare gesträubt sind, desto höher ist die Erregungslage des Hundes. Knurren in Form eines tiefen und geräuschhaften Drohlauts kommt ebenfalls häufig vor, ebenso wie das Blecken der Zähne mit einer langen Maulspalte.

Der Vierbeiner kann seinen Körper etwas zurückziehen, um sich kleiner zu machen. Er senkt den Kopf und die Rute. Letztere ist oft auch eingezogen. So wirkt der Hund »windschnittiger«, was ihm einen Bewegungsvorteil verschafft, wenn er sich für einen Angriff oder

Leichte Drohtendenzen sind schon erkennbar. Aber man sieht auch, dass beim Drohen noch kein Körperkontakt stattfindet.

Hunde nähern sich nicht frontal, sondern umrunden sich bei der Begrüßung. Das ist deeskalierend.

die Flucht entscheidet. Der Körper wirkt auch steif. So können die Muskeln angespannt sein, vorbereitet auf das, was kommen wird. Spannend zu beobachten ist der Körperschwerpunkt des Hundes. Beim defensiven Drohen liegt dieser eher auf den Hinterläufen, sodass der Vierbeiner schnell aus der Situation fliehen kann.

Unser Tipp für Sie: Bitte beachten Sie, dass sich ein Hund, der defensiv droht, in einer unangenehmen oder stressigen Situation befindet und sich verteidigen möchte. Daher ist es äußerst ratsam, ihn in solchen Momenten nicht weiter zu bedrängen, sondern Abstand zu wahren. Versuchen Sie, die Situation zu entschärfen, indem Sie ihm einen Fluchtweg und damit eine Distanzvergrößerung ermöglichen.

Mischformen

Ausgehend vom defensiven Drohen gibt es viele Übergänge zum offensiven Drohen, sodass Mischformen im Alltag immer wieder beobachtet werden können. Jegliches Konfliktgeschehen ist immer ein dynamischer Prozess. Das bedeutet aber auch, dass sich das Verhalten und das Ausdrucksverhalten je nach Situation und Emotion der Beteiligten jederzeit ändern und vermischen kann.

Diese Mischformen setzen sich aus der aktuellen Stimmung zusammen. Es kann also gut sein, dass ein Hund in einer Situation aus der Angst heraus erst einmal eher defensiv drohend gestimmt ist. Aber vielleicht musste er diese Situation schon einige Male bewältigen und hat daher Strategien erlernt, die ihm halfen, den Kontext zumindest zu überstehen. Diese Strategien gaben ihm Sicherheit, und somit wächst das Vertrauen in sich selbst. Der Hund lernt, in diesem Setting zukünftig selbstsicherer aufzutreten und somit auch offensives Drohverhalten einzubeziehen. Schon mischen sich die beiden Drohformen.

Überwiegen die Anteile der Angst, erkennen Sie optisch mehr den defensiv drohenden Hund mit geringeren Anteilen von offensivem Verhalten. Umgekehrt sehen Sie mehr offensive Anteile, umso sicherer sich Ihr Hund fühlt. Grämen Sie sich nicht, wenn Sie am Anfang Schwierigkeiten haben, die Stimmungen punktgenau abzulesen. Sowohl der Wechsel zwischen defensiv und offensiv als auch die Intensitäten der Mischformen können unglaublich schnell vonstatten gehen.

3. Offensives Drohen

Das offensive Drohen unterscheidet sich durch einige markante Merkmale vom defensiven Drohen. Zwar wird dem Kontrahenten gegenüber immer noch signalisiert, dass es bei weiterer Missachtung zu Konsequenzen kommen kann, aber das Gefühl und folglich auch die Körpersprache sind nicht angstmotiviert, sondern der Hund zeigt soziale Sicherheit und volle Angriffsbereitschaft. Beim offensiven Drohen erkennen Sie daher eine hohe Erregungslage des Hundes – er erscheint selbstsicher. Zu den erkennbaren Anzeichen gehören Haarsträuben im Hals- und Nackenbereich, außerdem wird der Schwanz entweder waagerecht nach hinten oder in einem leichten Bogen nach oben getragen. Körpergewicht und Körperschwerpunkt lasten auf den Vorderbeinen, wobei die Hinterbeine oft leicht eingeknickt sind, um sich für den Angriff nach vorn abstoßen zu können. Der Kopf wird leicht nach unten geneigt, sodass er eine Linie mit dem Rücken bildet.

Nach einem Angriff oder Drohverhalten ist oft ausgiebiges Schnüffeln zur Entspannung erkennbar.

Die Mimik des Hundes spielt ebenfalls eine bedeutende Rolle. Beim Blickkontakt zeigt der Vierbeiner weit geöffnete, runde Augen, und er fixiert mit hartem und intensivem Blick sein Gegenüber. Die Ohren werden nach oben gezogen und nach vorn gestellt, wodurch die Stirn leicht gerunzelt ist. Die Lefzen werden hochgezogen, die vorderen Zähne entblößt. Dies führt dazu, dass die Mundwinkel kurz und rund erscheinen, während der Nasenrücken ebenfalls gerunzelt ist.

4. Gehemmter Angriff

Reichen Drohungen nicht aus, um Konflikte zu beenden, so kann es zu einem gehemmten Angriff kommen. Dabei zeigt der Hund eine direkte körperliche Aktion gegenüber seinem Kontrahenten. Der Übergang zwischen Drohung und Angriff ist oft fließend. Einige Angriffe sind defensiveren Ursprungs, um sich selbst zu schützen oder das Territorium zu verteidigen, während andere offensiv sind, um Konkurrenten auf Abstand zu halten. Dies ergibt sich aus dem fließenden Übergang aus dem Drohverhalten.

Wichtig ist bei der Form dieses Angriffs das Wort »gehemmt«. Der Hund setzt zwar seine Zähne ein, allerdings nicht mit voller Beißkraft, sondern entsprechend der Situation individuell und in Abhängigkeit vom Gegner. Dies schützt vor möglichen Verletzungen. Die Natur stellt also auch beim Angriff selbst wieder Nuancen zur Verfügung, die verhindern, dass der Vierbeiner ohne Rücksicht auf Verluste angreifen würde. Der Einsatz dieser Hemmung steht übrigens auch in Verbindung mit Ihrem Training aus der Welpen- und Junghundzeit.

Erinnern Sie sich, bis etwa zum fünften Lebensmonat (noch vor dem Zahnwechsel) sollte jeder Hund die Beißhemmung erlernen. Das bedeutet, dass er ein Gefühl und einen Fokus dafür bekommt, wie er seine Zähne und seine Beißkraft beim Schnappen oder Beißen einsetzen kann und darf. Er lernt den Umgang damit und kann früh unterscheiden, ob er in ein Zergel, einen menschlichen Unterarm oder ins Ohr eines Artgenossen beißt. Dieser Prozess dauert einige Wochen und Monate. Gelingt dieser Schritt aber konsequent, so wird Ihr Vierbeiner ein Meister seines Werks sein, seine Beißkraft situationsadäquat einzusetzen.

Beachten Sie: Haben Sie mit einem Hund, der sein Sozialverhalten und seine Beißhemmung erlernen konnte, schon mal eine brenzlige Situation erlebt, bei der Sie dachten, er hätte Sie beißen wollen, Sie aber, weil Sie so schnell Ihre Finger weggenommen haben, nicht erwischt? Dem ist nicht so. Ein Hund, der beißen will, der beißt und trifft auch. Die Reflexe eines Menschen sind gewöhnlich bei Weitem nicht so schnell, dass sie der Beißattacke eines Hundes ausweichen könnten.

Wer hat, der hat …

Oftmals, aber nicht immer, ist ein gehemmter Angriff mit Lautäußerungen oder Elementen des Imponierens verbunden. Denn der Hund möchte mit dem Körperkontakt zusätzlich noch Kommunikationselemente einsetzen, um den Kontrahenten zu beeindrucken und dazu zu bewegen, klein beizugeben. Oft kann man also nach lautstarken Angriffen sehen, dass das »Opfer« keine oder nur oberflächliche Verletzungen davongetragen hat. Wir müssen bedenken, dass Hunde ja theoretisch die gesamte Länge ihrer Eckzähne im Gewebe des Opfers versenken könnten. Häufig stellen wir aber nur einen blauen Fleck oder leichte Verletzungen der Haut fest.

Aus einem unsicheren Verhalten kann sich im Laufe der Zeit bei einem Hund …

… ein offensives Drohverhalten entwickeln. Sie erkennen dies schnell an der Mimik des Tieres.

Je nachdem, wie ein Hund einen Konflikt bewertet und er damit umgehen möchte, können wir zwei verschiedene Strategien erkennen:

- Die erste Strategie ist die offensive, und so wird das resultierende Verhalten auch offensiver (gehemmter) Angriff genannt. Hierbei hat der Hund eine konfliktbereite Grundhaltung und möchte mit dem körperlichen Ausleben dieses Konflikts seine Stärke und seinen Durchsetzungswillen einsetzen, um sein Ziel zu erreichen. Die Geisteshaltung ist von Selbstsicherheit geprägt.
- Die zweite Strategieebene zeigt defensive Tendenzen. In diesem Zustand ist der Hund vom Gegner beeindruckt und fürchtet um seinen Selbstschutz, dennoch ist er bereit für einen Angriff.

Kurz zusammengefasst: Die Wahrscheinlichkeit, dass Hunde in eine Beißerei geraten, also einer oder beide Tiere Angriffsaggressionen zeigen, steigt mit folgenden Parametern: Je eher beide gleich stark sind, das gleiche Ziel verfolgen (beispielsweise haben beide eine läufige Hündin im Blick), gleich wenig Angst vor Verletzungen haben und gleich motiviert sind, desto wahrscheinlicher ist es, dass die Situation eskaliert. Je unterschiedlicher ihre Haltung zur Situation ist, desto unwahrscheinlicher ist auch eine Eskalation.

Wenn es zum Kampf kommt

Ein offensives Angriffsverhalten erkennen Sie daran, dass der Angreifer zum Beispiel seine Vorderbeine quer oder schräg von hinten auf den Rücken des Gegners legt. Dabei droht und schnappt er in Richtung der Nackenregion. Auch kann er den Gegner mit den Vorderbeinen und dem eigenen Gewicht herunterdrücken und unten halten. Oft wird gehemmt in Richtung Brust, Flanken und Hinterbeine gebissen. Es müssen für einen Angriff nicht unbedingt die Zähne eingesetzt werden, sondern auch ein Anrempeln durch Schleudern des hinteren Teils des eigenen Körpers gegen den anderen gehört zu diesem Vorgehen. Ein Vorstoßen kann entweder nur mit dem Kopf oder auch mit Kopf und Körper blitzartig vorgenommen werden. Dabei kann der Hund versuchen zu beißen, zieht sich dann aber schnell wieder zurück. Flieht ein Gegner, wird er oft verfolgt. Dabei kann der Fliehende auch im Laufen gebissen werden. Sind die Hunde noch einige Meter voneinander entfernt, wird sich der offensiv Angreifende mit schnellem Tempo annähern. Die dabei gezeigte Imponierhaltung führt dazu, dass im Lauf oft Galoppsprünge gezeigt werden.

Häufig wird bei gleich starken Hunden und vornehmlich Rüden der sogenannte Hochkampf gezeigt. Dabei steigen beide Vierbeiner aneinander hoch, versuchen den anderen mit den Vorderbeinen zu stoßen und beißen aneinander am Kopf vorbei. Sehr oft wird dies mit sehr lautem Knurren und geradezu mit einem Brüllen begleitet. Dieser Hochkampf ist sehr stark ritualisiert. Das heißt, dass die Hunde sich nach einer biologischen Programmierung verhalten, um einen Weg im Konflikt zu ermöglichen, den anderen stark zu beeindrucken und möglichst Verletzungen auf beiden Seiten zu vermeiden. Das heißt, der Kampf wird mit viel Ausdruck, aber wenig Verletzungsgefahr ausgeführt.

Befinden sich Hunde, während sie angreifen, auf der defensiven Ebene, glauben sie, eine sehr wichtige Ressource (oder sich selbst inklusive Sozialpartner) mit gesteigerter Aggression

Beide Hunde lernen sich kennen und zeigen Imponierverhalten. Der Berner Sennenhund ist sich seiner Stärke bewusst, er schnuppert interessiert am Viszla. Dieser realisiert ebenso schnell, dass der Berner Sennenhund scheinbar die besseren Karten hat. Er deeskaliert durch Aufgabe des Imponierverhaltens und wendet sich vorsichtig ab.

verteidigen zu müssen. Sie kennen die Grundmotivation schon vom defensiven Drohverhalten. Solch ein Hund wird sich dann nicht auf einen Hochkampf einlassen, sondern von unten beißen, um mit den Pfoten festen Halt zu haben und jederzeit fliehen zu können. Ebenso wird er sich nicht aus mehreren Metern mit Imponierhaltung annähern, sondern eher zu fliehen versuchen, sich bei einem abgeschnittenen Fluchtweg selbst oder auch eine Ressource verteidigen und dabei mit dem Körper die Ressource versuchen abzudecken und vor Blicken und dem Zugriff durch den Kontrahenten zu schützen.

Hier ist es Spiel, aber Ressourcen können die Situation schnell zum Kippen bringen.

Die verteidigende Absicht ist durch den Körperausdruck und die Mimik typisch defensiv nach hinten und unten gezogen. Interessant ist, dass Hunde durch Lernerfahrungen und Reifung im Zuge des Erwachsenwerdens für sie typische defensive Strategien ändern. So wird das Verhalten in gleichen Situationen im Laufe der Zeit immer deutlicher und offensiver, bis letztendlich ein offensiver Angriff gezeigt wird.

Zunächst macht sich der Hund Sorgen um Territorium oder Kauknochen und erfährt, dass er tatsächlich andere durch defensive Aggression davon abhalten kann, sich die Ressource zu nehmen. Steigert sich im Laufe der Zeit die Selbstsicherheit und Selbstwirksamkeit, wird der Vierbeiner zuversichtlicher, dass er mit Erfolg andere vertreiben wird. Darum zeigen viele Hunde ein offensives Angriffsverhalten beim Verteidigen einer Ressource, obwohl sie sich eigentlich (früher einmal) Sorgen um diese gemacht haben.

5. Ungehemmter Angriff

Zu guter Letzt besteht für den Hund die Möglichkeit des ungehemmten Angriffs. Dies ist das Ende der Fahnenstange, da hier, wie der Name schon sagt, jegliche Hemmung fallen kann. Hat der Vierbeiner bisher gehemmt und mit dem Ziel der Verletzungsvermeidung gedroht oder gekämpft, so nimmt er beim ungehemmten Angriff Verletzungen und sogar den Tod in Kauf. Dabei muss man beachten, dass es nur in äußerst seltenen Fällen dazu kommt. Meist ist dies der Fall, wenn das Territorium oder Welpen bzw. Jungtiere verteidigt werden und Lebensgefahr besteht.

Viele Menschen berichten nach einem Beißvorfall, dass es sich ganz bestimmt um einen ungehemmten Angriff gehandelt haben musste,

Beide Hunde begegnen sich mit Vorsicht und lernen sich kennen.

da das wilde Getöse schrecklich laut und völlig ernst wirkte. Es ist verständlich, dass diese Verhaltensweisen das Schlimmste befürchten lassen. Allerdings sind das eher Beschreibungen, die auf einen gehemmten Angriff hinweisen. Denn bei einem ungehemmten Angriff wird hemmungslos attackiert – mit voller Beißkraft.

Der Hund ist sich seines hohen Einsatzes bewusst. Aus diesem Grund ist er auch fokussiert und komprimiert alle Energie auf sein Ziel. Deshalb fehlen überwiegend alle optischen und akustischen Ausdruckselemente des gehemmten Angriffs. Zähne werden nicht gebleckt, das Nackenhaar wird nicht gesträubt, der Schwanz wird nicht steif noch oben gehalten, und auch das Knurren unterbleibt. Meistens ist es ruhig, und jedes Verhalten wirkt zielgenau. Es geht nicht mehr darum, den Rivalen einzuschüchtern oder zu beeindrucken, sondern nur noch darum, ihn zu verletzen. Es wird jetzt auch in Beine, Pfoten und Bauch gebissen, also in Bereiche, die im gehemmten Angriff immer noch Tabuzonen sind. Auch das Beißschütteln wird das eine oder andere Mal gezeigt. Ein ungehemmter Angriff des Hundes kann sowohl für den Halter und andere Personen als auch für andere Hunde und Tiere gefährlich sein.

In den meisten Fällen ist es nicht erforderlich, dass Hunde unnötige Energie durch ungehemmte Angriffe verpuffen lassen. Zudem sind sie auch nicht bestrebt, direkt mit einem ungehemmten Angriff zu reagieren. Sprechen Sie mit Ihrem Hundetrainer, wenn Sie unsicher sind, um welche Angriffsformen es sich bei einem oder Ihrem Hund handelt. Haben Sie den Sinn hinter dem Verhalten verstanden und erkennen dies auch im Ausdruck, werden Sie viele Situationen leichter bewerten und die Weichen für den »Entspannungsplan« für Ihren Hund schneller erstellen können.

Aktive und passive Unterwerfung

Nun haben Sie kennengelernt, wie strukturiert und klar ein Hund Kaskaden des Angriffs aufbauen kann, um möglichst nur den kleinsten Schaden zu erlangen und reale Konflikte zu umgehen. Wie bereits beim Imponierverhalten beschrieben, legen sich zwei Rivalen also quasi die Karten. Es ist ein ständiges Kräftemessen durch die verschiedenen Aggressionsstufen hindurch. Auf diesem Weg kommt es höchstwahrscheinlich dazu, dass einer der Kontrahenten binnen kürzester Zeit feststellt, diesen Kampf doch nicht weiterführen zu wollen oder zu können. Das sind oft die Momente, in denen Sie sehen, dass es kurz zu einem lauten Angriff kommt, und die Hunde danach voneinander lassen. Verletzungen sind zum Glück meist Fehlanzeige. Viel Lärm um nichts, könnte man sagen. In diesem Augenblick des Loslassens voneinander hat einer der beiden in der Regel beschlossen, das Spiel zu verändern. Doch wie teilt der Vierbeiner seinem Kontrahenten diesen Stimmungswandel mit? Durch die feine Abstimmung der eigenen Kommunikation!

Um aus der ganzen Nummer wieder herauszukommen, kann der Hund Unterwerfungsgesten zeigen, die dafür da sind, seinem Gegenüber zu signalisieren, dass der Kampf beendet werden sollte und die situative Stärke des anderen akzeptiert wird. Die Unversehrtheit ist schließlich das Ziel.

Dazu hat die Natur den Hunden die Fähigkeit zur aktiven und passiven Unterwerfung mitgegeben, die Sie bei Ihrem vierbeinigen Liebling bestimmt schon beobachten konnten. Beiden Unterwerfungsarten fehlt jegliche Angriffstendenz. Stattdessen sollen sie einen aggressiven Konflikt deeskalieren oder vermeiden und den Überlegenen beschwichtigen.

Aktive Unterwerfung

Der sich Unterwerfende sucht Körperkontakt, versucht das Maul des Gegenübers zu lecken und wendet dem anderen den Kopf zu. Dieses Verhalten enthält Elemente des Welpenverhaltens. Es hat sich aus der Begrüßung entwickelt, die Welpen ausgewachsenen Wölfen gegenüber zeigen, wenn diese von der Jagd wiederkehren.

Durch das Stoßen der Schnauze in die Maulwinkel wird beim gesättigten, älteren Tier ein Reflex ausgelöst, der bewirkt, dass Futter aus dem Magen hervorwürgt wird. Sie kennen das vielleicht auch von Ihrem Hund. Er springt bei der Begrüßung noch und versucht Ihr Gesicht zu erreichen, um Ihre Mundwinkel zu lecken.

Nicht jeder Hund zeigt sich in dieser Situation nur demutsvoll. Gern wird aus der Aktion der aktiven Demut heraus versucht, die Grenzen doch noch einmal auszuloten. Viele Junghunde beginnen aufdringlich, den älteren Hund zu bedrängen, und setzen ihre Vorderbeine zum intensiven Pföteln ein. Die meisten erwachsenen Hunde durchschauen diese Taktik sofort und reglementieren den übermütigen Youngster mal eben fix mit einem gehemmten Angriff.

Passive Unterwerfung

Bei dieser Beschwichtigungsform liegt der sich Unterwerfende still auf dem Rücken. Er versucht nicht, Kontakt aufzunehmen, sondern wendet seinen Kopf vom anderen ab. Manchmal verliert er ein paar Tröpfchen Urin. Die passive Unterwerfung findet ihren Ursprung ebenso in der Welpenzeit, denn in den ersten Tagen können sich die Kleinen nicht von selbst lösen. Die Mutterhündin massiert ihnen mit ihrer Zunge den Bauch, bis sie Urin und Kot absetzen. Die passive Unterwerfung ist die Weiterentwicklung und die weitere Nutzung dieses Verhaltens.

Der Unterlegene erkennt die höhere soziale Position des anderen an. Wenn der sich unterwerfende Vierbeiner zusätzlich den Schwanz einklemmt, sein Körper sehr angespannt ist und der Blick hektisch hin- und herwandert, dann ist das ein deutlicher Hinweis für einen hohen Angstanteil.

Hunde verfügen über ein sehr gut aufgebautes und facettenreiches System, das sie in jeder aggressiven Situation die »passende Antwort« parat haben lässt. Diese wiederum sorgt dafür, verletzungsfrei aus einem Konflikt zu gelangen.

Bei der aktiven Unterwerfung wirkt es, als würde der Hund seinem Gegenüber »Honig ums Maul schmieren« bzw. sich um ihn herumschlängeln. Er bekundet die Anerkennung des anderen, wünscht sich aber dennoch weitere Reaktionen von diesem, wie etwa ein folgendes Spiel.

Auslöser für Aggressionsverhalten

Aggressionen benötigen immer einen Auslöser, ansonsten wären sie pure Energieverschwendung oder Teil eines Krankheitsbilds. Wie Sie bereits wissen, verbraucht der Körper keine Ressourcen völlig grundlos. Um Konflikten vorbeugen zu können, gehen Sie unsere kleine Liste durch und prüfen Sie, ob Ihr Hund affin für eine oder mehrere mögliche Aggressionsgründe sein könnte:

- angstinduzierte Aggression
- Aggression zum Selbstschutz und dem Schutz der Familie
- Aggression zur Verteidigung des Territoriums
- schmerzinduzierte Aggression
- erlernte Aggression – ohne bewusstes Zutun des Menschen oder mit Absicht durch den Menschen
- Aggression aufgrund ökologischer Konkurrenz inklusive Ressourcenverteidigung, wie Spielzeug, Futter, Wasser, Leckerchen
- Aggression zum Zweck der Erziehung
- Aggression durch soziales Ausprobieren, Sich-Messen während der Entwicklung
- statusbedingte Aggression
- schreckinduzierte Aggression
- umgerichtete Aggression (wenn der Hund nicht zum Gegner vordringen kann, weil er etwa an der Leine ist, so könnte er sich einen anderen Reiz suchen und in diesen beißen, um den Stress/die Erregungslage abzubauen)
- Gruppenaggression durch Stimmungsübertragung in der Gruppe
- spielerische Aggression
- sexuell motiviertes Aggressionsverhalten
- »jagdlich bedingte Aggression« (in Wirklichkeit keine Aggression, sondern Beutefangverhalten)

Sogar wenn zwei Menschen streiten, kann dies das Aggressionsverhalten des Hundes fördern.

Aggressionen gegenüber Menschen

Warum zeigen Hunde bisweilen Aggressionen gegenüber Menschen? Betrachten wir ein Beispiel aus dem Alltag im Detail.

Sie bekommen Besuch, und Ihr Gast geht schnurstracks auf Ihren wartenden Hund zu und will ihn streicheln. Ihr Vierbeiner zeigt aber defensives Aggressionsverhalten und knurrt. Wie reagieren Sie? Fast jeder Mensch ohne Vorwissen würde jetzt reflexartig versuchen, dem Hund das Knurren zu verbieten oder ihn gar auszuschimpfen. Aber ist das der richtige Weg? Nein! Denken Sie daran: Aggression ist Kommunikation, und Ihr Hund hat dem Fremden mittels Knurrens klar mitgeteilt: »Das will ich nicht, halte Abstand!« Wir hoffen, dass Sie Ihrem Liebling diese Emotionen und Gedanken zugestehen, schließlich hat jeder eine persönliche Individualdistanz, die nicht unterschritten werden sollte. Wer lässt sich schon gern von Fremden umarmen oder den Kopf tätscheln?

Das Knurren ist seine hündische Art zu sagen, dass diese Berührung jetzt nicht auf Zustimmung stößt. Das ist nicht böse gemeint und steht auch nicht für einen schlechten Charakter. Der Hund spricht hündisch, es ist also legitim, wenn er auf seine Methode seine Wünsche äußert. Abgesehen davon, dass es – zumindest aus menschlicher Sicht – unfair dem Vierbeiner gegenüber ist, sich nicht ausdrücken zu dürfen, kann es verheerende Folgen haben, ihm das Knurren zu verbieten. Vergleichen Sie das ruhig mit Ihrem Leben – wie geht es Ihnen, wenn Sie Emotionen oder Worte unterdrücken müssen? Meist sind das doch stressige Situationen, die letztlich auch noch negative Energie aufstauen. Also lieber raus damit!

Ab wann wird zu viel Aggression gezeigt?

Muss man nicht verhindern, dass sich Hunde gegenseitig oder Menschen verletzen oder dass ein Rüpel einen sanfteren Artgenossen drangsaliert oder gar traumatisiert? Ja, auf jeden Fall! Die häufigsten Bissverletzungen entstehen durch Überforderung und aus dem Selbstschutz heraus. Da ein Hund Zähne hat, kann er diese benutzen. Egal, wie gut er sozialisiert ist oder wie lieb er bisher war: Jeder Hund kann, wenn die Umstände dies erfordern, seine Zähne einsetzen, denn er ist immer noch Raubtier. Deshalb möchten wir Ihnen folgende Empfehlungen dringend ans Herz legen:

Hunde nehmen viel in der Umwelt wahr und reagieren darauf, auch wenn wir es gerade selbst nicht tun.

Sollte der Hund frei laufen dürfen, so üben Sie den Rückruf sicher, um ihn immer lenken zu können.

- Jeder Hund, egal wie groß oder klein, wie lieb oder herzensgut, sollte an einen Maulkorb gewöhnt werden. Benötigen Sie diesen irgendwann einmal, wird es für Ihren Vierbeiner ganz normal sein, das »Ding« zu tragen.
- Es gibt keine sichere Prognose für Hundeverhalten, doch hat ein Vierbeiner in einer Situation schon einmal jemanden verletzt, steigt die Wahrscheinlichkeit, dass er in einer ähnlichen Situation wieder schnappen oder zubeißen wird.
- Gehen Sie in keinen Konflikt mit Ihrem Hund, wenn er Sie anknurrt. Versuchen Sie, die Situation möglichst schnell zu deeskalieren.

Fühlen Sie sich selbst unwohl auf dem Spaziergang, spürt das auch Ihr Vierbeiner.

Mag Ihr Hund keine anderen Menschen, so sichern Sie ihn auf dem Spaziergang über eine Leine ab.

Sollte Sie Ihr Vierbeiner öfters anknurren, so kontaktieren Sie bitte eine gute Hundetrainerin, damit Sie den Vorfall analysieren können und eine für Sie und Ihren Hund geeignete Strategie zur Vermeidung derartiger Situationen erlernen können.
- Die meisten Hunde setzen ihre Aggression sehr emphatisch und angemessen ein. In den seltensten Fällen wird jemand verletzt. Dennoch sollten Sie in Hundebegegnungen nicht davon ausgehen, dass »die das schon untereinander ausmachen«. Haben Sie das Gefühl, dass ein Hund überfordert wird, trennen Sie beide Tiere voneinander.

Schieben Sie das Thema Aggressionsverhalten nicht lange auf. Holen Sie sich schnellstmöglich professionellen Rat durch einen guten Hundetrainer, um das Thema nicht zu verschleppen und womöglich ungewünschte Verhaltensweisen zu festigen.

Special

Was tun bei einem Beißvorfall?

Kommt es zu Bissverletzungen, so fühlen sich viele Hundehalter hilflos. Selbstverständlich muss jeder Fall individuell analysiert werden. Danach richten sich anschließend die künftigen Vorgehensweisen. Dennoch möchten wir Ihnen einen generellen Überblick an die Hand geben, um von der Hilflosigkeit in die Handlungsbereitschaft übergehen zu können.

Unmittelbar nach dem Vorfall

1. Sicherung des Hundes: Hat Ihr Hund geschnappt und der angegriffene Mensch oder der Hund befindet sich noch in der Nähe, so sichern Sie Ihren Vierbeiner über eine Leine ab, führen Sie ihn in einen anderen Raum oder befestigen Sie ihn mithilfe der Leine an einem Gegenstand, von dem aus er nicht erneut zum anderen Menschen oder Hund laufen kann. Setzen Sie ihm, wenn möglich und zuvor positiv antrainiert, einen Maulkorb auf. Halten Sie selbst genügend Abstand, sodass Sie die Situation managen können, aber nicht durch die Nähe zum Hund Teil der Problematik werden.

2. Analyse der Vorkommnisse: Versuchen Sie die Dinge rational zu betrachten, auch, wenn es schwerfällt. Begutachten Sie alle Beteiligten, ob körperliche Verletzungen vorliegen. Koordinieren Sie, wenn ein Arzt oder Tierarzt gerufen werden muss. Bleiben Sie in Kontakt mit anderen Beteiligten. Das deeskaliert meistens auch spätere Streitigkeiten, zudem tut es allen Betroffenen gut, wenn Sie sich kümmern. Tauschen Sie Telefonnummern aus, sodass eine Erreichbarkeit gewährleistet ist.

Ein bis zwei Tage nach dem Vorfall

1. Warum kam es dazu? Versuchen Sie ganz analytisch herzuleiten, was diesen Beißvorfall ausgelöst haben könnte, und stellen Sie sich folgende Fragen:

- Konnten Sie Anzeichen erkennen, die das Beißen angekündigt haben?
- Wie hätten Sie möglicherweise im Vorfeld schon besser reagieren können?
- Was können Sie zukünftig verändern?

2. Wer kann mit Rat und Tat helfen? Kontaktieren Sie einen guten Hundetrainer, der Ihnen bei der Umsetzung praktisch hilft. Beginnen Sie herauszuarbeiten, was Sie trainieren müssen, welche Managementmöglichkeiten Ihnen zur Verfügung stehen und welche Maßnahmen Sie in Notfallsituationen einleiten können.

3. Wiederholung unbedingt verhindern: Sorgen Sie dafür, dass Sie mit Ihrem Hund nicht wieder in eine ähnliche Situation geraten. So wird vermieden, dass ein Lerneffekt stattfindet, der ungewünschtes Aggressionsverhalten Ihres Vierbeiners fördern könnte.

Special

Aggression zur Verteidigung des Territoriums

Ein Grund für Aggressionen richtet sich danach, das eigene Territorium zu verteidigen. Möglicherweise haben Sie einen Hund vor Augen, der vorn am Gartenzaun deutlich aggressives Verhalten zeigt, das einen potenziellen Eindringling auf Abstand halten soll. Doch auch das Markieren und das Abschnüffeln fremder Duftmarken können Sie dem Territorialverhalten des Hundes zuordnen.

Wie genau Markieren und Schnüffeln mit territorialem Verhalten zusammenhängt, ist noch nicht genau untersucht. Bei anderen revierbildenden Tierarten fand man jedoch heraus, dass Markierungen nicht etwa die Grenzen eines Reviers abstecken, sondern das gezielte Setzen der Duftmarken die Informationen über die Nähe zum Mittelpunkt des Reviers anzeigen.

Der britische Verhaltensökologe Morris Gosling stellte anhand experimenteller Untersuchungen an Nagetieren fest, dass die Tiere ihr Revier von außen nach innen – hin zum Zentrum des Reviers – in immer kleineren Abständen immer häufiger markieren. Seine Hypothese dazu lautet, dass die Tiere auf diesem Weg Eindringlingen Hinweise auf die eigene Präsenz geben: Je näher der Eindringling dem Zentrum des Reviers (und damit

Durch das »Zeitunglesen« an Pinkelstellen bekommt der Hund Informationen, wer hier vorbeilief.

Durch das Markieren setzt der Vierbeiner seinen Post im sozialen Netzwerk der Hunde.

Im Hellen geht es meistens noch, doch im Dunklen intensiviert sich das territoriale Verhalten.

dem wahrscheinlichen Aufenthaltsort des Revierinhabers) kommt, desto mehr Duftmarken findet er vor. Das revierfremde Tier erhält damit Anhaltspunkte darauf, wem dieses Revier gehört, und es weiß, dass es mit zunehmender Frequenz der Duftmarken immer wahrscheinlicher wird, dem Revierinhaber zu begegnen.

Genetisch vorgegeben

Territorialverhalten ist genetisch fixiert und je nach Rasse unterschiedlich stark ausgeprägt. So zeigen Rassen, die ursprünglich dafür gezüchtet wurden, Haus und Hof zu bewachen, verständlicherweise ein besonders ausgeprägtes Territorialverhalten. Sie reagieren oft auf bereits kleinste Veränderungen mit starkem Vokalisieren. Eine Besonderheit bilden unter anderem die Herdenschutzhunde, die sogenannte mobile Territorien bilden. Sie nehmen also ihr Territorium dorthin mit, wo sie sich gerade befinden, und verteidigen dieses, selbst wenn sie sich dort noch nicht lange aufhalten – getreu dem Motto »Soweit ich schauen kann, ist alles meins!«

Bei vielen Hunderassen tritt das territoriale Verhalten meist um den sechsten Lebensmonat herum auf, bei sich spät entwickelnden Rassen aber auch deutlich später. Schauen Sie, wie sich Ihr Youngster zu diesem Zeitpunkt entwickelt, und legen Sie vor allem frühzeitig den Grundstein dafür, dass Menschen bei Ihnen willkommen sind.

Des Weiteren findet oft recht schnell eine instrumentelle Konditionierung statt, die wir in diesem Fall liebevoll als »Postboteneffekt« bezeichnen: Der Postbote kommt und bringt die Post, der Hund bellt ihn wütend hinter dem Zaun an, und der Postbote verschwindet wieder. Wir haben also einen Auslöser (Postbote), auf den der Hund mit einem Verhalten (bellen) reagiert, dem wiederum eine Konsequenz folgt (Postbote verschwindet).

Der Hund verbindet die Konsequenz mit seinem Verhalten und schlussfolgert: »Ich habe den Postboten mit dem Bellen erfolgreich vertrieben.« Lerntheoretisch handelt es sich um eine negative Verstärkung. Allerdings kann sich in der Folge auch eine positive Verstärkung

Ein unsicherer Hund ist aus der Balance. Unterstützen Sie ihn – dies vermeidet auch Aggressionen.

Wenn man Hunde nicht zu lesen vermag, kann ein heranlaufender Vierbeiner für Angst sorgen.

einstellen, sobald der Hund weiß, »wie es geht«, und somit Freude beim Verbellen und Vertreiben empfindet. Dies kann sich erst entwickeln, wenn Mut und Selbstwirksamkeit über die Angst hinauswachsen.

Laut oder leise – wen halten Sie im Blick?

Wenn Sie das nächste Mal an einem Grundstück vorbeigehen, hinter dessen Zaun sich Hunde aufhalten, schulen Sie Ihr Wissen und Ihren Blick:

- Welche Hunde erkennen Sie mit defensiven Drohtendenzen und welche mit offensiven?
- Sind mehrere Hunde hinter dem Zaun, schauen Sie, wer die Situation am meisten beherrscht.

Oft sind es nicht die bellenden Vierbeiner an der Front, sondern eher die, die sich ruhig im Hintergrund aufhalten und die Situation aus einer größeren Entfernung sicher betrachten und lenken. Daher behalten Sie diesen Hund im Auge und beobachten Sie, wie sich das Verhalten der Gruppe eventuell durch eine Verhaltensänderung dieses Hundes verlagert.

Für Kontrollierbarkeit sorgen

Selbst ein angemessenes territoriales Verhalten kann für die Besitzer problematisch werden, wenn es unkontrollierbar wird. Bei Maßnahmen rund um diese Problematik geht es oft darum, das territoriale Verhalten des Hundes kontrollierbar zu machen. Beispiele könnten sein: Abruftraining, beim Empfang von Besuch neue Rituale einführen, sodass es möglich ist, den Hund im Abstand zum Besuch zu positionieren, und Deckentraining. Besteht der Verdacht auf eine Unter- oder Überforderung des Hundes, sollte zusätzlich eine angemessene Auslastung des Vierbeiners bzw. ein spezielles Ruhetraining in Betracht gezogen werden.

Üben Sie regelmäßig, damit Sie die Körpersprache Ihres Hundes zuverlässig interpretieren können.

Üben, üben, üben

Auch eine positive Stimmungsübertragung kann vorbeugend helfen: Der Hundehalter sollte sich, wenn er seine Gäste empfängt, in einer wohlwollenden, ruhigen Stimmung zeigen. Zu viel eigene Aufregung oder Sorgen des Halters könnten sich auf den Vierbeiner übertragen. Wir empfehlen in diesem Fall daher: Gehen Sie schon im Vorfeld jeden Schritt vor, während und nach der Besuchszeit durch und überlegen Sie, wie Sie den gewünschten Ablauf in Ihren Alltag integrieren können.

Bereiten Sie sich gut vor, sodass Sie alle erforderlichen Hilfsmittel, wie etwa eine Decke, auf der der Hund liegen wird, Leckerchen oder Spielzeug usw. zur Hand haben. Trainieren Sie schon frühzeitig vor dem ersten Besuch regelmäßig die neuen und nötigen Trainingsschritte, um Ihr Ziel zu erreichen. Das gibt nicht nur Struktur, sondern auch Handlungssicherheit im Alltag.

Der Hund ist zu lieb!

Natürlich kennen wir auch das Gegenteil: Probleme in Verbindung mit zu wenig territorialer Aggression. Dann stellen sich die Hundehalter Fragen wie: »Mein Vierbeiner freut sich über jeden Besuch. Würde er mich überhaupt beschützen, wenn ich bedroht werden würde?«

Viele Halter wünschen sich von ihrem Liebling ein beschützendes Verhalten. Ob ein Hund aber einen echten Schutz vor ernst gemeinten Angriffen bietet, lässt sich leider nicht verallgemeinern. Auf jeden Fall hat der Vierbeiner zumindest eine abschreckende Wirkung. Je größer der Hund und je dunkler sein Fell, desto größer ist diese Abschreckung.

Schützen versus Wachen

Das »Schutzverhalten«, also die genetisch fixierte hohe Motivation zur Verteidigung von Familienmitgliedern oder von Nachwuchs, ist losgelöst vom »Wachverhalten«. Bei Letzterem handelt es sich um die genetisch fixierte hohe Motivation zur territorialen Verteidigung. So gibt es Hunde, die zwar über hohe Wacheigenschaften verfügen (indem sie beispielsweise sehr schnell jegliche Veränderungen, Geräusche und potenzielle Gefahren bemerken, bellen und verweisen), sich dann aber lieber hinter die Beine von Frauchen oder Herrchen stellen, wenn ihnen eine Person entgegenkommt, die ihnen merkwürdig erscheint.

Wieder andere Hunde zeigen nur wenig Potenzial für territoriale Aggressionen, sondern freuen sich über jeden Besuch und würden »einem Einbrecher die Tür öffnen«. Doch dies ist keinesfalls ein Hinweis auf ihre tatsächliche Verteidigungsbereitschaft im Notfall. Vom Wachverhalten lassen sich also keineswegs Rückschlüsse auf das Verteidigungsverhalten ziehen!

Was Sie beachten sollten

Ein häufiges Problem ist das Unterschätzen der genetischen Veranlagung. Herdenschutzhunde sowie deren Mischungen oder bestimmte Rassen wie Hovawart oder Weimaraner können eine erhöhte Bereitschaft haben, besonders auf ihr Zuhause aufzupassen. Das entsprechende Verhalten zeigt sich zum Teil erst, wenn der Hund seine soziale Reife erlangt, also etwa im Alter von zwei bis zweieinhalb Jahren. Ist man darauf nicht vorbereitet, kann es zu unangenehmen Überraschungen kommen, wenn der geliebte Vierbeiner beispielsweise »plötzlich« empfindlich auf Handwerker oder fremden Besuch reagiert, obwohl dies in den ersten beiden Lebensjahren nie ein Thema war.

Hunde merken, wenn ihr Mensch entspannt oder angespannt ist.

Wäre Gefahr in Verzug, so würde der Vierbeiner nicht so locker und frei herumtollen.

Fertigen Sie selbst eine ganze Fotoreihe von Ihrem Hund an, sodass Sie sich die Aufnahmen wie einen Film nacheinander ansehen und beschreiben können. Witzige Momentaufnahmen inklusive!

Sexualverhalten

Was wäre das Leben ohne die Liebe? Richtig, schnell vorbei. Somit steht das Sexualverhalten auch bei Hunden hoch im Kurs, um möglichst die eigene Fitness auch in den folgenden Generationen zu präsentieren.

Das Sexualverhalten besteht aus der Partnersuche, der Partnerwahl, sozio-positiven Verhaltensweisen während der Läufigkeit der Hündin – darunter etwa Fellstubsen und -knabbern, Schnauzenkontakt, Schnauzenzärtlichkeiten – und schließlich der tatsächlichen Paarung.

Hunde haben im Vergleich zu Wölfen ein gesteigertes Sexualverhalten. Sie sind ganzjährig sexuell aktiv und paarungsbereit. Die Rüden können sich das ganze Jahr über erfolgreich fortpflanzen, die Hündinnen werden in der Regel zwei- bis viermal im Jahr läufig.

Oft erkennen Sie anhand des Verhaltens eines Rüden, wie es um den Zyklus der Hündin steht. Das gegengeschlechtliche Imponieren haben Sie bereits kennengelernt (→ Seite 216). Dabei hat der Rüde meist ein großes Interesse daran, sich in voller Pracht darzustellen. Oft hören Sie zusätzlich ein aufgeregtes kurzes wiederholtes Fiepen, wenn er sich vor seiner Liebsten präsentiert. Doch es gibt noch weitere typische Verhaltensweisen, auf die Sie achten können:

Gut zu wissen

Aufreiten ist nicht pervers

Viele Hundehalter meinen, dass ihr Hund pervers, sexuell übermotiviert oder Ähnliches ist, sobald er aufreitet. Dem ist nicht so. Das Aufreiten ist sicherlich ein notwendiger Teil des Sexualverhaltens, kommt allerdings auch in anderen Kontexten vor:

- Stress: Dies ist die häufigste Ursache; das Aufreiten geschieht in diesem Fall als Übersprunghandlung.
- Deeskalation von Konflikten
- Spielverhalten: Vor, während und nach dem Spiel kann Aufreiten gezeigt werden.
- Imponieren: Das Aufreiten dient dazu, den Artgenossen zu beeindrucken.

Folgelaufen

Der Rüde läuft direkt hinter der Hündin her und fokussiert sein Interesse auf ihre Genitalregion. Kommt er an die Hündin heran, folgt danach in der Regel eine intensive Geruchskontrolle sowie ein Belecken der Genitalregion, wenn die Hündin dies zulässt. Möchte die Hündin dies nicht, wird sie sich dem zudringlichen Rüden in der Regel durch Fluchtverhalten entziehen. Einige Hündinnen versuchen, sich zu entwinden, indem sie immer wieder das Hinterteil wegziehen, sich um 180 Grad drehen, dem Rüden den Kopf zuwenden und versuchen, den Rüden so auf Distanz zu halten. Oft ist dabei defensives Drohverhalten zu erkennen. Einige Rüden sind in ihrem Vorhaben allerdings sehr penetrant und lassen sich selbst von deutlichen Ansagen der Hündin nicht beeindrucken. Vor allem unerfahrene Rüden haben noch nicht das Wissen, wann es sich lohnt, sich wirklich anzustrengen, da sie die sogenannten Stehtage – in denen die Hündin empfängnisbereit ist – nicht immer genau erkennen können. In diesem Fall schützen Sie die Hündin, indem Sie beide Hunde voneinander trennen. Dagegen gibt es natürlich auch sehr selbstsichere und erfahrene Hündinnen, die einem übereifrigen Jungrüden sehr klar und deutlich die Grenzen aufzeigen. Schauen Sie also je nach Situation, ob Sie eine Trennung einleiten sollten, um die Hunde zu schützen.

Präsentieren

Befindet sich eine Hündin in der Standhitze, zeigt sie dies Rüden an, indem sie ihr Hinterteil präsentiert und die Rute zur Seite legt, um die Genitalregion besser zugänglich zu machen. Beim Belecken oder Aufspringen entzieht sie sich nicht. Dies ist ein klares Zeichen dafür, dass nun zwei paarungsbereite Hunde aufeinandertreffen. Im besten Fall haben Sie, wenn es Hunde des eigenen Haushalts sind, bereits im Vorfeld Vorkehrungen getroffen, sodass die Hunde sicher getrennt werden können, um einen Deckakt zu vermeiden. Befinden Sie sich draußen auf dem Spaziergang und geraten in eine solche Situation, so gilt es, beide Hunde spätestens (!) jetzt anzuleinen und voneinander zu trennen, sofern der Deckakt unerwünscht ist.

An dieser Stelle sei erwähnt, dass Hündinnen zwar mit der ersten Läufigkeit die Geschlechtsreife erlangen, dennoch aber noch lange nicht sozial ausgereift sind, um Deckakt, Trächtigkeit, Geburt und Aufzucht der Welpen umsetzen zu können. Jede Hündin sollte erst sozial ausreifen, bevor sie gedeckt wird. Dasselbe gilt für den Rüden, der zwar nur für den Deckakt parat steht, aber dennoch in Bezug auf eine entspannte Stimmungsübertragung währenddessen mehr Ruhe reinbringt, wenn er souverän und sozial ausgereift ist.

Imponierverhalten wird oft bei gegengeschlechtlichen Partnern zur Distanzverringerung eingesetzt.

Reitet ein Hund auf, ist es manchen Haltern unangenehm, obwohl es oft nicht sexuell motiviert ist.

Sexuell motiviertes Aggressionsverhalten

Sexualhormone lösen auch sexuell motiviertes Aggressionsverhalten aus. Es richtet sich gegen gleichgeschlechtliche intakte Konkurrenten. Dieses Verhalten verstärkt sich, wenn eine (läufige) Hündin in der Nähe ist oder sich im Sozialverband des Rüden befindet. So kann ein intakter Rüde beispielsweise aggressiv reagieren, wenn er mit einer befreundeten Hündin interagiert und ein anderer unkastrierter Rüde dazukommt. Viele Rüden reagieren dabei besonders intensiv rund um die Läufigkeit einer Hündin. Es kann ausreichen, dass der Rüde Kontakt mit der läufigen Hündin oder deren Geruch hatte. Begegnet er später einem anderen Rüden, kann es zu intensiverem Aggressionsverhalten kommen.

Drei sind meistens einer zu viel – das sieht auch dieser Rüde so.

Meist mehr Show als Ernst

Eine solche Auseinandersetzung beginnt in der Regel abgestuft, kann sich jedoch bis zu einem Ernstkampf steigern. Häufig sieht man jedoch Rüdenkämpfe, die durch Imponieren eine hohe Theatralik entwickeln. Diese Kämpfe zeichnen sich dadurch aus, dass sie oft sehr laut ablaufen, viele Zähne und aufgerichtete Nackenhaare zu sehen sind, aber am Ende niemand verletzt ist. Einem unerfahrenen Hundehalter kann dabei schon mal das Herz in die Hose rutschen.

Hündinnen können sexuell bedingtes Aggressionsverhalten in der hormonell aktiven Zeit vom Proöstrus über den Östrus bis hin zum Metöstrus zeigen. Viele Hündinnen reagieren dabei durch den steigenden Progesteronspiegel hauptsächlich vor und in der Läufigkeit aggressiv auf Artgenossinnen. Dies kann zu ernsthaften Auseinandersetzungen mit Beschädigungsabsicht führen.

Was Sie beachten sollten

Bitte berücksichtigen Sie folgende Grundsätze:

› Sie haben das Recht, Ihre Hündin vor aufdringlichen Rüden zu schützen, wenn sie mit der Situation überfordert ist.
› Möchten Sie Ihren Hund von einem stressbedingten Aufreiten abhalten, so rufen Sie ihn ruhig zu sich oder holen Sie ihn langsam vom anderen Hund zu sich. Hektische Bewegungen erhöhen den Stress für Ihren Liebling.
› Kommt eine läufige Hündin ins Spiel, so kann eine feste männliche Hundekumpel-Gang in heftigen Streit geraten.

Ballspielen zählt nicht zum Spielverhalten, da es die Kriterien des Spiels nicht erfüllt.

Spielverhalten

Spiel ist ein wichtiger Bestandteil des Sozialverhaltens von Hunden. Es unterstützt speziell Jungtiere, Fähigkeiten zu erwerben, die ihnen als Erwachsene nützen. Außerdem begünstigt Spiel die Entwicklung aller Lebensbereiche, also

- der körperlichen Verfassung sowie
- der sozialen und
- der kognitiven Entwicklung.

Spielen kommt unmittelbar der Bewegungskoordination zugute – und wer sich besser und schneller bewegen und reagieren kann, der ist in der Lage, sein Verhalten besser zu steuern, und genießt dadurch in bestimmten Situationen Vorteile.

Der Langzeitnutzen des Spiels besteht in einem verbesserten Umgang mit unerwarteten Ereignissen, einem flexibleren Sozialverhalten und damit einem höheren Niveau des Sozialverhaltens insgesamt. Die Bedeutung des Spiels geht so weit, dass Caniden, die daran gehindert werden, verzögerte oder gar unterbrochene Entwicklungsprozesse zeigen. Neben anderen Funktionen reift dann beispielsweise die Selbstkontrolle nicht adäquat aus.

Merkmale von Spiel

Spieltypisch ist, dass Ausdrucksbewegungen aus allen Funktionskreisen auftauchen, wobei sie teils »übertrieben« ausgeführt werden. Beliebte Elemente, die einen großen Aufforderungscharakter besitzen, wie beispielsweise das Heben der Pfote oder die Vorderkörpertiefstellung, werden innerhalb einer Spielsequenz häufig wiederholt. Spielsequenzen sind oft unvollständig und beinhalten manchmal eigene Signale, die im Spiel ihren Ursprung haben.

Spiel findet nur »im entspannten Feld« statt. Das bedeutet, dass echtes Spiel nur möglich ist, wenn die Spielpartner entspannt sind. Das schließt Aggressionen, Sexualverhalten und andere Verhaltensweisen aus. Da sich viele Hundehalter fragen, ob es sich um Spiel oder Aggressionen handelt, wenn mindestens zwei Hunde körperlich agieren, ist das schon eine wichtige Information: Spiel bedeutet Entspannung. Folglich wirkt alles im Ausdrucksverhalten entspannt, weich und locker – im Gegensatz zu Aggressionsverhalten, bei dem der Körper immer unter Spannung steht. Alle Bewegungen scheinen im Flow zu sein.

Außerdem ist für Spiel der sogenannte Bewegungsluxus typisch. Das bedeutet, dass die meisten Bewegungen übertrieben ausgeführt werden und es keine Rolle spielt, ob eine Bewegung effizient ist oder nicht: Im Spiel hat der Hund den Luxus, sich völlig frei zu bewegen. Die Abfolge seiner Bewegungen lässt sich nicht voraussagen. Spielverhalten ist selbstbelohnend und braucht vor allem bei jungen Hunden keinen weiteren Anreiz.

Weitere Kennzeichen für Spielverhalten ist ein Rollenwechsel zwischen den Spielpartnern. Mal rennt der eine dem anderen hinterher und dann wieder der andere dem einen. Beide Partner sind vollkommen gleichberechtigt. Kann der eine mal nicht mehr, so pausieren die Hunde kurz, und anschließend geht es weiter. Beobachten Sie das Spiel, Sie werden merken, dass die Vierbeiner sich währenddessen die ganze Zeit ansehen, um zu prüfen, ob sich der andere noch im Spielmodus befindet und die kleine Spielwelt somit in Ordnung ist. Dabei zeigt dieses Anschauen einen entspannten Blick und ist nicht mit Fixieren zu verwechseln.

Spielverhalten kann sehr grob wirken. Spielpartner bewerfen sich nicht unbedingt mit Wattebäuschchen und das eine oder andere Quieken signalisiert dem Spielpartner, dass der Einsatz der Zähne nun doch ein wenig fest war. So lassen die Hunde kurz voneinander ab, Stress wird abgeschüttelt, und beide stürzen sich wieder ins Getümmel. Dies ist gerade bei jungen Hunden mit Milchzahngebiss häufig zu beobachten. Regulieren sich beide Hunde auf diese Weise, ist das Eingreifen durch den Halter nicht zwangsläufig nötig. Dies wäre nur dann sinnvoll und angebracht, wenn das Spiel kippt und Sie eine Anspannung beobachten würden.

Bernhardiner versus Windhund

Nun, es gibt keinen Masterplan, wo die Liebe oder Freundschaft hinfällt. Sympathien haben nichts mit Größe und Stärke zu tun. So kann es sein, dass ein wunderbares Spielgespann zwischen einem Bernhardiner und einem Windhund entsteht – einfach weil die Chemie

Schauen Sie, dass Sie im Alltag Spielpartner für Ihren Hund finden – so wird Spiel ein Teil seines Alltags.

Trotz Unterschieden können sich Hunde über das Spiel annähern und voneinander lernen.

stimmt. Doch wie finden die beiden auf einen Nenner? Der Windhund ist von Natur aus eher sehr flott unterwegs, während der Bernhardiner meistens derjenige ist, der schnellen Lebewesen lieber von der bequemen Liegeposition aus mit den Augen folgt als ihnen hinterherzulaufen ...

Keine Sorge, die Natur hat es wieder gut gemeint: Hunde (Lebewesen) können das sogenannte Handicap-Verhalten zeigen. Das bedeutet übersetzt: Möchte der Windhund das Spiel aufrechterhalten, so drosselt er sein Tempo, damit der Bernhardiner eine Chance hat, mit ihm mitzuhalten. Umgekehrt limitiert der Bernhardiner vielleicht seinen Körpereinsatz beim Spiel, sodass alle Beteiligten eine wunderbare Basis zum Spiel haben.

Das Spielgesicht

Ebenfalls typisch für Spielverhalten ist das sogenannte Spielgesicht. Dieses wird im Spiel genutzt, um dem Partner mitzuteilen, dass die gezeigten Verhaltensweisen nur spielerisch gemeint sind. Spielgesichter können sehr unterschiedlich aussehen und sind oft durch einen sehr übertrieben wirkenden Ausdruck gekennzeichnet. Meist haben die Hunde dabei weit aufgerissene, ins Leere blickende Augen und übertrieben weit geöffnete Schnauzen, während gleichzeitig der Rest des Gesichts relativ entspannt ist.

Spielbewegungen

Folgende Spielbewegungen und Figuren können Sie im Spiel von Hunden beobachten:

- Hopsen: Hierbei nähert sich der Hund Menschen oder Artgenossen in einem hoppelnden Galopp und bleibt kurz vor ihm oder ihnen schlagartig stehen. Darauf folgt Weglaufen oder Spielbeißen, wobei der Vierbeiner das Spielgesicht zeigt.
- Vorn-Hochschleudern: Vorderkörper und Kopf werden hochgeschleudert, um danach loszulaufen.

Durch sein Spielgesicht signalisiert der Hund, dass er sich voll auf seinen Spielpartner einlässt.

Wild? Ja, aber mit jeder Menge Spaß! Lassen Sie Ihren Vierbeiner ruhig auch mal toben.

Es wird nicht nur auf dem Boden gespielt, sondern geht auch gern mal in die Höhe.

- Im-Kreis-Springen: Der Hund springt hoch und dreht sich dabei auf der Stelle im Kreis.
- Kopfschleudern: Der Kopf wird ruckartig zur Seite geworfen oder mit weiten Bewegungen locker hin- und hergeworfen.
- Vorn-Hochspringen: Hochspringen mit den Vorderbeinen aus dem Stand
- Plötzlich-Losrennen: Der Hund rennt mit schräg nach oben gehobenem Kopf los.
- Körperschleudern: Die Schleuderbewegung des Kopfes dehnt sich auf den Körper aus.
- Spiel-Vorderbeinstoßen: Ein Hund mit Spielgesicht springt in kurzen Galoppsprüngen auf einen anderen zu, bleibt vor ihm stehen und stößt mit den Vorderbeinen nach unten.
- Vorderkörpertiefstellung: Diese Körperhaltung, bei der der Hund seinen Vorderkörper senkt und seine im Ellenbogengelenk stark gewinkelten Vorderbeine seitlich gespreizt hält, ist ein sehr häufig gezeigtes Spielelement. Dabei wedelt der Schwanz, der Vierbeiner bewegt den Kopf ruckartig hin und her oder hält ihn schief. Gegebenenfalls bellt er auch noch. Diese Geste hat hohen Aufforderungscharakter und leitet gern Rennspiele ein, wobei der Hund die Rolle des Verfolgten einnimmt.
- Spielerisches Mit-der-Schnauze-Anstoßen: Schnelle Abfolge von Stupsbewegungen mit der Schnauzenspitze, die gegen andere Hunde oder Menschen gerichtet sind. Dieses Verhalten hat einen sehr starken Aufforderungscharakter.
- Spiellauern und vieles mehr

Im Notfall eingreifen

Haushunde sollten die Möglichkeit bekommen, gleich nach Abgabe vom Züchter mit anderen Welpen und sozialisierten Hunden sowie mit bekannten und fremden Menschen spielerisch soziale Erfahrungen sammeln zu können. Gerade in Spielphasen kann besonders gut gelernt werden, da der Grad an Sicherheit durch das Spiel hoch ist. Dennoch kann es sich ergeben, dass aus dem Spiel Ernst wird. Dann sollten Sie als Hundehalter eingreifen. Es gibt zwei gute Gründe, das Spiel zu stoppen.

1. Die beiden Spielpartner können noch nicht eigenständig einschätzen, wann sie aufhören sollten – das passiert oft in der Welpen- und Junghundezeit. Dort gehen Hunde aus purer Freude am Spiel über ihre körperlichen Grenzen hinweg. Das echte Spiel würde kippen,

weil sie nicht mehr können. In diesem Fall reicht oft schon ein Abrufen des Hundes, ihn kurz entspannt abzulegen und ihm eine kurze Pause zu gönnen. Erholen sich beide Tiere wieder, kann nach einiger Zeit die nächste Runde eingeläutet werden.

2. Die Stimmung verandert sich im Laufe des Spiels und wechselt von Entspannung in Anspannung. Dabei spielt es keine Rolle, welcher Hund gerade die Pause nötiger hat. Bemerken Sie, dass aus dem Spiel plötzlich Ernst wird und die Hunde sich nicht selbst regulieren können, rufen Sie und der andere Hundehalter Ihre Vierbeiner wieder zu sich.

Spielende Hunde geben oft freudige Lautäußerungen von sich, wie Bellen, Jaulen oder aufgeregte Geräusche. Diese Lautäußerungen sind in der Regel kurz und melodisch. Im aggressiven Verhalten können sie tiefer, drohender und anhaltender sein. Achten Sie auch darauf, wenn Sie die spielenden Vierbeiner beobachten.

Was Sie beachten sollten

- Es ist toll, wenn Ihr Hund regelmäßig spielen oder positiv gefärbte Sozialkontakte mit anderen Hunden haben kann.
- Spielen Sie gemeinsam mit Ihrem Hund. Scheuen Sie sich nicht, sich auf dem Boden zu rollen und jede Menge Spaß zu haben. Zeigen Sie modifizierte Spielaufforderungen wie Körpertiefstellung, indem Sie mit breit gestellten Beinen leicht in die Hocke springen, den Oberkörper ganz leicht vorbeugen und kurz darauf wieder seitlich wegspringen. Ihr Hund wird diese Geste sofort verstehen.
- Trainieren Sie aber auch für den Ernstfall, dass Sie das Spiel mit Ihrem Hund jederzeit beenden können.

Gut zu wissen

Spielarten

Hunde spielen auf ganz verschiedene Arten. Wir listen hier nur eine kleine Auswahl an Möglichkeiten auf:

- Funktionsspiele (Rennspiele)
- Rollenspiele – Hunde schlüpfen in verschiedene Rollen und tauschen diese währenddessen
- Solitärspiele (Spiele mit dem eigenen Körper, Bewegungsspiele)
- Sozialspiele (Kampfspiele, Beißspiele, Fluchtspiele, sexuelle Spiele und Kommunikationsspiele)
- Spiele des Nahrungserwerbs (Jagd-, Fang- und Fressspiele)
- Spiele mit Objekten und vieles mehr

Gut zu wissen

Oxytocin lässt grüßen

Durch das Spielen wird bei den Spielpartnern das »Kuschelhormon« Oxytocin ausgeschüttet. Es führt dazu, dass es die Stresshormone beim Abbau unterstützt bzw. gar nicht erst so stark ausschütten lässt. Daher sind regelmäßige kleine Spieleinheiten sinnvoll.

Hunde, die sich nicht kennen, spielen nicht sofort miteinander. Sie lernen sich erst kennen. Man sieht hier einen höflichen Abstand, den der kleine Hund dem großen gegenüber zeigt. Erst nachdem beide sich als »sympathisch« einordnen, beginnt das Spiel und die Körpersprache beider verändert sich.

Auch in dieser Serie ist die Annäherung zweier Hunde zu sehen. Nach der ersten Kontaktaufnahme und dem gegenseitigen Beschnüffeln des Analbereichs scheint der Funke aber nicht übergesprungen zu sein. Stattdessen sind leichte Imponiertendenzen bei beiden Vierbeinern zu erkennen.

Geben Sie Ihrem Hund immer wieder Zeit und Gelegenheit, neue Dinge zu erkunden.

Kann Ihr Vierbeiner neue Erfahrungen in aller Ruhe machen, senkt sich sein Stresspegel.

Erkundungsverhalten

Das Erkundungsverhalten von Hunden wird Explorationsverhalten oder Neugierverhalten genannt. Hierzu zählen alle Verhaltensweisen, die Hunde zeigen, um mehr über ihre Umwelt zu erfahren. Dabei wird noch einmal unterschieden, ob es sich um Verhaltensweisen zur Nah- oder Fernorientierung handelt.

Erkundungsverhalten hat in seinen Merkmalen viele Ähnlichkeiten mit dem Spielverhalten: Hunde zeigen es ebenso nur im entspannten Modus, wenn keine Bedrohung oder konkurrierende Motivation vorliegt. Ebenso ist Erkundungsverhalten, genau wie Spielverhalten, »hoch ansteckend« und gerade bei jungen Hunden selbstbelohnend.

Erkundungsverhalten und die Bindung

Es ist eine Fehlannahme, dass ein Hund, der sich draußen viel mit seiner Umwelt beschäftigt, keine gute Bindung zu seinem Halter hat. Genauso wie es nicht stimmt, dass ein Vierbeiner, der draußen immer nah bei seinem Halter ist, eine besonders gute Bindung zu ihm hat. Explorationsverhalten ist von vielen Faktoren abhängig, darunter vor allem von der Genetik, der Rasse sowie von frühen Erfahrungen in der Welpenzeit.

Auch das Training hat einen großen Einfluss darauf, wie der Vierbeiner sich drinnen und draußen verhält: Ein Hund kann sehr gut lernen, dass es sich lohnt, sich zum Beispiel auf dem Spaziergang auf Signal in der Nähe des Menschen aufzuhalten oder ab und zu Blickkontakt aufzunehmen – aber dabei handelt es sich um ein trainiertes Verhalten. Es sagt nichts über die wirkliche Gefühlsebene aus und ob der Hund emotional wirklich bei seinem Halter ist.

Daher ist ein Rückschluss auf die Bindung nicht sinnvoll, da räumliche Nähe und die reine Umsetzung trainierten Verhaltens nichts über die Qualität der Beziehung oder Bindung aussagt.

Beobachten Sie Ihren Hund dabei, wie er sich in neuen Umgebungen verhält. Auch Ihre An- oder Abwesenheit wird sein Erkundungsverhalten beeinflussen. Probieren Sie es aus. Hunde, die sicher an ihre Halter gebunden sind, zeigen in deren Abwesenheit deutlich weniger Erkundungsverhalten in einer unbekannten Umgebung. Das ergibt Sinn: Eine Trennung vom Halter an einem fremden Ort löst Stress aus, und somit ist die wichtigste Bedingung für Explorationsverhalten nicht mehr erfüllt: das »entspannte Feld«. Ein Hund, der am Tor wartet, ob sein Mensch wiederkommt, und erst danach wieder die Wiese erkundet, zeigt ein völlig normales Verhalten.

Was Sie beachten sollten

Haben Sie einen eher ängstlichen Kandidaten, können Sie ihn bei der Erkundung neuer Objekte oder Räumlichkeiten unterstützen. Gehen Sie gemeinsam mit ihm auf Erkundungstour, geben Sie ihm soziale Unterstützung durch Ihre bestätigende, lobende Stimme, wenn er sich traut, sich einem (gruseligen) Gegenstand zu nähern. Diese Unterstützung lässt ihn nicht nur neue Umweltreize stressfreier wahrnehmen, es stärkt Ihre Beziehung und das gegenseitige Vertrauen.

Ein Beispiel: Lassen Sie den Hund in größerem Abstand zum Gegenstand absitzen. Gehen Sie zu dem Objekt, inspizieren Sie es, gähnen Sie laut und sagen Sie mit entspannter Stimme: »Ach, wie langweilig.« Kehren Sie anschließend langsam zu Ihrem Hund zurück, um dann gemeinsam mit ihm das Objekt zu begutachten. Er wird es viel entspannter wahrnehmen.

Jeder Hund hinterlässt Spuren, die für den nachfolgenden Artgenossen von Bedeutung sind.

Der Retriever zeigt eine typische geduckte Haltung, kurz bevor er die Flucht ergreift.

Angst- und Fluchtverhalten

Beim Fluchtverhalten möchte der Hund Abstand zwischen sich und den Auslöser bringen. Dazu gehören die Verhaltensweisen Flucht, Verstecken und Abstandhalten/Meideverhalten. Bei der Flucht rennt der Vierbeiner vor dem Auslöser (beispielsweise einem anderen Hund) weg, bis er ausreichend Distanz geschaffen hat oder etwa von dem anderen Artgenossen nicht mehr verfolgt wird. Beim Verstecken versucht der Hund einen Ort zu finden, an dem er sich in Sicherheit bringen kann. Dies ist meist ein höhlenartiger Bereich, in dem Schutz gesucht werden kann. Beim Meideverhalten achtet der Hund darauf, stets in einem bestimmten Abstand zum Auslöser zu bleiben und diesen Abstand nicht zu unterschreiten. Fluchtverhalten wird oft als Reaktion auf Angst oder Furcht gezeigt.

Angst und Furcht sind nicht dasselbe

Angst ist eine Emotion, die wir als ein beklemmendes, unangenehmes und besorgniserregendes Gefühl empfinden – und zwar in einer Situation, die wir negativ behaftet erleben. Während Angst sich auf ein diffuses Gefühl einer unbestimmten Bedrohung bezieht, bezeichnet Furcht die Reaktion auf einen konkreten Auslöser, wie etwa die Furcht vor Mülltonnen, bestimmten Personen oder Ähnliches.

Das Gefühl der Angst ist biologisch sinnvoll und überlebenswichtig, denn die Angst dient dem Schutz der eigenen Gesundheit und des Wohlbefindens. Außerdem fördert sie die Vermeidung von Gefahren.

Ursachen für Angst

Angst kann viele verschiedene Ursachen haben. Zunächst einmal spielt die Genetik des Hundes eine Rolle. Manche Rassen sind zum Beispiel anfälliger für die Entwicklung einer Furcht vor Geräuschen. Die Wissenschaft hat herausgefunden, dass das generelle Neugierverhalten, also die Neigung Neues zu erkunden, vermutlich angeboren ist. Den größten Einfluss darauf haben die Erfahrungen in der sozial sensiblen Phase. Wir wissen, dass vor allem mangelnde Erfahrungen dazu führen können, dass der Hund Furcht entwickelt.

Schlechte Erfahrungen und Überforderungen wirken sich zudem negativ aus. Während und nach der sozial sensiblen Phase können Lernerfahrungen einen großen Einfluss auf den Hund haben. Schlechte oder traumatische Situationen spielen dabei eine große Rolle. Wird der Hund etwa auf dem Spaziergang an der Leine von einem anderen Artgenossen gebissen, kann er, trotz guter Sozialisation, an der Leine Furcht vor anderen Vierbeinern entwickeln.

Was Sie beachten sollten

Hunde können aus verschiedenen Gründen ein über das normale Maß hinausgehendes Angstempfinden entwickeln. Unterschätzt wird häufig, was modernes Hundetraining bewirken kann. Wir haben schon oft gehört, dass bei Angststörungen selbst mit Gewöhnung gearbeitet wurde und wenn man an die Grenzen kam, wurde die Aussage getätigt: »Da muss er eben durch!« Seien Sie sich gewiss, dass da immer noch »etwas geht« und Sie Ihren Hund schützen müssen. Er braucht Sie, um aus dem Angstgefühl herauszukommen.

Zeigt Ihr Hund regelmäßig über lange Zeiteinheiten hinweg Angstverhalten, ist das ein behandlungspflichtiges Merkmal. Wenden Sie sich an Spezialisten wie Fachtierärzte für Verhaltenskunde oder Verhaltensberater.

Jagdverhalten

Sie erinnern sich: Jagdverhalten wird nicht dem Aggressionsverhalten zugeordnet. Das Jagdverhalten gehört zum Funktionskreis der Nahrungsbeschaffung und dient nicht der Kommunikation. Das Erscheinungsbild von Jagdverhalten gleicht durchaus dem einer Aggression, und das ist wohl der Grund, warum die beiden unterschiedlichen Verhaltensweisen oft in einen Topf geworfen werden.

Was genau versteht man unter Jagdverhalten? Kurz zusammengefasst bedeutet es, dass ein Beutetier verfolgt, gefangen, verletzt, getötet

Vorsichtig nähert sich der Hund dem neuen Reiz und prüft: gefährlich oder ungefährlich.

und schlussendlich gefressen wird. Dieses Verhalten kann allerdings auch als fehlgeleitetes Jagdverhalten gegenüber Menschen oder anderen Hunden gezeigt werden.

Selbst wenn Beutefangverhalten nicht zum Aggressionsverhalten im eigentlichen Sinne zählt, muss die damit verbundene Bereitschaft, Beutetiere anzugreifen, im Zusammenhang mit der Problematik der Gefährdung durch Hunde trotzdem berücksichtigt werden.

Einfach formuliert: Zum Schutz anderer Lebewesen gehören Hunde, die ihr Halter nicht von Wild und anderen Tieren zuverlässig abrufen kann, an die Leine.

Lasten Sie Ihren Vierbeiner kognitiv und körperlich aus. Damit beugen Sie Problemen vor.

Jagdverhalten versus Aggressionsverhalten

Aber wie unterscheidet sich das Jagdverhalten vom Aggressionsverhalten? Auslöser von Ersterem ist meist ein Beuteverhalten des Opfers wie fliehen, flattern, fiepen, schreien, stürzen, zappeln oder ruckartige Bewegungen. Manchen Hunden ist es dabei egal, ob es sich um Tiere, Spielzeug, Menschen oder um Objekte handelt, die praktisch nicht jagdbar (sprich: zu fangen) sind, wie etwa ein LKW oder ein Jogger.

Fällt der Hund ins Jagdverhalten, findet keine Kommunikation mehr mit dem verfolgten Opfer statt. Das ergibt (biologisch betrachtet) auch Sinn, denn der Vierbeiner konzentriert sich allein auf das Fangen der Beute. Mit in diesem Falle unnötiger Kommunikation würde er wichtige Energien, die er fürs Hinterherlaufen benötigt, schlicht vergeuden.

Ein anderer Fall: Hütehunde

Auch das Hüteverhalten ist ein modifiziertes Jagdverhalten. Hütehunde fixieren, beschleichen und verfolgen die zu hütenden Tiere. Manche Hütehundrassen zwicken dabei in die Fesselgelenke, um beispielsweise große Tiere wie Rinder zu bewegen. Unsere heutigen Hütehunde, die in Familien leben, sind in der Regel arbeitslos und werden nicht mehr zum Hüten genutzt. Die genetische Anlage zu diesem Verhalten ist jedoch nach wie vor vorhanden.

Arbeitende Hütehunde lernen sehr früh, an welcher Stelle Hüteverhalten angemessen ist und was sie hüten sollen oder dürfen und was nicht. Viele Hundehalter erkennen jedoch nicht gleich die ersten Anzeichen von Hüteverhalten. Oder sie können die einzelnen Situationen nicht voneinander unterscheiden und verpassen es das eine oder andere Mal, dieses Verhalten in richtige Bahnen zu lenken. Aus diesem Grund suchen sich die Hunde eigenmächtig Situationen, in denen sie ihr Hüteverhalten ausleben können. Es handelt sich hierbei um ein selbstbelohnendes genetisch fixiertes Verhalten, das sich sehr schnell festigt und aus dem der Hund sehr schnell mehr als eine Freizeitbeschäftigung macht.

Was Sie beachten sollten

Schulen Sie Ihre Beobachtungsgabe. Bereits das Einem-Schmetterling-Hinterhersehen kann oft dem Jagdverhalten zugeordnet werden. Somit beginnt Ihre Aufgabe bereits an dieser Stelle, um zu prüfen, ob der Hund aus dieser Situation noch abrufbar ist. Reagiert er auf Sie?

Wir haben im Jagdverhalten zwei Stadien: Der Hund zeigt erstens ein ungerichtetes Appetenzverhalten – auf der Suche nach etwas, aber das Ziel ist noch nicht festgelegt –, und zweitens ein gerichtetes Appetenzverhalten: Der Hund hat anvisiert, was er haben möchte. Daher wird verständlich, dass, je länger Sie warten, um Ihren vierbeinigen Liebling abzurufen, es für ihn immer schwieriger wird, auf Ihr Signal zu reagieren. Dies wird unter anderem durch das Dopamin verursacht, das dem Hund sein fantastisches Gefühl beim Jagdverhalten vermacht. Daher reagieren Sie schnell und im besten Fall noch vor der gerichteten Appetenz.

Bei uns Menschen ist es ähnlich. Wir bemerken ein leichtes Hungergefühl und suchen in der Küche nach Essbarem. Wir sind an der Stelle noch gut ablenkbar und flexibel und würden das nehmen, was eben gerade da ist. Haben wir aber etwas angepeilt, wie etwa die Schokolade, die scheinbar zur rechten Zeit am rechten Ort ist, wird es schwer, uns auf die Obstschale umzulenken. So geht es auch unserem Hund.

Fragen Sie sich immer, wofür eine Hunderasse gezüchtet wurde, um ihre Bedürfnisse zu verstehen.

Selbst innerhalb einer Hunderasse gibt es individuelle Unterschiede in Bezug auf die Bedürfnisse.

5

Ungewünschte Verhaltensweisen – **erkennen und erfolgreich beheben**

Sie sind mit Problemen nicht allein – hier einige Fallbeispiele mitten aus dem Leben!

TYPISCHE PROBLEME IM ALLTAG MIT DEM HUND

Im Folgenden stellen wir Ihnen einige Fallbeispiele mit den gängigsten Problemen vor, zu denen wir in unserer Praxis immer wieder konsultiert werden. Vielleicht kommt Ihnen der eine oder andere Konflikt bekannt vor. Probieren Sie gern die vorgeschlagenen Lösungsstrategien aus und integrieren Sie sie in Ihren Alltag.

Fallbeispiel 1

Lilo und Maja – oder wie bekomme ich meinen Hund gestoppt?

Das Problem

Maja geht regelmäßig mit ihrer zweijährigen Mix-Hündin Lilo aus dem südeuropäischen Tierschutz spazieren. An sich ist alles wunderbar, außer wenn Lilo auf vorbeiflatternde Schmetterlinge und Vögel trifft oder diese beobachtet. Dann scheint sich bei dem angeleinten Hund ein Schalter umzulegen. Denn kaum hat er eine Spur von einem Tier in der Nase, so verfolgt er diese, so gut es geht und an der Leine möglich ist. Würde man Lilo befragen, würde sie wohl sagen, dass sie alle Mühe hat, aus ihrer Halterin eine gute Jagdbegleiterin zu machen ...

Umgekehrt kostet es Maja viel Kraft, Lilos Verlangen nach Verfolgung standzuhalten. Der Hund zieht dann wie verrückt an der Leine und ist nicht mehr ansprechbar. Signale verpuffen im Nichts, sobald sie bei Lilo ankommen. Würde Lilo freilaufen, wäre sie in einem solchen Fall nicht mehr abrufbar. Daher lässt Maja sie stets an der Leine – und würde am liebsten die Spaziergänge aus ihrem Alltag streichen.

Warum verhält sich der Hund so?

Maja hat sich eine tolle Hündin ausgesucht. In Lilo steckt ein kleiner Mischling, der eine gewisse Neigung zum Jagen mitbringt. Ihre ursprüngliche Heimat war Südeuropa. Viele Hunde aus dieser Gegend sind ambitionierte Jäger und müssen sich wohl das eine oder andere Mittagsmenü selbst jagen. Somit besteht ein großer Erfahrungsschatz aus erlerntem Verhalten und der genetischen Veranlagung zu Jagdverhalten. Für Lilo ist es also nur verständlich, dass alles, was sich bewegt und damit jagdbar ist, erst einmal inspiziert und anschließend im besten Fall gefressen wird – obwohl Frauchen das stets verhindert.

Was dem einen Freud ist des anderen Leid – in diesem Fall gilt das auch für Maja und Lilo. Denn Maja hat alle Hände voll zu tun, um Lilo am Jagen zu hindern. Folglich ist sie nicht sehr angetan von Lilos Jagdverhalten, da es sie schließlich eine gehörige Portion Kraft und Nerven kostet. Vor allem auch im Hinblick darauf, dass ihr eine funktionierende Strategie einfach fehlt.

Lilo hingegen findet, dass ein Spaziergang ihren Lebenssinn widerspiegelt: die gemeinsame Jagd. Schade nur, dass Maja so schlecht darin ist! Hingegen freut sich Lilo nicht nur auf einen Erfolg, wenn sie ihn denn hätte, sondern bereits das Jagen an sich und die Bewegung zu den Reizen hin löst eine Dopaminkaskade nach der anderen in ihrem Gehirn aus. Wie wir bereits wissen, ist Jagdverhalten im höchsten Maße selbstbelohnend!

Und so haben wir es in diesem Fall mit selbstbelohnendem Verhalten, das noch dazu genetisch fixiert ist, zu tun. Die Chancen, aus Lilo einen gelangweilten und an der Umwelt desinteressierten Hund zu machen, sind folglich extrem klein – das wird nicht gelingen.
Und dennoch gibt es auch für solch schwerwiegende Fälle adäquate Lösungen.

Was kann Maja tun, damit sie und ihr Hund auf einen Nenner kommen?

Eine sehr wichtige Erkenntnis gleich zu Beginn: Jagdverhalten kann nicht wegtrainiert werden. Aber – und das ist die gute Nachricht – es lässt sich immerhin kontrollierbar machen. Dazu sind allerdings einige Grundregeln von Bedeutung, die Maja beachten muss. Manche Maßnahmen lassen sich sehr einfach umsetzen, andere hingegen sind schwieriger, in allen Fällen aber lohnen sie sich. Beginnen wir zunächst mit den einfacheren Dingen:

- Unkontrolliertes Jagdverhalten auf dem Spaziergang wird verhindert. Das bedeutet, dass Lilo entweder permanent an der Leine läuft oder aber der Abruf hervorragend und selbst unter starker Ablenkung (in Angesicht von Wild!) funktioniert.
- Lilo wird auf den normalen Spaziergängen ausgelastet. Es gibt ein Hobby, das im besten Fall Lilo körperlich und kognitiv auslastet, Maja Spaß macht und gleichzeitig gesellschaftsfähiger ist als unkontrolliert zu jagen. Infrage kommen in diesem Bereich etwa Dummytraining und Schnüffelkurse.
- Ein strukturiertes Abruftraining mit funktionalen Verstärkern und Sicherheitsmaßnahmen für Hund und Halter wird aufgebaut. Nur wenn der Abruf zuverlässig und unter allen Umständen klappt, befindet sich Maja in sicherem Fahrwasser und kann die Spaziergänge mit ihrem Hund genießen.

Sollte allerdings der Fall zutreffen, dass Lilo zu den schwierigeren Kandidaten gehört, so würde es größeren Erfolg versprechen, einen ganz individuell auf sie zugeschnittenen Maßnahmenkatalog zusammenzustellen. Ihr Training könnte dann aus den folgenden Komponenten gestaltet werden:

- Impulskontrolle
- Erregungskontrolle
- Frust ertragen lernen
- Orientierung an der Halterin
- klare Kommunikation und Spielregeln
- Signalkontrolle
- Bedürfnisbefriedigung

Mythos: »Jagdverhalten lässt sich löschen!«

Nein, das funktioniert grundsätzlich nicht! Jagdverhalten ist ein tief genetisch verankertes Verhalten, das das Überleben sichert. Es kann im besten Fall durch ein sehr konsequentes Training gelenkt, aber niemals gelöscht werden.

Wenn Sie Ihr Leben mit einem Jagdhund teilen, so achten Sie unbedingt auf ein gemeinsames Hobby. Die Gemeinsamkeit stärkt Ihre Bindung und vereitelt hoffentlich so manchen Jagdzug Ihres Lieblings.

Fallbeispiel 2

Julchen und Klaus – oder wie komme ich entspannt in der Hundeschule an?

Das Problem

Julchen ist eine hübsche Boxerhündin, die im Alter von zwölf Wochen das erste Mal zu uns in die Hundeschule kam. Sie besuchte zunächst die Welpenschule und ging fließend mit ihrer »Gang« in die Junghundgruppe über. Julchen kam sehr gern zu uns, da sie großen Spaß daran hatte, mit ihrer Gruppe aus vier weiteren Vierbeinern zu tollen, zu lernen und mit ihrem Herrchen Klaus ein paar Signale zu üben. Auf dem Platz harmonierten Julchen und Klaus richtig gut zusammen, doch dann stellte sich plötzlich nach einigen Wochen ein Problem ein, das Klaus schier zur Weißglut trieb.

Jeden Samstag, wenn er zur Hundeschule kam, parkte er sein Auto auf dem Parkplatz, der sich rund 15 Meter vom Hundeplatz entfernt befand. Das Szenario, das dann folgte, war schon von Weitem zu sehen und zu hören: Klaus stieg aus, ging zum Kofferraum seines Kombis, schaute durch die Klappe und rief »Sitz«. Julchen setzte sich brav hin, allerdings nicht lange genug, denn schließlich war ihre Vorfreude einfach zu groß, auf den Platz zu kommen (oder eher zu stürmen!).

Folglich stand sie schon auf, kaum dass Klaus die Kofferraumklappe öffnete. Sobald er aber realisierte, dass Julchen ihre Position verlassen hatte, warf er die Klappe wieder zu und rief ein strengeres »Sitz«. An dieser Stelle können wir stoppen, denn täglich grüßte nun das Murmeltier: Etwa ein Dutzend Mal wiederholte sich das Verhalten der beiden: »Sitz« – Klappe auf – aufstehen – Klappe zu – »Siiiiitz!« – Klappe auf usw.

Die Freundlichkeit in Klaus' Stimme sank proportional zur Umfärbung seine Hautfarbe ins Dunkelrote. Das Ende vom Lied war, dass Klaus seinen Hund irgendwann aus dem Auto ließ, denn schließlich fing die Stunde bald an. Und so kamen beide schon gestresst und teils wütend auf den Platz. Meistens begrüßte uns Klaus dann mit den Worten: »Tina, mach das weg! Der Hund ist null impulskontrolliert!«

Warum verhält sich der Hund so?

Man mag es nicht glauben, aber Julchen verhält sich ihrem Alter und ihrer Persönlichkeit entsprechend völlig normal! Schauen wir einmal in ihr Köpfchen. Sie spürt, wenn sie ins Auto steigt: Wunderbar, es ist Samstag, und wir fahren in die Hundeschule! Schon lange weiß sie, wo es samstags immer hingeht, die Strecke sind sie und ihr Herrchen schon oft gefahren. Die Vorfreude steigt, Dopamin wird in diesem Moment bereits kräftig ausgeschüttet. Nur leider fährt Herrchen mal wieder viel zu laaaaangsam, aber wir sind ja bald da. Julchen weiß, dass sie sich gleich hinsetzen muss, wenn Herrchen das sagt. Dann macht er nämlich die Klappe auf, und Julchen kann endlich zu ihrer Hundegruppe, die Gang wartet bestimmt schon. Daher verfolgt Julchen einen Plan, der aus ihrer Emotion entsteht. Sie folgt einem Gefühl und ihrer Erwartungshaltung.

Aufgrund ihres »jugendlichen« Alters ist das mehr als natürlich, dass Julchen ihrem Gefühl folgt. Das limbische System arbeitet auf Hochtouren, und der Neokortex – also der Teil, der überwiegend für die Planungsfähigkeit, Vernunft usw. zuständig ist – befindet sich im Aufbau. Man geht bei Hunden davon aus, dass dieser Aufbau zwischen 18 und 24 Monaten dauert. Betrachten Sie also die Pubertät des Hundes lieber als einen Marathon und nicht als einen Sprint, wenn Sie gewinnen wollen. Sprich: Auf die Mithilfe des Neokortex können wir in diesem Alter noch nicht zählen. Julchen ist ein Junghund, der sich in der Pubertät befindet. (Kurzer Reminder: Erinnern Sie sich bitte, wie vernünftig Sie in der Pubertät waren!)

Und nun steht da das »Sitz« versus Julchens Gang: Das »Sitz« ist, ganz nüchtern betrachtet, keine wirkliche Alternative zur Hundegruppe. Verstärkende Reize, also dass sich Herrchen freut, wenn Julchen »Sitz« macht, reichen einfach nicht aus. Versuchen Sie es mal bei Ihren Kindern, dass Sie mit ihnen zu einem Freizeitpark fahren und am Eingangstor von ihnen verlangen, nun erst ihre Mathehausaufgaben

Die Hundeschule gehört heutzutage zum normalen Alltag mit einem Vierbeiner.

zu erledigen, bevor sie in den Park dürfen … Na, denken Sie, das klappt? Da es nicht unser erster Tag im Leben als (Hunde-)Eltern ist, merken wir schnell, dass Julchen in ihrer ganzen Unvernunft eigentlich sehr vernünftig reagiert.

Weiterhin ist es sehr unwahrscheinlich, dass Julchen das gelernte »Sitz« in dem Alter schon so weit generalisiert hat, dass sie es selbst unter starker Ablenkung zeigen kann. Ebenso müssen wir Klaus auf die Finger gucken, ob er neben dem eigentlichen Hinsetzen zusätzlich das Sitzenbleiben und das Wieder-Auflösen des Signals mit dem Hund geübt hat. Sollte Julchen nämlich gar nicht wissen, dass jedes Signal wieder aufgelöst wird, so macht sie aus ihrer Sicht auch nichts falsch, denn prompt auf Signal hingesetzt hatte sie sich ja …

Was kann Klaus tun, damit er und sein Hund auf einen Nenner kommen?

Klaus wünscht sich Impulskontrolle als Lösung für das Verhalten. Das bedeutet, dass Julchen das »Sitz« auf Signal hin umsetzt, Klaus die Kofferraumklappe öffnen kann und Julchen nun ihrem tiefen Bedürfnis aufzuspringen widersteht und sitzen bleibt, bis Klaus sie (gut gelaunt) aus dem Auto heraushebt.

Aufgrund des Alters – Sie wissen schon: noch unfertiger Neokortex – können wir aber noch keine perfekte Impulskontrolle vom Hund erwarten. Den Zahn müssen wir Klaus leider ziehen. Allerdings wollen wir ihm gleichzeitig auch Mut machen. Das konsequente Training lohnt sich dennoch, weil mit ansteigendem Alter eine Impulskontrolle möglich ist. Sie kann und sollte sogar früh gefördert werden – und wird eines Tages auch greifen.

So lange kann Klaus an seiner eigenen Impulskontrolle arbeiten! Häufig verlangen wir von unseren Hunden, dass sie sich gut benehmen, doch was tun wir? Wir sollten eine Vorbildfunktion haben und immer authentisch agieren, wenn wir mit unseren Vierbeinern arbeiten. Wir können keine Entspannung vom Hund erwarten, wenn wir selbst angespannt sind. Unsere schlechte Laune überträgt sich auf unseren Liebling, und letztlich gilt dies auch für unsere Impulskontrolle. Sind wir selbst nicht impulskontrolliert, so können wir nicht von unserem vierbeinigen Liebling erwarten, dass er es ist. Also muss Klaus an dieser Stelle vor seiner eigenen Tür fegen. Ganz praktisch bedeutet das: Ruhe bewahren, den Weg vom Auto zur Hundeschule stressfrei als kleine Trainingseinheit gestalten und aufgrund des Alters noch nicht auf ein hundertprozentiges Gelingen setzen. Aber dennoch dranbleiben!

Zudem können wir Klaus noch folgende Hinweise an die Hand geben, die er geduldig berücksichtigen sollte:

- Überprüfen, ob der Hund das Signal »Sitz« mit Hinsetzen, Sitzenbleiben und Aufstehen, wenn das »okay« gegeben wurde, verknüpft hat. Ansonsten sollte es genauso und in dieser Reihenfolge geübt werden, bevor es eingefordert wird. Danach kann man die Ablenkungen steigern und die Generalisierung des Gelernten umsetzen.
- Keine 100 Prozent erwarten.
- Die Kofferraumklappe erst öffnen, wenn der Hund sich etwas zurückgenommen hat. Es wird zuvor kein Signal gegeben. So kann Julchen lernen, sich selbst kurz (!) zurückzunehmen, sodass dies ein lohnenswerter Schritt und quasi der »Knopf für die Kofferraumklappe« ist. Erst wenn das »Sitz« wirklich funktioniert, kann es integriert werden.
- Im Umgang mit dem Hund und dem Kontext entspannt bleiben: Dauert es doch mal etwas länger, ist das halt so – und auch nicht weiter schlimm, wenn Klaus mit Julchen zu spät in den Unterricht der Hundeschule kommt. Wenn wir Zeitdruck herausnehmen, ist meistens alles halb so wild.
- Akzeptieren, dass Julchen gerade in der Pubertät ist. Keine Sorge, die Phase geht in absehbarer Zeit vorbei. Und bis dahin heißt es dranbleiben und lächeln – es wird!
- Mit Julchen sollte der Belohnungsaufschub geübt werden. Das bedeutet erst einmal nichts anderes, als dass Julchen sich daran gewöhnt, dass ein Verhalten erst etwas später bestätigt wird. Dadurch übt sie sich langfristig in Geduld und wird mit der Zeit deutlich entspannter.

Mit dem Schalk im Nacken lebt es sich leichter. Lassen Sie daher Ihren Hund ruhig auch einmal in einem soliden Rahmen über die Stränge schlagen und nach Herzenslust herumtollen.

Fallbeispiel 3

Heino und Peter – oder wann läuft der Hund entspannt an der Leine?

Das Problem

Peter und sein Hovawart Heino sind seit zweieinhalb Jahren ein prima Gespann. Seit Peter den Hund vom Züchter abgeholt hat, leben sie einen glücklichen Alltag, wären da nicht die alltäglichen Spaziergänge, die sich seit rund einem halben Jahr zum Spießrutenlauf entwickeln – und das trotz des Besuchs der Hundeschule während Heinos Welpen- und Junghundezeit.

Seit geraumer Zeit pöbelt Heino andere intakte Rüden an. Er hängt dann in der Leine und knurrt und bellt wie verrückt. Befindet er sich im Freilauf, rennt er zu den Rüden hin und fängt eine Streiterei an.

Für Peter sind diese Ereignisse so unangenehm, dass er sich in solchen Momenten einfach nur wünscht, in einem tiefen Loch zu versinken.

Warum verhält sich der Hund so?

Heino kann wiederum nicht verstehen, warum dieses Verhalten seinem Herrchen so fürchterlich unangenehm ist – er findet sein Vorgehen völlig normal. Auch aus biologischer Sicht sprechen einige Gründe für ein ganz normales Verhalten. Dieses hat sich schleichend entwickelt, und zwar in einem Zeitfenster, in dem die mentale Ausreifung (also die Zeit des Erwachsenwerdens und damit das Erreichen der sozialen Reife) stattfand. Eine schleichende Entwicklung steht allerdings auch für ein erlerntes Verhalten.

Es ist sehr typisch, dass Probleme an der Leine in diesem Alter bevorzugt entstehen. Altersmäßig können Sie sich vorstellen, dass Heino, wäre er ein Mensch, etwa Anfang 20 wäre … Sie wissen vielleicht selbst noch, was bei Ihnen Anfang 20 am Wochenende so los war – die Welt wollte erlebt und Kräfte mussten gemessen werden! Das sieht Heino ähnlich, und Übung macht schließlich den Meister!

Interessant ist, dass Heino nur auf unkastrierte Rüden reagiert. Folglich selektiert er danach, welche Hunde als Konkurrenz infrage kommen und hält ein Auge drauf. Erkenntnis darüber, ob sein Gegenüber intakt ist oder nicht, erhält er über die Hormone, die der Artgenosse verströmt. Diese kann Heino über sein Jacobsonsches Organ blitzschnell und über weite Entfernung hinweg wahrnehmen. Dieses Organ fungiert sozusagen als »zweite Nase« des Hundes. Es befindet sich am Gaumendach zwischen den Schneidezähnen und liefert seine Analyseergebnisse auf schnellstem Weg direkt an das Gehirn weiter. Hormone lügen nicht, und daher weiß Heino binnen Sekunden alles über seinen Artgenossen, der ihm da entgegenkommt.

Egal, wie lieb Ihr Hund ist, trainieren Sie prophylaktisch das Anlegen eines Maulkorbs, dann kennt er ihn.

Konkurrenzaggression

In Heinos Fall spricht also einiges für eine Konkurrenzaggression, die Heino gegenüber möglichen Konkurrenten zeigt. Als Konkurrenz bezeichnet man meistens Lebewesen, die man nicht mag, aber die einem am ähnlichsten sind. Wahrscheinlich mag man sie deshalb nicht – sie machen einem selbst Konkurrenz und folglich Angst …

Da Heino die Aggression sowohl an der Leine als auch im Freilauf zeigt, kann eine typische Leinenaggression oder Leinenreaktivität ausgeschlossen werden. Denn diese würde eben nur an der Leine vorkommen. Heino fokussiert sich somit ganz und gar auf sein Gegenüber.

Aber bei einem derartigen Problem sollte unbedingt auch ein Blick auf die Hunderasse gelenkt werden. Aufgrund der Rassezugehörigkeit – Hovawart – müsste zusätzlich eine territoriale Verteidigung entweder grundsätzlich ausgeschlossen oder im weiteren Verlauf zumindest mitbedacht werden.

Was kann Peter tun, damit er und sein Hund auf einen Nenner kommen?

Was empfehlen wir Peter, damit Heino intakte Rüden in Zukunft nicht mehr anpöbelt, sondern links liegen lässt? In diesem Fall gibt es einen großen Katalog aus Notfallmaßnahmen, Management und Training.

Notfallmaßnahmen

Schadensbegrenzung erfolgt durch Richtungswechsel, um dem entgegenkommenden Hund auszuweichen, oder Ablenkung, um Heino gar nicht erst die Gelegenheit zum Pöbeln zu geben.

Management

Um die unschönen Begegnungen zu vermeiden, könnte Peter verschiedene Managementmethoden anwenden, beispielsweise:

- andere Spazierwege gehen
- zu anderen Zeiten spazieren gehen
- dem Hund ein Brustgeschirr mit Frontring, das einen besseren Trage- und Haltekomfort gewährleistet, anlegen
- das Tragen eines Maulkorbs trainieren
- eine andere Art der Auslastung wählen
- eine schnellere Bewegungsart wählen; so könnte Peter beispielsweise mit Heino an der Leine in einem schnelleren Lauftempo an dem anderen Hund vorbeigehen und dabei in einen Laufrhythmus kommen, in

dem Heino ins Traben übergeht. Peter selbst könnte im Geiste auch einen Rhythmus entwickeln wie: wei-ter, wei-ter, wei-ter (oder alternativ: eins – zwei – eins – zwei...)

- ein vorher zuverlässig antrainiertes Verhalten abrufen, wie etwa »Sitz«, »Fuß« usw.

Training

Auch für diesen Problemfall ließen sich durch konkretes Training einige Verbesserungen erzielen. Die Einheiten sollten vor allem folgende Übungen umfassen:

- die Leinenführigkeit optimieren
- Orientierungstraining, damit der Hund lernt, dass es sich lohnt, sich an seinem Menschen zu orientieren.
- Alternativverhalten antrainieren (beispielsweise »Fuß« auf der abgewandten Seite, Blickkontakt zu einem Hand-Nasen-Target, Impulskontrolltraining)

Mythos: »Ist das'n Rüde?«

Kennen Sie das? Sie gehen spazieren, und aus weiter Entfernung ruft Ihnen schon ein Hundehalter mit einem freilaufenden Vierbeiner die Frage zu, ob Ihr Hund ein Rüde oder eine Hündin ist. Nachdem man brav die Antwort gegeben hat – also Rüde oder Hündin –, folgen meistens nur zwei Reaktionen:

1. Die Antwort schallt Ihnen mit einer gewissen Erleichterung entgegen: »Ach super, dann kann ich meinen ja laufen lassen«.
2. Oder aber Sie registrieren hektisches Zurückrufen (mal mit wilder Gestikulation, mal ohne), einen eleganten Sprung zur Seite oder das Festhalten des Hundes, bis man vorübergegangen ist.

Sympathie führt dazu, dass Hunde miteinander spielen – nicht ob es sich um Rüde oder Hündin handelt.

Sie haben in diesem Buch viele Informationen über Hundeverhalten bekommen, daher sollte Ihnen spätestens an dieser Stelle klar sein: Es handelt sich um einen Mythos, dass allein das Geschlecht eine sichere Vorhersagbarkeit darüber bringt, ob die beiden sich begegnenden Hunde mägen werden. Sympathie und Antipathie, die Persönlichkeit, Status, Alter usw. beeinflussen ebenso die Entscheidung, wie die Hunde sich verstehen. Bitte verlassen Sie sich also nicht allein auf die Beantwortung der Geschlechterfrage.

Fallbeispiel 4

Lana und Lisa – oder wann ist es Zeit zu gehen?

Das Problem

Lisa geht mit ihrer vierjährigen Hündin Lana spazieren. Sie mag es, wenn sie ihre Hündin im Park ableinen und sausen lassen kann. Eines Tages lässt sie sie mit drei weiteren fremden Hunden »spielen«. Dabei beobachtet sie, dass ihr Hund angespannt in der Gruppe der Artgenossen steht, teilweise wie versteinert ist, die anderen Hunde anbellt und diese auf Abstand hält, wenn sie versuchen, sich Lana anzunähern.

Nun hat Lisa ein Problem, denn sie kann Spielverhalten und Stresssymptome nicht sicher voneinander unterscheiden. Sie beschreibt, dass sie nur ein Bauchgefühl hat, wenn eine Situation eskalieren könnte. Und dann weiß sie nicht recht, wie sie sich verhalten soll, vor allem wenn die anderen Hundehalter sagen: »Die spielen doch so schön« und »Die machen das schon unter sich aus«.

Auf der einen Seite wäre Lisa ein Eingreifen unangenehm, auf der anderen Seite ist sie mit der Situation selbst dann aber auch nicht zufrieden. Kurz: Es ist kompliziert!

Warum verhält sich der Hund so?

In diesem Fall stellt sich für Lisa die spannende Frage, ob es sich wirklich um Spielverhalten handelt. Anhand zweier Beobachtungen lässt sich ableiten, dass dies nicht der Fall ist:

1. Das von Lisa wahrgenommene optische Ausdrucksverhalten ihres Vierbeiners ist kein Anzeichen für normales Spielverhalten, sondern lässt eher auf Stress und Anspannung schließen. Lisa konnte eher Stillstand als Bewegung beschreiben, ebenso wie das Verbellen und eine angespannte Körpersprache. All dies widerspricht dem normalen Ausdruck bei echtem Spielverhalten.
2. Fremde Hunde gehen meistens NICHT direkt in ein »freies Spiel« miteinander über (also das, was wir Spiel nennen), sondern versuchen die Situation erst einmal zu meistern, in der sie sich plötzlich wiederfinden. Drei Halter entscheiden im Stadtpark, die Leine zu lösen, ohne dass sich die Hunde zuvor kennengelernt haben. Auch wenn es scheinbar nett gemeint ist – fremde Hunde möchten sich erst einmal kennenlernen, bevor sie miteinander toben. Zwar werden hier von den Hunden Elemente des Spiels gezeigt, aber oft handelt es sich um den Versuch, mit »spielerischem Verhalten« Situationen zu meistern, in denen sie oft sozial überfordert

Möchte Ihr Hund eine Situation lieber aus der Ferne beobachten, so lassen sie ihn das tun.

sind. So wollen die einen eigentlich keinen Kontakt mit dem anderen, verpacken die Distanzierung und Flucht aber in angedeutetes Spielverhalten. Das wilde Gerenne ist dann kein Spiel, sondern der Versuch, mit den anderen Artgenossen auszukommen, ohne die Situation eskalieren zu lassen.

Negative Auswirkungen auf zukünftige Hundebegegnungen

In Ausnahmen kommt es vor, dass es sich von Anfang an um reines Spielverhalten handelt, meistens aber ist es eher so, dass man Tendenzen von Übersprunghandlungen erkennt wie wildes Gerenne. Auch sieht man, dass sich die Hunde sozial ausprobieren (im Fachjargon »soziale Exploration« genannt) oder auch überfordert sind. Meistens kippt so eine Situation und endet nicht in einem echten Spiel, weil zu viel Hemmung keine Entspannung zulässt.

Das Ende vom Lied: Die Hunde scheinen zwar hinterher ausgepowert zu sein, hatten meistens aber nur unnötigen Stress. Und im schlimmsten Fall ist die Folge davon, dass sich die Situation negativ auf zukünftige Hundebegegnungen auswirkt.

Was kann Lisa tun, damit sie und ihr Hund auf einen Nenner kommen?

Lisa sollte sich mit dem Ausdrucksverhalten ihres Vierbeiners eingehend befassen. So lernt sie, seine Stimmung anhand der Körpersprache zu deuten. Der wichtigste Blick geht in Richtung Gesamtbild des Hundekörpers, sodass sich weiche und entspannte Facetten erkennen lassen.

Da es sich bei Lana und ihren »neuen Freunden« also sehr wahrscheinlich nicht um Spielverhalten gehandelt hat, sondern eher um eine für den Hund unangenehme Stresssituation, wäre eine Unterbrechung des »Spiels« bzw. ein Nicht-Zulassen von »Leine los und gib ihm« sinnvoll gewesen.

Wann trennt man Hunde voneinander?

Generell gilt, dass es DEN richtigen Punkt zum Trennen von Hunden nicht gibt. Eher handelt es sich um schleichende Prozesse. Der erste Schritt zur Erkennung, wann es genug ist, wäre, dass die Hundehalter lernen, Spiel von anderen Verhaltensweisen wie Übersprunghandlungen, Stress usw. zu unterscheiden. Auch Lisa müsste lernen zu erkennen, wie sich das Spiel der Hunde entwickelt und welches Verhalten ihr Liebling dabei zeigt. Zudem sollte Lisa den Mut finden, Situationen immer dann abzubrechen, bei denen sie sich sicher ist, dass sie nicht gut für Lana sind, oder bei denen sie merkt, dass sich Lana unwohl fühlt. Sicherheit geht immer vor.

Lisa hatte sogar schon das richtige »Bauchgefühl«, dass etwas nicht stimmte – und das Bauchgefühl ist immer ehrlich zu einem selbst.

Nachdem dieses Bauchgefühl durch Wissen um den Kontext unterfüttert werden kann, ist Lisa zukünftig in der Lage, die Situation klar zu meistern. Zum Beenden einer Sequenz sollte der Vierbeiner zuverlässig abrufbar sein. Daher sollte Lisa noch den sicheren Abruf trainieren, sodass Lana sich immer für Frauchen entscheidet, wenn sie nach ihr ruft.

Zukünftig darf gern auch ein fester Freundesstamm für Lana aufgebaut werden. Ein paar wenige Hunde, die als echte »Kumpel« fungieren, sind mehr wert als viele Kontakte, die eher Stress als Spielfreude bedeuten.

Mythos: »Die regeln das unter sich!«

Nein, »die« tun das höchstwahrscheinlich nicht! Zumindest gibt es genügend Ausnahmen, die diese »Regel« eher widerlegen als bestätigen. Dieses Klischee scheint zu entstehen, wenn man nicht auf die Individualität des Hundes achtet.

Sie haben in diesem Buch so viel über Verhalten und Persönlichkeit gelesen, dass Sie mittlerweile wissen: Alles ist individuell und somit auch der Ausgang von Verhalten, wenn zwei Persönlichkeiten aufeinandertreffen. Es kann grundsätzlich alles möglich sein, daher verlassen Sie sich bitte nicht darauf, dass es »die Hunde schon richten« werden. Allein für ängstliche, unsichere oder aggressive Vierbeiner ist die Gefahr zu hoch, dass ihnen die Situation buchstäblich um die Ohren fliegt.

Schützen Sie daher Ihren Hund, wenn Artgenossen ihm gegenüber übergriffig werden, und rufen Sie ihn ab, wenn er wiederum anderen gegenüber zu aufdringlich wird. Es geht nicht um Schuld, sondern einfach nur darum, dass es fair für alle beteiligten Vierbeiner bleibt.

Typische Kriterien für Spielverhalten sind eine lockere Körpersprache und große Nähe der Hunde zueinander.

Fallbeispiel 5

Justus und Katharina – oder muss das mit dem Pinkeln sein?

Das Problem

Katharina geht mit ihrem Labradorrüden Justus spazieren. Dieser zeigt sich auf dem Spaziergang nicht leinenführig und eher »unerzogen«. Es ist auffällig, dass Justus unglaublich oft sein Bein zum Markieren hebt. Ein Passant auf der Straße rät Katharina, dass sie das Beinheben auf dem Spaziergang unterbinden müsse, weil Justus sonst zu selbstsicher werde und nur noch das machen werde, was er will. Wenn sie weiterhin »Boss« bleiben möchte, müsse sie das verbieten.

Katharina hält diesen Tipp für eine gute Idee, weil ihr Hund insgesamt »unerzogen« ist und das ständige Anhalten und Beinheben nervt, weil es einfach den Fluss des Spaziergangs stört.

Warum verhält sich der Hund so?

Tja, Justus sieht das natürlich ganz anders. Er versteht die plötzlichen Schimpftiraden und das vehemente Wegziehen beim Beinheben überhaupt nicht. Was durchlebt Frauchen da gerade für eine komische »Phase«? Hoffentlich hört sie damit bald wieder auf …

Justus empfindet hier naturgemäß ganz anders als Katharina, da Markierverhalten bei Rüden vollkommen normal ist und dieses Verhalten auszuleben zu den Grundbedürfnissen eines Hundes gehört.

Es gibt keine Bewertung für ihn, ob das nun angemessen, eklig, nervig, übergriffig oder sonst was ist … Es gehört einfach zu ihm. Wenn er sich kratzt, sagt doch auch keiner etwas! Das ist vom Prinzip her aber nichts anderes. Die Intensität des Markierens ist unterschiedlich ausgeprägt, die Veranlagung wird oft bereits in der Gebärmutter der Mutterhündin geschaffen. Es wird weiterhin beeinflusst von Auslösern wie dem Geruch von läufigen Hündinnen oder anderen Hunden, es könnte auch ein Übersprungverhalten und somit ein Stresssymptom sein. Aber dann käme es nur sporadisch vor.

Markierverhalten und Trainierbarkeit als auch Erkundungsverhalten stehen in keinem Zusammenhang miteinander. Dass der Hund angeblich unerzogen ist, hat nichts mit dem Markierverhalten zu tun und wird dadurch nicht beeinflusst. Die soziale Position des Menschen bleibt vom Markierverhalten des Hundes unberührt. An seiner sozialen Stellung darf der Halter also selbst arbeiten …

Achtung: Nur weil das Markieren ein Bedürfnis ist, heißt das nicht, dass ein Hund permanent und überall markieren muss. So könnte er beispielsweise auf gewissen Strecken des Spaziergangs eine andere Aufgabe bekommen.

Denn wenn er markiert, ist er in seiner Welt der Kommunikation mit anderen Artgenossen. Wir dürfen ihn da rausholen und sagen: »Wir gehen jetzt auf diesem Abschnitt stramm marschieren. Ich gebe dir andere Aufgaben.« Das Gleiche gilt beispielsweise auf dem Hundeplatz und an anderen Orten wie dem Vorgarten des Nachbarn. Es ist völlig in Ordnung, bereits das Vorbereiten auf das Markieren umzulenken. Schließlich wird nicht jeder Buchsbaum schöner, nur weil sich Hunde markierenderweise daran verewigen!

Was kann Katharina tun, damit sie und ihr Hund auf einen Nenner kommen?

Damit Katharina den Fokus auf das Positive legt und nicht immer mit Justus in den Ring steigen muss, um ihm zu sagen, was er alles nicht darf, ist es sinnvoll zu schauen, wie Justus sein Bedürfnis nach Schnüffeln sowie Markieren und Scharren ausleben kann. Auch sollte Katharina das Markieren nicht generell unterbinden.

So könnten beispielsweise über die Leinenlänge gewisse Regeln aufgestellt werden: Lange Leine bedeutet, »du darfst markieren«, während die kurze Leine signalisiert: »Jetzt machen wir etwas anderes, wir gehen zügig weiter.«

Und was die Unerzogenheit und die mangelhafte Leinenführigkeit von Justus betrifft, so steht wohl ein konsequentes Training auf dem Plan. Bei diesem geht es erst einmal darum festzustellen, was Katharina sich wünscht und wie Justus reagiert, wenn Katharina ihm etwas abverlangt. Danach werden diese Ziele in einem Training integriert. Setzt Katharina alles um, sollte spätestens der Beweis gefallen sein, dass Markierverhalten nichts mit »Ungehorsam« zu tun hat.

Wo sich viele Hunde tummeln, möchte man zeigen, wer man ist – eben durch Imponieren. Biologisch ist das völlig normal.

Fallbeispiel 6

Anni und Bernd – oder wie werde ich andere Menschen los?

Das Problem

Anni kommt aus dem Tierschutz und war ein Jahr alt, als Bernd die kleine Terrierhündin übernahm. Bernd geht mit seiner mittlerweile fünfjährigen Anni spazieren. Sie treffen auf Rolf, einem alten Bekannten von Bernd. Rolf freut sich, Bernd zu sehen, kommt schnell näher und begrüßt Bernd. Bei der Annäherung erstarrt Anni in ihrer Bewegung, und je näher Rolf kommt, desto intensiver reagiert sie: Sie versucht nach hinten zu flüchten, und als sie am Ende der Leine angekommen ist, knurrt sie vernehmlich und bellt Rolf vehement und mit zurückgelegten Ohren wütend an.

Bernd schimpft daraufhin mit seinem Hund, verabschiedet sich aber schnell von Rolf und zeigt ihm kurz mit einer Geste an, dass er ihn später anrufen würde. Nachdem Rolf sich wieder entfernt hat und Bernd langsam den Spaziergang fortsetzen will, springt Anni Bernd an und rammelt an seinem Bein.

Bernd sagt, Anni habe generell Angst vor Männern, bestimmt habe sie schlechte Erfahrungen mit ihnen gemacht. Angesprungen und gerammelt habe sie aber noch nie. Er kann sich das Verhalten nicht erklären.

Warum verhält sich der Hund so?

Natürlich kann es sein, dass Anni schlechte Erfahrungen mit Männern gemacht hat. Ebenso gut könnte es aber sein, dass Anni bislang noch gar keine Erfahrungen mit anderen Männern als Bernd gemacht hat. Eine mangelnde Gewöhnung und Sozialisierung können solch ein Verhalten provozieren.

Zu dem Geschehen: Als Flucht durch die Begrenzung der Leine nicht mehr möglich war, sprang das agonistische Verhalten (Verhalten in Konfliktsituationen) in eine defensive Aggression um. Dies ist ein häufiger Ablauf solcher Situationen. Das Schimpfen von Bernd wird von Anni als zusätzlicher Stressor wahrgenommen. Sie wird das ungewünschte Verhalten (Aggression) jedoch weiter zeigen, weil die Angst vor Rolf größer ist als die Angst vor dem eigenen Menschen. Das anschließende Anspringen und Rammeln ist als Übersprunghandlung einzuordnen, mit deren Hilfe Anni den entstandenen Stress abzubauen versucht.

Was kann Bernd tun, damit er und sein Hund auf einen Nenner kommen?

Die Einstellung und Gedankenwelt des Halters können unterschiedlich sein. Glaubt Bernd, Anni hätte in der Vergangenheit schlechte Erfahrungen mit Männern gemacht, kann es sein, dass er Mitleid empfindet, Verständnis für Annis Verhalten aufbringt und nicht daran glaubt, dass sich ihr Verhalten ändern könnte. Dies könnte sich kontraproduktiv auf das Training auswirken. Würde Bernd seine gedankliche Einstellung ändern in: »Ich helfe dir, dass du entspannt an dem fremden Menschen vorübergehen kannst ...«, so werden bereits Weichen für ein besseres Verhalten gestellt.

Ganz egal, ob Anni schon einmal schlechte oder aber auch gar keine Erfahrungen mit Männern gemacht hat, das Training sieht erst einmal gleich aus. Es sollte darauf beruhen, dass der Auslöser »Mann« eine andere, positivere Bedeutung bekommt. Die Technik dazu heißt »Gegenkonditionierung« und sollte bei Anni gute Erfolge erzielen. Der Reiz »Mann« sollte also emotional positiv verknüpft werden und zukünftig ein gutes Gefühl bei Anni auslösen, wenn sie auf einen Mann trifft.

Bernd sollte unbedingt darauf achten, dass sich solche Abläufe nicht wiederholen. Anni könnte sonst lernen, dass das Zeigen von Aggressionen ein tolles Mittel ist, um für sich selbst eine Lösung zu finden. Nach der Aggression hat Rolf sich ja wieder distanziert. Eine negative Folge dieser Lernerfahrung könnte sein, dass Anni in Zukunft sofort mit Aggression reagiert und die Intensität sogar steigert.

Die ungewünschte Übersprunghandlung – das Rammeln an Bernds Bein – kann umgewandelt werden, indem Bernd ein Alternativverhalten mit einem Signal verknüpft. So könnte er beispielsweise auf das Signal »Anni los« einen kleinen Spurt von zehn Metern mit ihr hinlegen und Anni damit auffordern, so den Stress zu kompensieren. Es versteht sich von selbst, dass der Sprint natürlich in die entgegengesetzte Richtung, also von Rolf weg, erfolgt und nicht frontal auf ihn zu!

Nicht jeder Vierbeiner ist von anderen Menschen begeistert, ...

... doch oft reicht es schon, den Hund auf die reizabgewandte Seite zu nehmen.

Hier haben wir ein paar Bilder für Sie zusammengestellt. Betrachten Sie sie in Ruhe und versuchen Sie, daraus spezielle Ausdrucksweisen und Stimmungen der Hunde abzuleiten. Wir wünschen Ihnen viel Spaß dabei.

REGISTER

Halbfette Seitenzahlen verweisen auf Fotos

A

B

C

D

E

N

O

P

R

S

T

U

V

W

Z

ADRESSEN, DIE WEITERHELFEN

ADRESSEN

Fédération Cynologique Internationale (FC)
Place Albert 1er, 13
6530 Thuin, Belgien
www.fci.be

Verband für das Deutsche Hundewesen (VDH) e. V.
Westfalendamm 174
44141 Dortmund
www.vdh.de

Österreichischer Kynologenverband (ÖKV)
Siegfried-Marcus-Str. 7
2362 Biedermannsdorf
Österreich
www.oekv.at

Schweizerische Kynologische Gesellschaft (SKG/SCS)
Sagmattstr. 2
4710 Balsthal, Schweiz
www.skg.ch

Deutscher Tierschutzbund e. V.
In der Raste 10
53129 Bonn
www.tierschutzbund.de

Österreichischer Tierschutzverein
Berlagasse 36
1210 Wien, Österreich
www.tierschutzverein.at

Schweizer Tierschutz (STS)
Dornacher Str. 101
4008 Basel, Schweiz
www.tierschutz.com

Urlaubsberatungsservice des Deutschen Tierschutzbundes
Tel. 0228/6049627
Mo–Do 10–18 Uhr
Fr 10–16 Uhr

Berufsverband der Hundeerzieher*innen und Verhaltensberater*innen e. V. (BHV)
Alt Langenhain 22
65719 Hofheim
www.hundeschulen.de

Berufsverband für Tierverhaltensberater und -trainer e. V. (VDTT)
Achtern Dieck 6
24576 Bad Bramsstedt
www.vdtt.org

HAFTPFLICHT-VERSICHERUNG

Fast alle Versicherungen bieten Haftpflichtversicherungen für Hunde an. Informationen erhalten Sie bei Ihrer Versicherung.

REGISTRIERUNG VON HUNDEN

TASSO e. V., Abt. Haustierzentralregister
Otto-Volger-Str. 15
65843 Sulzbach/Taunus
www.tasso.net

Internationale Zentrale Tierregistrierung (IFTA)
Nördliche Ringstr. 10
91126 Schwabach
www.tierregistrierung.de

INTERNET

Infos zu den Autoren

www.ziemer-falke.de
Bei Fragen zum Buch schreiben Sie gern an:
info@ziemer-falke.de

Infos rund um den Hund

www.hunde.com
Alles über Hunde, Diskussionsforum

www.hunderassen.de
Alles Wissenswerte über Hunderassen, inklusive Dogfinder

www.haushueter.org
Urlaubsbetreuung

www.stadthunde.com
Community rund um den Hund für zahlreiche Großstädte

www.spass-mit-hund.de
Mit vielen Ideen rund um das Spiel mit Hunden

www.dhv-hundesport.de
Fachverband für Sport mit dem Hund

www.hundewelt.at
Alles Wissenswerte über Rassehunde, mit Adressen

www.oegv.at
Österreichischer Gebrauchshundesport-Verband

LITERATUR UND QUELLEN

QUELLEN

Del Amo, C./Theby, V.: **Handbuch für Hundetrainer.** Ulmer, Stuttgart

Doty, R. L.: **Handbook of Olfaction and Gustation.** Wiley-Blackwell, Hoboken (NJ)

El Ayachi, S.: **Der zugewandte Hund: Körpersprache richtig verstehen und anwenden.** Kosmos, Stuttgart

Feddersen-Petersen, D.: **Ausdrucksverhalten beim Hund: Mimik und Körpersprache, Kommunikation und Verständigung.** Kosmos, Stuttgart

Feddersen-Petersen, D.: **Hundepsychologie: Sozialverhalten und Wesen, Emotionen und Individualität.** Kosmos, Stuttgart

Gansloßer, U./Kitchenham, K.: **Beziehung – Erziehung – Bindung.** Kosmos , Stuttgart

Gansloßer, U./Kitchenham, K.: **Forschung trifft Hund: Neue Erkenntnisse zu Sozialverhalten, geistigen Leistungen und Ökologie.** Kosmos, Stuttgart

Gansloßer, U./Kitchenham, K.: **Hunde-Forschung aktuell. Anatomie, Ökologie, Verhalten.** Kosmos, Stuttgart

Heberer, U., Brede, N. und Mrozinski, N.: **Aggressionsverhalten beim Hund.** Kosmos, Stuttgart

Nitzschner, M.: **Die Persönlichkeit des Hundes: Wie Gene und Umwelt das Wesen bestimmen – Neueste Erkenntnisse aus der Forschung.** Kosmos, Stuttgart

Schroll, S./Dehasse, J.: **Verhaltensmedizin beim Hund: Leitsymptome, Diagnostik, Therapie und Prävention. Kleintier Konkret Praxisbuch.** Enke, Stuttgart

Strodtbeck, S./Gansloßer, U.: **Kastration und Verhalten beim Hund.** Müller Rüschlikon, Stuttgart

Strodtbeck, S./Gansloßer, U.: **Beziehung & Bindung – Nichts ist umsonst.** Schweizer Hunde Magazin 9/13

Theby, V.: **Das Kosmos-Welpenbuch.** Kosmos, Stuttgart

Wilde, N.: **Der ängstliche Hund: Stress, Unsicherheiten und Angst wirkungsvoll begegnen.** Kynos-Verlag, Nerdlen/Daun

INTERNET

www.gesetze-im-internet.de/tierschg/__6.html (Zugriff: 06. Oktober 2020)

www.yellowstoneaussies.de/kastration-aufklaerung/ (Zugriff: April 2023)

de.wikipedia.org/w/index.php?title=GnRH-Analogon&oldid=194280720 (Zugriff: 22. November 2019)

elib.tiho-hannover.de/servlets/MCRFileNodeServlet/etd_derivate_00001910/lambrichm_ss07.pdf (Zugriff: 31. Oktober 2022)

www.faz.net/aktuell/gesellschaft/tiere/hundeblick-wenn-hunde-menschen-mit-grossen-augen-anschauen-16241166.html (Zugriff: 11. August 2023)

doi.org/10.1016/j.cobeha.2017.05.002 (Zugriff: 18. März 2023)

WEITERE LITERATUR

Arce, J.: **Meine fünf Geheimnisse für eine glückliche Mensch-Hund-Beziehung.** Gräfe und Unzer Verlag, München

Bendel, J.: **Das Wunder der Bindung.** Gräfe und Unzer Verlag, München

Bloch, G.: **Wölfisch für Hundehalter: Von Alpha, Dominanz und anderen populären Irrtümern.** Franckh-Kosmos Verlag, Stuttgart

Bradshaw, J.: **Hundeverstand.** Kynos, Nerdlen/Daun

Brück, S./Lenzen, D.: **Wenn Hunde sprechen könnten und Menschen richtig zuhören.** Gräfe und Unzer Verlag, München

Hüllenkremer, S.: **Der Hund als Spiegel der Seele.** Fred & Otto, Berlin

Leuze, J./Henkelmann, A.: **Wahres Hundeglück im Doppelpack.** Gräfe und Unzer Verlag, München

Ludwig, G./Wegler, M.: **Hunde verstehen lernen.** Gräfe und Unzer Verlag, München

Kotrschal, K.: **Hund & Mensch. Das Geheimnis unserer Seelenverwandtschaft.** Brandstätter Verlag, Wien-München

Kufner, U.: **Wohin mit meinem Hund?** Gräffe und Unzer Verlag, München

Samin, M.: **Stadt-Wölfe.** Gräfe und Unzer Verlag, München

Schillack, A./Spahr, J.: **Hunde erziehen ohne Schimpfen.** Gräfe und Unzer Verlag, München

Schlegel-Kofler, K.: **Hundeerziehung mit Spaß.** Gräfe und Unzer Verlag, München

Vogt, A.: **Typgerechtes Welpentraining.** Gräfe und Unzer Verlag, München

Wischall-Wagner, A.: **Entspannter Mensch, entspannter Hund.** Gräfe und Unzer Verlag, München

Ziemer, J./Ziemer-Falke, K.: **Life-Dog-Ballance.** Gräfe und Unzer Verlag, München

Ziemer, J./Ziemer-Falke, K.: **Welpen-Basics.** Gräfe und Unzer Verlag, München

ZEITSCHRIFTEN

Der Hund.
FORUM Zeitschriften und Spezialmedien GmbH, Merching
www.derhund.de

Partner Hund.
Ein Herz für Tiere Media GmbH, München
www.partner-hund.de

Dogs.
Verlagshaus GeraNova Bruckmann, München
www.dogs-magazin.de

HundeWelt.
Minerva Verlag, Mönchengladbach
www.hunde-welt.de

DANK

Wir sind sehr dankbar! Dankbar für die Möglichkeit, erneut ein Buch geschrieben zu haben, um damit Hundeverhalten wieder ein wenig näher an den Halter zu vermitteln. Motiviert durch unsagbar liebe Menschen, wie es unsere Kunden und Teilnehmer sind, nehmen wir diese Herausforderungen des Buchschreibens immer wieder gern an. Zumal wir auf diesem Weg so viele tolle Begleiter hatten, die uns so unterstützt haben, als da wären: Frau Killer – DANKE für das wöchentliche »Ping-Pong«, bei dem wir uns über Monate Texte hin- und hergeschoben haben, Frau Zellner, die als sicherer Hafen die Zügel in der Hand hielt, Frau Ender, Anna Auerbach und die liebe Nina Pusch, die wieder einmal dafür gesorgt haben, dass der Text durch die vielen Bilder auch richtig in Szene gesetzt wurde. Danke auch an Topdogs für die – wieder einmal – unkomplizierten Dreharbeiten zu den Videos!

Danke auch an unser gesamtes Team von Ziemer & Falke, das beste Team der Welt, das morgens, genauso wie wir, aufsteht, um die Welt immer ein klein wenig besser machen zu wollen und an das Gute glauben. DANKE!

ÜBER DIE AUTOREN

Kristina Ziemer-Falke und Jörg Ziemer sind beruflich wie privat ein unschlagbares Team. Die Liebe zu Hunden führte die beiden zertifizierten Hundetrainer und Verhaltensberater einst zusammen und gemeinsam erfüllten sie sich ihren Lebenstraum: Sie gründeten das Schulungszentrum für Hundetrainer Ziemer & Falke, in dem sie seit vielen Jahren ihr Wissen und ihre Erfahrung mit viel Herz und Kompetenz an den Nachwuchs weitergeben.
Inzwischen gilt Ziemer & Falke als eine der führenden Ausbildungsstätten für Hundetrainer mit innovativen Ausbildungskonzepten und Standorten in ganz Deutschland. Kristina Ziemer-Falke und Jörg Ziemer lieben die Arbeit mit Mensch und Hund und setzen sich mit Leidenschaft für ein besseres Verständnis zwischen Mensch und Hund ein.

LIEBE LESERINNEN UND LESER,

wir wollen Ihnen mit diesem Buch Informationen und Anregungen geben, um Ihnen das Leben zu erleichtern oder Sie zu inspirieren, Neues auszuprobieren. Wir achten bei der Erstellung unserer Bücher auf Aktualität und stellen höchste Ansprüche an Inhalt und Gestaltung. Alle Anleitungen und Rezepte werden von unseren Autoren, jeweils Experten auf ihren Gebieten, gewissenhaft erstellt und von unseren Redakteur*innen mit größter Sorgfalt ausgewählt und geprüft.

Haben wir Ihre Erwartungen erfüllt? Sind Sie mit diesem Buch und seinen Inhalten zufrieden? Wir freuen uns auf Ihre Rückmeldung. Und wir freuen uns, wenn Sie diesen Titel weiterempfehlen, in Ihrem Freundeskreis oder bei Ihrem Online-Kauf.

Sollten wir Ihre Erwartungen so gar nicht erfüllt haben, tauschen wir Ihnen Ihr Buch jederzeit gegen ein gleichwertiges zum gleichen oder ähnlichen Thema um.

KONTAKT ZUM LESERSERVICE

GRÄFE UND UNZER VERLAG
Grillparzerstraße 12
81675 München
www.gu.de

GRÄFE UND UNZER

Ein Unternehmen der
GANSKE VERLAGSGRUPPE

IMPRESSUM

GU ist eine eingetragene Marke der GRÄFE UND UNZER VERLAG GmbH, www.gu.de

ISBN 978-3-8338-9142-7
1. Auflage 2024

Projektleitung: Anita Zellner
Lektorat: Gerdi Killer, booklab GmbH München
Bildredaktion: Petra Ender
Korrektorat: Anne-Sophie Zähringer
Umschlaggestaltung: ki36 Editorial Design München, Bettina Stickel
Herstellung: Susanne Fuhrmann
Layout und Satz: Ludger Vorfeld, München
Reproduktion: Longo AG, Bozen
Druck und Bindung: aprinta GmbH, Wemding

UMWELTHINWEIS

Dieses Buch ist auf PEFC-zertifiziertem Papier gedruckt. Somit werden ökologische, soziale und ökonomische Aspekte in der Verarbeitungskette unabhängig überwacht und sind zudem lückenlos nachvollziehbar.

BILDNACHWEIS

Cover: Elke Vogelsang

Alle Fotos in diesem Buch stammen von Anna Auerbach, mit Ausnahme von Adobe Stock: 276–277 (Polaroidrahmen) und Dreamstime (Icons Pfotenabdruck).

Syndication:
www.seasons.agency

WICHTIGER HINWEIS

Die Gedanken, Methoden und Tipps in diesem Buch basieren auf den Erfahrungen der Verfasser. Sie wurden von ihnen nach bestem Wissen erstellt und mit größtmöglicher Sorgfalt geprüft. Weder die Autoren noch der Verlag können jedoch für eventuelle Nachteile oder Schäden, die aus den im Buch gegebenen praktischen Hinweisen resultieren, eine Haftung übernehmen.